Felix Hasler
Neuromythologie

X TEXTE

X TEXTE

Das vermeintliche »Ende der Geschichte« hat sich längst vielmehr als ein Ende der Gewissheiten entpuppt. Mehr denn je stellt sich nicht nur die Frage nach der jeweiligen »Generation X«. Jenseits solcher populären Figuren ist auch die Wissenschaft gefordert, ihren Beitrag zu einer anspruchsvollen Zeitdiagnose zu leisten. Die Reihe X-TEXTE widmet sich dieser Aufgabe und bietet ein Forum für ein Denken ›für und wider die Zeit‹. Die hier versammelten Essays dechiffrieren unsere Gegenwart jenseits vereinfachender Formeln und Orakel. Sie verbinden sensible Beobachtungen mit scharfer Analyse und präsentieren beides in einer angenehm lesbaren Form.

Denken für und wider die Zeit

Felix Hasler (Dr. pharm.) ist Forschungsassistent an der Berlin School of Mind and Brain der Humboldt-Universität zu Berlin und Wissenschaftsjournalist.

Felix Hasler

Neuromythologie

Eine Streitschrift gegen die Deutungsmacht der Hirnforschung

[transcript]

Das vorliegende Buch wurde durch die Dr. Margrit Egnér Stiftung und ein Stipendium der Berlin School of Mind and Brain gefördert.

Bibliografische Information der Deutschen Nationalbibliothek

Die Deutsche Nationalbibliothek verzeichnet diese Publikation in der Deutschen Nationalbibliografie; detaillierte bibliografische Daten sind im Internet über http://dnb.d-nb.de abrufbar.

© 2012 transcript Verlag, Bielefeld
(3., unveränderte Auflage 2013)

Umschlaggestaltung: Kordula Röckenhaus, Bielefeld
Korrektorat: Ingrid Ospald, Bielefeld
Satz: Mark-Sebastian Schneider, Bielefeld
Druck: CPI – Clausen & Bosse, Leck
ISBN 978-3-8376-1580-7

Gedruckt auf alterungsbeständigem Papier mit chlorfrei gebleichtem Zellstoff.
Besuchen Sie uns im Internet: *http://www.transcript-verlag.de*
Bitte fordern Sie unser Gesamtverzeichnis und andere Broschüren an unter:
info@transcript-verlag.de

Inhalt

Vorbemerkung

Muss das sein? Ja, leider. Wenn Wissenschaftler umfassende Erklärungsansprüche weit jenseits der Erkenntnismöglichkeiten des eigenen Fachs reklamieren, ist eine Realitätsprüfung dringend notwendig. Umso mehr, wenn diese Erklärungsansprüche nicht auf belastbaren naturwissenschaftlichen Fakten beruhen, sondern auf unbewiesenen Annahmen, nicht hinterfragten Dogmen und der endlosen Wiederholung kaum einlösbarer Zukunftsversprechungen. Die schier unglaubliche Diskrepanz zwischen dem gegenwärtigen Welterklärungsanspruch der Neurowissenschaften und den empirischen Daten aufzuzeigen, ist Ziel dieses Buches.

Was ist geschehen? Seit der »Dekade des Gehirns« in den 1990er Jahren haben die »neuen Wissenschaften des Gehirns« einen Siegeszug ohnegleichen durchlaufen. Weit über die Grenzen der Naturwissenschaften hinaus durchdringen Erklärungsmodelle aus der Hirnforschung ehemalige Hoheitsgebiete der Geistes-, Kultur- und Sozialwissenschaften. Die Nichtexistenz des freien Willens zu beweisen, biologische Marker für kriminelles Verhalten zu entdecken oder neuromolekulare Ursachen von Angst, Zwang und Depression zu finden: All dies traut sich die Hirnforschung unserer Tage mit großer Selbstsicherheit zu. Zwar noch nicht gerade heute, aber schon in absehbarer Zukunft sollen auch derart großkalibrige Probleme lösbar werden.

Wie tief die Neuro-Unternehmung bereits vorgestoßen ist, illustriert ein Zitat des britischen Biologen Semir Zeki: »Mein Ansatz ist von einer Wahrheit bestimmt, von der ich denke, dass sie unumstößlich ist: dass jede menschliche Handlung von der Organisation und den Gesetzen des Gehirns bestimmt ist und dass es deshalb keine wahre Kunst- und Ästhetik-Theorie geben kann, außer wenn sie auf Neurobiologie beruht.«[1] Selbst die Kunst, *das* Kulturprodukt par excellence, muss offenbar modernerweise mit neurowissenschaftlichen Konzepten erklärt werden. Auf der Suche nach den »neuronalen Korrelaten« für dieses und jenes schieben heute auch Soziologen und Wirtschaftswissenschaftler ihre Probanden in den Kernspintomographen und suggerieren durch

---

1 | Vidal F (2009) History of the Human Sciences.

derartiges Tun: Hier wird ein streng wissenschaftlicher Weg eingeschlagen, um das Wesen des Menschen zu erklären.

Im Gegensatz zur begeisterten Neuro-Berichterstattung in den Medien ist der real existierende Wissenschaftsalltag in den Hirnforschungsinstituten deutlich prosaischer. Die meisten Hirnforscher sind sich der engen Grenzen ihrer Wissenschaft sehr wohl bewusst und wollen auch gar nicht Geist und Bewusstsein erklären, Gedanken lesen oder zukünftiges Verhalten voraussagen. Diese höchst seriösen Vertreter der Neuro-Zunft sind schon zufrieden, wenn sie nach jahrelanger Arbeit ein wenig mehr über visuelle Verarbeitung in der Sehrinde oder neuro-adaptive Veränderungen beim Klavier spielen gelernt haben. Dagegen wird auch niemand etwas einzuwenden haben. Da diese Art von Erkenntnissen selten Neuigkeitswert hat, tauchen sie allerdings kaum in den Medien auf. Ganz im Gegensatz zu den »weltbildgebenden Auftritten«,[2] die einige Hirnforschungsautoritäten in den letzten Jahren gerne gepflegt und damit zur glorifizierenden Überhöhung neurowissenschaftlicher Erkenntnismöglichkeit beigetragen haben. Diesen ungerechtfertigten Erklärungsansprüchen, für die besonders die »sozialen, kognitiven und affektiven Neurowissenschaften« anfällig sind, gilt die Hauptkritik meines Buches.

Der aktuelle Neuro-Hype geht nicht einfach nur auf die Nerven, sondern hat ganz praktische Konsequenzen für das Leben einer Vielzahl von Menschen. Schließlich wird der fundamental falsche Eindruck erweckt, die Hirnforschung wisse genau Bescheid über die biologischen Vorgänge, die unserem Erleben, Denken und Handeln zugrunde liegen. Und deshalb könne die Medizin »evidenzbasiert« und zielgerichtet im Gehirn eingreifen, wenn etwas schief läuft. Beispielsweise bei einer psychischen Störung. Im klassischen »bio-psycho-sozialen Modell psychischer Erkrankungen« hat längst eine dramatische Verschiebung hin zum Pol der Biologie stattgefunden. Auffälligstes Anzeichen dieser wissenschaftsideologischen Ausrichtung ist die zunehmend außer Kontrolle geratende Praxis der (Über-)Verschreibung von Psychopharmaka. Immer mehr Fachleute halten dies für eine fatale Fehlentwicklung mit beträchtlichen Konsequenzen für die Betroffenen. Das umfangreiche Buchkapitel »Neuro-Reduktionismus, Neuro-Manipulation und das Verkaufen von Krankheit« ist der Dekonstruktion des Mythos gewidmet, die biologische Psychiatrie sei eine Erfolgsgeschichte wissenschaftlicher Ratio und ein Segen für die Patienten.

Für eine realistische Einschätzung der Lage ist es von Vorteil, auf einem neurowissenschaftlichen Forschungsgebiet gearbeitet zu haben. Ich selbst tat dies zehn Jahre lang in der Arbeitsgruppe *Neuropsychopharmacology und Brain Imaging* an der *Psychiatrischen Universitätsklinik Zürich*, besser bekannt als *Burghölzli*. Franz Vollenweider und seine Kollegen untersuchen dort schon seit den

---

2 | Der Begriff stammt von der Philosophin Petra Gehring, vgl. Gehring P (2004) Philosophische Rundschau.

1990er Jahren mit neurowissenschaftlichen Methoden, wie halluzinogene Drogen auf Gehirn und Erleben des Menschen wirken.

Einer nahe liegenden Vermutung möchte ich hier gleich klar entgegentreten: Es waren *nicht* die Erfahrungen während meiner Forschungstätigkeit in jener Arbeitsgruppe, die mich zu einem Skeptiker der Neuro-Unternehmung werden ließen. Denn obwohl auch die Halluzinogenforschung am *Burghölzli* als Kind der Dekade des Gehirns geboren wurde, war und ist man sich dort im Klaren, dass Bewusstsein weit mehr ist als nur eine Kaskade biochemischer Prozesse im Gehirn. Im Entgrenzungszustand einer quasi-mystischen Halluzinogenerfahrung muss schließlich auch dem hartgesottensten Hirnforscher klar werden, dass ein solcher Zustand niemals mit neurowissenschaftlichen Methoden adäquat beschrieben werden kann. Geschweige denn, abschließend erklärt.

Es lief eher umgekehrt. Häufig war ich selbst derjenige, der einer allzu simplen mechanistischen Sichtweise aufgesessen ist und der den alles dominierenden »neuro-talk« unreflektiert übernommen hat. Für ein gelegentliches Zurechtrücken solcher Sichtweisen durch meine Kollegen bin ich heute dankbar. Auch muss ich eingestehen, mehr als einmal der Verführung erlegen zu sein, selbst die Ruhm und Ehre verheißende Neuro-Karte auszuspielen. Auf Vorträgen habe ich zu eben dem Weltbild beigetragen, das ich heute kritisiere. Kurzum – auch ich selbst war bis vor nicht allzu langer Zeit ein »zerebrales Subjekt«,[3] überzeugt davon, dass wir nur das Gehirn erforschen müssten, um uns selbst zu verstehen. Von meinem damaligen Neuro-Enthusiasmus zeugen noch ein paar wissenschaftliche Publikationen und journalistische Artikel. Vieles davon würde ich heute anders schreiben, einige Aussagen gerne ganz zurücknehmen.

Meine Zeit in der Hirnforschung war in anderer Hinsicht prägend für meine jetzige wissenschaftskritische Sichtweise und damit auch für dieses Buchprojekt. Auf den großen Neuropsychopharmakologie-Kongressen bin ich nicht nur akademischer Arroganz von ungekanntem Ausmaß begegnet, sondern auch den aggressiven Geschäftspraktiken der pharmazeutischen Industrie.

Lange ist es her, dass an den Pharma-Informationsständen ein paar Kugelschreiber mit Firmenlogo zusammen mit einem Sonderdruck einer neuen Medikamentenstudie verteilt wurden. In den Jahren um 2005 füllten die Pharmastände auf Kongressen ganze Stockwerke. Bei Pharma-Quizshows – realistisch den entsprechenden TV-Formaten nachempfunden – waren für die Kongressteilnehmer *BMW*-Cabrios zu gewinnen. Nun wurde es ganz offensichtlich, dass weite Teile der akademischen Psychiatrie von der pharmazeutischen Industrie aufgekauft wurden. Die Sichtung einer Vielzahl von Büchern und Fachpublikationen hat später bestätigt, was ich schon im Angesicht der Pharma-Quizshows

---

3 | Vidal F (2009) History of the Human Sciences.

vermutete: dass so manche vermeintliche neurobiologische »Tatsache« sehr viel mehr mit pharmazeutischem Marketing als mit Wissenschaft zu tun hat.

Vor allem aber lehrt die praktische Neuroforschung Bescheidenheit, was die prinzipiellen Grenzen wissenschaftlicher Erkenntnismöglichkeiten zu Geist und Bewusstsein angeht. Das Gehirn als Untersuchungsgegenstand ist enorm komplex und die zur Verfügung stehenden Messverfahren zwar hoch technisiert, vielleicht gerade deshalb aber auch besonders stör- und irrtumsanfällig. Gerade die mit bildgebenden Verfahren gewonnenen – oder vielleicht eher hergestellten – Untersuchungsergebnisse sind in hohem Maße interpretationsbedürftig. Von der wissenschaftspraktischen Problemvielfalt der bildgebenden Verfahren, die fälschlicherweise den Eindruck erwecken, fotoähnliche Abbildungen des Geistes bei der Arbeit zu liefern, handelt das Buchkapitel »Neuro-Evidenzmaschinen. Bildgebende Verfahren in der Kritik«.

Vielleicht ist aber auch nur die gefühlte Diskrepanz zwischen der medialen Darstellung neurowissenschaftlicher Erkenntnisse und der tatsächlichen empirischen Datenlage besonders schmerzhaft, wenn man selbst weiß, wie neurowissenschaftliche Forschung in der Praxis funktioniert.

Dass eine radikal pessimistische Haltung zur Zukunft der Neurowissenschaften genau so verfehlt wäre, wie es der ungezügelte Optimismus der letzten Jahre war, versuche ich im Schlusskapitel aufzuzeigen. Die Problemwahrnehmung nimmt nämlich schon deutlich zu – innerhalb wie außerhalb der Hirnforschung. So werden neuro-skeptische Symposien abgehalten, entsprechende Internet-Blogs betrieben und auch in renommierten Fachzeitschriften explizit hirnforschungskritische Texte veröffentlicht. Zudem hat sich das Netzwerk der »Kritischen Neurowissenschaften« gebildet, in dem Vertreter verschiedener Fachdisziplinen bemüht sind, in einem konstruktiven Dialog dringend notwendige Reformen anzustoßen. Anlass zur Hoffnung gibt auch die Tatsache, dass gerade in der jüngsten Forschergeneration eine ganze Reihe gleichermaßen begeisterte wie (selbst-)kritische Neurowissenschaftler auszumachen sind. Sollte sich die Fachrichtung tatsächlich von innen her reformieren, werden es wohl genau diese Akteure sein, welche die entscheidenden Impulse geben.

Noch aber hat die Neuro-Spekulation die Neuro-Skepsis fest im Griff. Wie weit die modernen Neuro-Mythen bereits in der gesellschaftlichen Wahrnehmung angekommen sind, wurde mir wieder einmal bewusst, als ich neulich in Berlin an einem Kiosk vorbeiging. Im Aushang bewarb dort die deutsche TV-Zeitschrift *Hörzu* ihre Wissen-Ausgabe: »Führende Forscher sind sich einig: Der freie Wille ist eine Illusion«. Ganz abgesehen von der inhaltlichen Absurdität sind Neuro-Thesen offenbar voll und ganz massentauglich geworden. Höchste Zeit also für eine grundlegende Gegendarstellung. Muss das sein? Ja, ganz offensichtlich.

1. Neuro-Enthusiasmus.
Alle machen Hirnforschung

Das Leben in der entstehenden Neuro-Gesellschaft wird von unserem gegenwärtigen Dasein so weit entfernt sein, wie es die Renaissance von der Steinzeit war.[1]

Der Neuro-Prophet sieht aus wie Al Gore, heißt Zack Lynch und kommt aus Kalifornien. Der Gründer der *Neurotechnology Industry Organization*, eines globalen Wirtschaftsverbands der Hirnforschungsindustrie, ist sich ganz sicher: Wir werden gerade Zeugen einer »gigantischen, historischen Unvermeidbarkeit«.[2] Großes stellt Lynch in der Einleitung zu seinem unlängst erschienenen Buch »Die Neuro-Revolution« in Aussicht. Unsere unmittelbar bevorstehende Metamorphose zur Neuro-Gesellschaft sei nicht nur »unabwendbar und bereits im Gange«, sondern »so radikal wie die Veränderung von der Raupe zum Schmetterling«.[3] Auf nicht weniger als die »Geburt einer neuen Zivilisation« hätten wir uns einzustellen. Der Überbringer der Neuro-Heilsbotschaft hat auch schon einen Zeitplan vor Augen. 30 Jahre soll es noch dauern, allerhöchstens, bis uns die Neurotechnologie in die post-industrielle und post-informationelle Gesellschaftsform der »Neurosociety« geführt hat.

Neuro-Ehrfurcht auf dem Vormarsch

Neuro-Enthusiast Lynch ist mit seinen Zukunftsvisionen in guter Gesellschaft. Dieser Tage ist sogar das kultivierte britische Understatement in Gefahr, wenn es um die Würdigung kommender Segnungen aus den Labors der Neurowissenschaftler geht. Ungewohnt revolutionäre Töne kommen nämlich auch von Fachleuten, die sich vor ein paar Jahren im Auftrag Ihrer Majestät mit der Zukunft der Hirnforschung beschäftigt haben. Das ehrwürdige Londoner *Office*

---

1 | Lynch Z (2009) »The Neuro Revolution«, S. 8.
2 | Ebd., S. 7.
3 | Ebd., S. 8.

of Science and Technology gilt als seriöse Denkfabrik, wenn es um die wissenschaftsbasierte Vorwegnahme gesellschaftsrelevanter Entwicklungen geht. Sir David King, Chefbeamter und Projektleiter der »Foresight«-Studie »Hirnforschung, Sucht und Drogen«,[4] wagt im Schlussbericht der Untersuchung eine geradezu unbritisch große Prophezeiung: »Die größten Veränderungen, die wir im einundzwanzigsten Jahrhundert sehen werden, könnten uns durch Fortschritte in unserem Verständnis des Gehirns gebracht werden. [....] Wir stehen unmittelbar vor Entwicklungen, die uns womöglich in eine Welt führen, in der wir Drogen nehmen, die uns helfen zu lernen, schneller zu denken, zu entspannen, wirksamer zu schlafen, oder sogar unsere Stimmung subtil der unserer Freunde anzupassen. Dies hätte Auswirkungen für jeden Einzelnen und könnte zu fundamentalen Veränderungen in unserem Verhalten als Gesellschaft führen.«[5] Im Zeitalter der Neurowissenschaften traut man den Psychopharmakologie-Abteilungen der Pharmalabors offenbar sogar den präzise kalkulierbaren Eingriff in den Gefühlshaushalt des Menschen zu.[6]

Aber auch in Deutschland ist die Neuro-Ehrfurcht schon längst angekommen. Hierzulande fordert der renommierte Hirnforscher Wolf Singer eine »Utopie der Demut« angesichts der menschenbildverändernden Erkenntnisse aus der Hirnforschung: »Der Mensch [sollte sich] erneut als geworfenes Wesen begreifen, das vielfältig bedingt ist und nur einen eng begrenzten Erkenntnisraum hat. Die Folge wäre dann, dass wir unser Leben mit sehr viel mehr Demut gestalten und uns gegenseitig nachsichtiger behandeln. Diese Utopie der Demut, diese Kultur der Solidarität untereinander könnte das Maß der bisherigen, mythologisch verbrämten Utopien an Humanität weit übertreffen.«[7]

Machen Sie das Beste aus Ihrem Cortex!

Wie diese Aussagen illustrieren, hat sich die ehemals bodenständige Hirnforschung zu einer veritablen Neuro-Euphorie entwickelt. Was ist bloß geschehen? Noch bis vor wenigen Jahren haben Neurobiologen beispielsweise untersucht, wie das Gehirn Sinnesreize verarbeitet, Sprache versteht oder wie die Motorik funktioniert. Ohne Zweifel wichtige und sinnvolle Grundlagenforschung, jedoch ohne viel Glamour, so wie sie auch heute noch an vielen – wenn nicht den meisten – Hirnforschungsinstituten der Welt betrieben wird.

Man hat die Gehirne verstorbener Schlaganfall-Patienten seziert und verglich Schädigungsort und Funktionsausfälle. Man traktierte Nervenzellkulturen

---

4 | Foresight (2005) www.foresight.gov.uk/OurWork/CompletedProjects/Brain%20 Science

5 | Office of Science and Technology (2005) »Drug Futures 2025?«, S. 1.

6 | Wie weit hier Vorstellung und Realität auseinander liegen, siehe Kapitel 5.

7 | Könneker C (2002) Gehirn und Geist, S. 34.

mit allerlei pharmakologisch Aktivem und schaute, wie Ionenkanäle in der Zell-membran reagieren. Oder man machte Hirnstromableitungen von Versuchs-personen, die am Bildschirm gerade Rechenaufgaben lösen. Von der Öffentlich-keit wahrgenommen wurde diese Grundlagenforschung wenig. Die Befunde waren meist von akademischer Sperrigkeit und auch die motiviertesten Wissen-schaftsjournalisten taten sich schwer, aus der Entdeckung einer neuen »cortico-striatalen Regelschleife« eine leserfreundliche Geschichte zu machen.

Heute freilich sieht die Sache ganz anders aus. Schaut man sich in der Wis-senschaftsabteilung einer halbwegs gut sortierten Buchhandlung um, so sprin-gen einen in der Auslage Buchtitel von ganz anderem Kaliber an: »Gehirn, Ich, Freiheit«,[8] »Neuro-Ernährung«,[9] »Tatort Gehirn«,[10] »Neuroleadership: Erkennt-nisse der Hirnforschung für die Führung von Mitarbeitern«,[11] »Das glückliche Gehirn«[12] oder gar »Das Gehirn eines Buddha – Die angewandte Neurowissen-schaft von Glück, Liebe und Weisheit«.[13] Und sogar für die Kleinsten ist gesorgt: »Gehirnforschung für Kinder – Felix und Feline entdecken das Gehirn«.[14]

Ähnlich sieht es im Journalismus aus. Kaum eine Woche vergeht ohne me-diale Sensationsmeldung über die Relevanz neurowissenschaftlicher Erkennt-nisse. Nicht nur für die Medizin, sondern für unser Leben ganz allgemein. Hirnforscher erklären Journalisten, dass Kinder anders lernen sollten,[15] begrün-den, warum wir Optimisten oder Pessimisten sind,[16] gehen dem Phänomen der romantischen Liebe auf den neuronalen Grund[17] und erläutern, dass unsere intuitiv gefühlte Willensfreiheit nur eine Illusion ist.[18]

Dass die Medien längst zum Sprachrohr fortschrittsenthusiastischer Neuro-wissenschaftler geworden sind, liegt in der Natur der Sache. Schließlich wecken

---

8 | Beckermann A (2008) »Gehirn, Ich, Freiheit. Neurowissenschaften und Menschen-bild«.

9 | Krstinic S (2010) »Neuro-Ernährung. Essen für die Emotionen«.

10 | Markowitsch HJ, Siefer W (2009) »Tatort Gehirn. Auf der Suche nach dem Ursprung des Verbrechens«.

11 | Elger CE (2008) »Neuroleadership: Erkenntnisse der Hirnforschung für die Führung von Mitarbeitern«.

12 | Amen DG (2010) »Das glückliche Gehirn«.

13 | Hanson R, Mendius R (2010) »Das Gehirn eines Buddha. Die angewandte Neuro-wissenschaft von Glück, Liebe und Weisheit«.

14 | Hüther G, Michels I (2009) »Gehirnforschung für Kinder – Felix und Feline entde-cken das Gehirn«.

15 | Spitzer M (2007) Der Tagesspiegel vom 22.6.

16 | »Zentren des Optimismus im Gehirn lokalisiert«, Science ORF, 24.10.2007; http://sciencev1.orf.at/news/149886.html

17 | Brenner H (2010) [W] wie Wissen. ARD, 21.3.

18 | Thimm K, Traufetter G (2004) Der Spiegel vom 20.12.

Verheißungen Leserinteresse und steigern die Auflage. Die Wissenschafts-
redaktionen freuen sich über immer neue Utopien und Dystopien, die sich aus
den vermeintlichen Erkenntnissen der Hirnforscher konstruieren lassen.
Auch die Unterhaltungselektronik ist bereits auf den Neuro-Zug aufgesprungen. »Alles aus Ihrem Präfrontal-Cortex herausholen«: Mit diesem Slo-
gan bewirbt zum Beispiel *Nintendo* sein Gehirntrainings-Spiel *Brain Age*.[19] Auf
der Webseite sind Hirn-Scans mit Aktivierungen bei kognitiven Aufgaben zu
sehen. Nicht zuletzt haben sich ganze Bewegungen formiert, die sich explizit
auf neurowissenschaftliche Erkenntnisse berufen. Beispielsweise die Praxis der
»Neuro-Askese«. Darunter ist eine Art »zerebrale Selbstdisziplin« zu verstehen,
»die darauf abzielt, die Hirnleistung zu maximieren«.[20] In dieser boomenden
Neuro-Esoterik-Bewegung werden Selbsthilfemanuale und Hirnfitness-Pro-
gramme ausgetauscht. Man macht *Neurobics* in virtuellen *Brain Gyms* und
schluckt Vitamine und »Neuroceuticals« für das perfekte Gehirn.

Immer mehr Neuro-X-Disziplinen

Wer als Forscher des 21. Jahrhunderts wirklich Wesentliches über die Natur des
Menschen und seine Lebenswelt aussagen will, so scheint es, muss den Blick
ins Gehirn wagen. So haben längst auch Wissenschaftler, deren Fachdisziplinen
eigentlich nichts mit Hirnforschung zu tun haben, die Neurowissenschaften
für sich entdeckt. Auf der Suche nach Hirnlokalisationen für wirtschaftliche
Entscheidungen, moralisches Verhalten oder verbrecherische Impulse schieben
längst auch Ökonomen, Soziologen und Rechtswissenschaftler ihre Probanden
in den Kernspintomographen. Schon seit ein paar Jahren macht deshalb der Begriff der »neuen Wissenschaften des Gehirns« die Runde.[21] Es ist nicht zu über-
sehen: Der Neuro-Zug rollt. Scheinbar gibt es kaum mehr eine Forschungs-
disziplin, die sich nicht mit der Vorsilbe »Neuro-« modernisieren und mit der
Aura vermeintlicher experimenteller Beweisbarkeit veredeln ließe. Alle machen
Hirnforschung.

   Ohne Anspruch auf Vollständigkeit sind im Jahr 2012 an Neuro-Bindestrich-
Wissenschaften zu vermelden: Neuro-Philosophie und Neuro-Epistemologie,
Neuro-Soziologie, Neuro-Theologie, Neuro-Ethik, Neuro-Ökonomie, Neuro-Di-
daktik, Neuro-Marketing, Neuro-Recht, Neuro-Kriminologie und Neuro-Forensik, Neuro-Finanzwissenschaften, Neuro-Verhaltensforschung und Neuro-An-
thropologie. Wem das als Forscher noch zu mainstream ist, für den gäbe es
noch Neuro-Ästhetik, Neuro-Kinematographie, Neuro-Kunstgeschichte, Neuro-

---

19 | http://brainage.com/launch/training.jsp

20 | Ortega F, Vidal F (2007) Revista Eletronica de Comunicaçao, Informaçao e Ino-
vaçao em Saude, S. 257.

21 | Abi-Rached JM (2008) EMBO Reports.

Musikwissenschaften, Neuro-Germanistik, Neuro-Semiotik[22], Neuro-Politik-wissenschaften, Neuro-Architektur, Neuro-Psychoanalyse und Neuro-Ergono-mie. Nicht zu vergessen die sozialen Neurowissenschaften.[23]

Und auf der dunklen Seite der Macht wuchert die weltweit mit milliarden-schweren Forschungsetats ausgestattete Neuro-Kriegsführung. Jedes einzel-ne der neuen Fächer reklamiert seine Existenzberechtigung mit dem Verweis darauf, die ursprüngliche Disziplin mit den »neuesten Erkenntnissen aus der Hirnforschung« zu reformieren. Oder wie es der Wissenschaftsjournalist Mar-tin Schramm kurz zusammengefasst hat: »Immer mehr Neuro-X-Disziplinen suggerieren: hier wird ein streng naturwissenschaftlicher Weg beschritten, um das Wunder Mensch zu entschlüsseln.«[24]

Einige dieser Neuro-X-Disziplinen sind bislang noch eher eine Privatver-anstaltung einiger weniger Proponenten. Andere, wie zum Beispiel die Neuro-Kunstgeschichte oder die Neuro-Germanistik, sind nur kurz in Erscheinung getreten und heute bereits wieder auf dem Rückzug. Die Mehrzahl der neu ent-standenen Neuro-Fächer ist aber in hohem Maße institutionalisiert und profes-sionalisiert. Mit eigenen Konferenzen, Interessenverbänden, Internetportalen, wissenschaftlichen Zeitschriften und universitären Lehrstühlen. So gibt es in San Diego die *Academy of Neuroscience in Architecture*, in Berlin finden Tagun-gen zur Neuro-Psychoanalyse statt und die Neuro-Ökonomen sind in der *Socie-ty for Neuroeconomics* organisiert. Deren Webseite, übrigens, besticht durch ein überaus treffendes Logo: Ein paar stilisierte Neuronen, deren Nervenfortsätze ein Dollarzeichen formen.[25]

Aufbruch ins neurozentrische Zeitalter

Nicht ganz unschuldig an der Neuro-Inflation ist George Bush. Nicht der Sohn, sondern der Vater: »Ich, George Bush, Präsident der Vereinigten Staaten von Amerika, erkläre hiermit die am 1. Januar 1990 beginnende Dekade zur Dekade des Gehirns.«[26] Mit dieser präsidialen Proklamation und den entsprechenden Budgets und Forschungsprogrammen hat Bush Senior vor 20 Jahren den Start-schuss zum beispiellosen Siegeszug der Neurowissenschaften gegeben. Dass der amerikanische Präsident auch selbst von der Neuro-Euphorie erfasst war,

---

22 | Die Neuro-Semiotik untersucht die neurophysiologischen Vorgänge, die dem Ge-brauch von Zeichen(systemen) und ganz allgemein der menschlichen Kommunikation zu Grunde liegen.

23 | Auch »Sozialneurowissenschaft« genannt, vgl. Stephan Schleim (2011) »Die Neurogesellschaft«.

24 | Schramm M (2011) IQ-Wissenschaft und Forschung, Bayerischer Rundfunk, 13.4.

25 | www.neuroeconomics.org

26 | Bush G (1990) Presidential Proclamation No 6158 vom 17.7.

zeigt ein Auszug aus seiner Proklamationsrede: »Das menschliche Gehirn, eine Dreipfundmasse ineinander verwobener Nervenzellen, die unsere Aktivitäten kontrollieren. Es ist eines der wundervollsten und mysteriösesten Wunder der Schöpfung. Als Sitz der menschlichen Intelligenz, Interpret unserer Sinne und Kontrolleur unserer Bewegungen begeistert dieses unglaubliche Organ Wissenschaftler und Laien gleichermaßen.«[27]

Die »Decade of the brain«-Initiative des amerikanischen Kongresses hatte unter anderem zum Ziel, die Wahrnehmung der Öffentlichkeit für den Nutzen der Hirnforschung zu stärken. Dass dieses Ziel erreicht wurde, steht außer Zweifel. Präsident Bushs Kampagne hat zu einem wahren Boom an Medienberichterstattungen über neurowissenschaftliche Projekte und damit zu einer immensen Sichtbarkeit der Hirnforschung geführt. Sonderprogramme wie die auch heute noch veranstalteten »Brain Awareness Weeks« haben das ihre dazu getan.

Auch wurden in der zweiten Hälfte der 1990er Jahre wichtige Zentren für Hirnforschung gegründet, wie etwa das Londoner *Wellcome Functional Imaging Laboratory*[28] oder das *Institute of Cognitive Neuroscience*. In jener Zeit haben die Erwartungen an Erkenntnismöglichkeiten und Erklärungsmacht der Neurowissenschaften dramatisch zugenommen. Plötzlich schien alles in den Bereich des Verstehbaren und naturwissenschaftlich Beweisbaren gerückt zu sein. Von der Struktur des Bewusstseins über die neuronale Verortung moralischen Handelns bis hin zur molekularen Grundlage psychischer Störungen. Es schien nur eine Frage der Zeit, bis die Neurowissenschaften Kants vierte Frage werden beantworten können: »Was ist der Mensch?«[29]

Während der 1990er Jahre kam es zu einem explosionsartigen Zuwachs an Wissenschaftlern, die sich als *Neuro*-Wissenschaftler verstanden. So konnte deren übergreifender Berufsverband, die *Society for Neuroscience*, jährlich mehr als tausend neue Mitglieder in ihren Reihen begrüßen. Seit 1970 hat sich die Mitgliederzahl der *Society for Neuroscience* mehr als vervierzigfacht. Viele der Neumitglieder kamen aus der Molekularbiologie und den Computerwissenschaften – zwei Forschungsdisziplinen, die vor der »Dekade des Gehirns« abseits der Hirnforschung angesiedelt waren.

Dies wiederum führte dazu, dass neue Untersuchungsmethoden wie die funktionelle Bildgebung oder die molekulare Genetik auch weit außerhalb der ursprünglichen Neurowissenschaften Verbreitung fanden. Die *Society for Neuro-*

---

27 | Ebd., Übersetzung in Schramm M (2011) IQ-Wissenschaft und Forschung, Bayerischer Rundfunk, 13.4.

28 | An diesem Institut wurden zum Beispiel wichtige statistische Verfahren (»statistisch-parametrisches Mapping«) zur Datenanalyse bei Bildgebungsstudien entwickelt.

29 | Die drei anderen kantischen Fragen sind nicht weniger gewichtig: »Was kann ich wissen?«, »Was soll ich tun?«, »Was darf ich hoffen?«

science darf auch für sich in Anspruch nehmen, das meiste wissenschaftliche Personal aller Zeiten an einem Ort versammelt zu haben. Zur jährlich stattfindenden Fachtagung haben sich 2005 in Washington 35.000 Neurowissenschaftler versammelt. Das ist Weltrekord. Gemessen an der Teilnehmerzahl war *Neuroscience 2005* der größte Wissenschaftskongress, der jemals veranstaltet wurde.[30] Auch dies zeigt, wie beliebt es im 21. Jahrhundert geworden ist, Hirnforschung zu betreiben. Der dramatische Personalzuwachs hat wohl mit dazu beigetragen, dass die Anzahl neurowissenschaftlicher Publikationen in den letzten Jahren durch die Decke ging. Joelle Abi-Rached von der *London School of Economics* hat sich die Mühe gemacht, nachzuzählen.[31] Im Jahr 1968 wurden gerade einmal 2020 Fachaufsätze zur Struktur und Funktion des Gehirns publiziert. Für 1988 zählte die fleißige Medizinerin und Philosophin schon 11.770 Publikationen. Und im Jahr 2008, nochmals 20 Jahre später, sah die Welt 26.500 neurowissenschaftliche Veröffentlichungen.

Der neuromolekulare Blick

Wie ist es zu diesem immensen Zuwachs an Produktivität und Output in der Hirnforschung gekommen? Zusammen mit dem Soziologen Nikolas Rose hat Joelle Abi-Rached den historischen Ursprung der »neuen Wissenschaften des Gehirns« zurückverfolgt.[32] Die beiden kommen zum Schluss, dass der entscheidende Wandel in den USA der 1960er Jahre eingetreten ist. Dass es dann gar zu einem erkenntnistheoretischen Bruch kam. Innerhalb weniger Jahre etablierte sich ein neuer Denkstil, den Rose und Abi-Rached als den »neuromolekularen Blick« bezeichnen: »Ein Blick, der eintauchte in die gerade im Entstehen begriffenen molekularen Ansätze in der Biologie, Chemie und Biophysik. Dieser Blick wurde auf den Bereich der Neurobiologie übertragen.«[33]

Der bis heute beliebte Ansatz, mit reduktionistischen neuromolekularen Methoden der Komplexität des Gehirns beikommen zu wollen, wurde nämlich

---

30 | Zum Teilnehmer-Rekord dürfte beigetragen haben, dass der Dalai Lama eine Eröffnungsrede zum Thema Neurowissenschaften und Meditation hielt. Der Auftritt des spirituellen Führers der Tibeter hat im Vorfeld zu Protesten unter den Neurowissenschaftlern geführt. Man befürchtete eine unheilvolle Vermischung von Wissenschaft, Politik und Religion.

31 | Rose N (2011) »Governing conduct in the age of the brain«, Vortrag an der University of Chicago, 29.3., vgl. Videopodcast auf www.somatosphere.net/2011/04/nikolas-rose-governing-conduct-in-age.html

32 | Abi-Rached J, Rose N (2010) History of the Human Sciences.

33 | Ebd., S. 17.

bereits in den späten 1950er und beginnenden 1960er Jahren kultiviert.[34] Der heute omnipräsente »Neuroscience«-Begriff hingegen wurde erst erstaunlich spät geprägt, nämlich 1962 vom amerikanischen Biologen Francis O. Schmitt.[35] Der Pionier der Elektronenmikroskopie und Professor für Physiologie am *Massachusetts Institute of Technology* hat den Begriff im Rahmen des von ihm angestoßenen »Neuroscience Research Program« verwendet.

Erstaunlicherweise war »Neuroscience« aber nicht einmal Schmitts erste Wahl. Zuerst erwog er zur Charakterisierung seines neuen fachübergreifenden Forschungsprogramms nämlich die Sammelbegriffe »mentale Biophysik« und »Biophysik des Geistes«. Schmitt hat nicht nur den »Neuroscience«-Begriff eingeführt, sondern auch die interdisziplinäre Zusammenarbeit in der Hirnforschung begründet. In der Jubiläumsansprache zum einjährigen Bestehen seines »Neuroscience Research Program« im Jahr 1963 zeigte sich der visionäre Geist Schmitts. Der Neuro-Pionier war ein Mann auf einer Mission: »Es ist notwendig, einen Quantensprung im Verständnis des Geistes zu vollziehen. Nicht nur als akademische Übung wissenschaftlicher Forschung. Nicht nur, um psychische Krankheiten [...] zu verstehen und zu lindern. Nicht nur, um durch den verbesserten Dialog eine gänzlich neue Art von Wissenschaft zu erschaffen und so die aktuelle Krise zu überwinden und zu einem neuen Quantensprung in der menschlichen Evolution anzusetzen. Sondern, um durch das Verstehen des Geistes mehr über die Natur unserer eigenen Existenz zu erfahren.«[36]

Auffällig an Schmitts Rede ist, dass der Begriff »Gehirn« darin gar nicht vorkommt. Sein Ziel war das Verständnis des menschlichen *Geistes*, dazu schien ihm das Verstehen des Gehirns selbstverständliche Voraussetzung zu sein. Schmitt brachte führende Naturwissenschaftler seiner Zeit dazu, gemeinsam am Gehirn zu forschen. Unter ihnen waren bedeutende Neurophysiologen, Neuroanatomen, Neurochemiker, Psychologen, Psychiater, Neurologen sowie klassische Physiker und Chemiker. Auf den von 1962 bis 1982 abgehaltenen Konferenzen des »Neuroscience Research Program« wurden die fundamentalen Probleme der damaligen Hirnforschung behandelt. Man debattierte über Struktur und Funktion der Synapsen,[37] das Wesen der Neurotransmitter, über

---

34 | Einen wichtigen Beitrag zu dieser Sichtweise hat LSD geleistet. Dass eine Substanz in der winzigen Menge von einigen Mikrogramm so fundamentale Veränderungen von Wahrnehmung, Kognition, Emotionen und Verhalten bewirken kann, wurde als Beweis für das Vorhandensein spezifischer, passgenauer Andockstellen im Gehirn gewertet.

35 | Bloom FE (1997) Proceedings of the American Philosophical Society.

36 | Worden FG, Swazey JP et al. (1975) The Neurosciences: Paths of Discovery, S. 529; zitiert in Abi-Rached J, Rose N (2010) History of the Human Sciences, S. 23.

37 | Kontaktstellen zwischen zwei Nervenzellen. An den Synapsen erfolgt die Erregungsübertragung von einer Zelle zur nächsten.

frühe Befunde der molekularen Genetik, Hirnreifung und adaptive Plastizität des Gehirns.

Das »Neuroscience Research Program« mit seinem institutionalisierten Austausch zwischen hochrangigen Wissenschaftlern verschiedener Fachrichtungen war ein wichtiger Vorläufer der heutigen Neuro-Unternehmung. Dementsprechend war das erste wissenschaftliche Journal, das »Neuroscience« in seinem Titel trug, das 1963 gegründete *Neurosciences Research Program Bulletin*. Heute, 50 Jahre später, gibt es weit über 100 Zeitschriftentitel, die den Begriff »Neuroscience« enthalten. Darunter befindet sich so Exotisches wie das *Bangladesh Journal of Neuroscience*, das *Journal of Nanoneuroscience* oder *NeuroQuantology: An Interdisciplinary Journal of Neuroscience and Quantum Physics*.

Erfolgsbilanz eines Jahrzehnts

Die »Dekade des Gehirns« hat ohne Zweifel wichtige Fortschritte im Verständnis des Gehirns gebracht.[38] Die Genforschung entschlüsselte die genetische Grundlage von Erkrankungen wie Chorea Huntington[39] und anderen neurologischen Störungen. Das alte Dogma der Hirnforschung, dass das erwachsene Gehirn keine neuen Nervenzellen mehr hervorbringen könne, wurde widerlegt. Grundprinzipien der Hirnentwicklung, der dynamischen Formbarkeit des Gehirns (»Neuroplastizität«) und von Gedächtnisprozessen wurden entdeckt. Als größter Erfolg der Neuro-Unternehmung der 1990er Jahre werden aber die neuen Bildgebungstechnologien gefeiert. Das Zeitalter des Neuroimagings war soeben angebrochen. Nuklearmedizinische Verfahren wie die »Positronen-Emissions-Tomographie« (PET) und die »Single-Photon-Emission-Computed-Tomographie« (SPECT) hatten ihre Kinderkrankheiten abgelegt und erlaubten nun erstmals den molekularen Zugriff auf das lebende menschliche Gehirn.[40] Und die »funktionelle Magnetresonanztomographie« (fMRT), über die in diesem Buch noch viel zu lesen sein wird, löste in der Folge einen wahren Hirnforschungsboom aus.

---

38 | Blakemore C (2000) EuroBrain.

39 | Die Huntington-Erkrankung (»Veitstanz«) ist eine vererbliche, progressiv verlaufende Gehirnerkrankung mit schweren Bewegungsstörungen und psychischen Symptomen.

40 | Mit spezifischen radioaktiven Markierungssubstanzen werden bis heute anatomische Verteilung und biochemische Eigenschaften von Rezeptoren, Transportern usw. untersucht. Durch die Sichtbarmachung pathologischer Stoffwechselprozesse können mit diesen Verfahren beispielsweise Differentialdiagnosen bei Parkinson, Alzheimer oder Tumorerkrankungen gemacht werden.

Dem Gehirn beim Lieben und Glauben zusehen

Die faszinierenden neuen Methoden versprachen tiefe Einsichten nicht nur in die Anatomie und Biochemie des Gehirns, sondern auch in dessen Funktionsweise. Man hoffte, schon sehr bald revolutionäre Erkenntnisse zur Biologie von Kognition, Emotionen und Verhalten zu gewinnen. Früher konnte man allenfalls bei neurochirurgischen Eingriffen mittels Elektrodenstimulation im eröffneten Gehirn nach der Lokalisation bestimmter Hirnfunktionen fahnden. Nun aber gestatteten die bildgebenden Verfahren den Forschern, auf nicht-invasive Weise den Blick ins akut denkende und fühlende Hirn zu versuchen. Plötzlich wurde es möglich, nach den neuronalen Korrelaten von Liebeskummer zu suchen.[41] Oder im lebenden Gehirn nach den Spuren jahrelanger Meditation[42] oder einer psychopathischen Persönlichkeitsstruktur[43] zu fahnden. »Funktionelle Hirnbilder scheinen visuelle Diagnosen zu liefern und uns zu sagen, warum wir sind, wie wir sind.«[44]

Gerhard Roth, Neurobiologe und Direktor des *Instituts für Hirnforschung* an der *Universität Bremen*, sieht das Revolutionäre in den Neuroimaging-Methoden darin, dass »diese neuen Möglichkeiten das Feld der wissenschaftlichen Analyse der Neurowissenschaften ungeheuer erweitert haben und zwar genau in Gebiete, die früher der Psychologie, der Psychiatrie, auch bis hin zur Philosophie reserviert waren.«[45] Ein Quantensprung nicht nur für die Hirnforschung, sondern auch für Medien und Öffentlichkeit: »Befunde, für die sich früher kaum jemand interessiert hätte, weil sie auch kaum einer verstanden hätte, werden plötzlich registriert, weil sie anschaulich vermittelt werden. Weil man sie quasi sehen kann.«[46] Martha Farah von der *University of Pennsylvania* geht sogar noch weiter: »Hirnbilder sind die Wissenschaftsikonen unserer Zeit, die Bohrs Atommodell als Symbol für Wissenschaft ersetzt haben.«[47]

Auch die Psychologie transformierte sich in den letzten Jahrzehnten zur Neurowissenschaft und versteht sich nunmehr als kognitive Neurobiologie, die darüber forscht, wie unser Gehirn Denken, Empfinden und Verhalten bestimmt. Im Gegenzug erlitten andere Subdisziplinen der Psychologie wie die Persönlichkeitspsychologie, Entwicklungspsychologie oder Sozialpsychologie

---

41 | Najib A, Lorberbaum JP et al. (2004) American Journal of Psychiatry.

42 | Z.B. Neumann NU, Frasch K (2006) Psychotherapie, Psychosomatik, medizinische Psychologie.

43 | Z.B. Blair RJ (2010) Current Psychiatry Reports.

44 | Ortega F, Vidal F (2007) Revista Eletronica de Comunicaçao, Informaçao e Inovaçao em Saude, S. 257.

45 | Schramm M (2011) IQ-Wissenschaft und Forschung, Bayerischer Rundfunk, 13.4.

46 | Ebd.

47 | Farah MJ (2009) Journal of Cognitive Neuroscience, S. 623.

einen zunehmenden Popularitätsschwund. Der nicht mehr ganz taufrischen »Organisations- und Betriebspsychologie« droht gar Neuro-Modernisierung per Umbenennung zur »organizational cognitive neuroscience«.[48]

Gerade aus den Reihen der Psychologen kommt aber auch scharfe Kritik an der Übernahme des ureigensten Untersuchungsgegenstandes – der menschlichen Psyche – durch die Neurowissenschaften. In ihrem Buch »Neuromania« beklagen die Kognitionspsychologen Paolo Legrenzi und Carlo Umiltà, dass nun »Wissen, das über Dekaden psychologischer und neuropsychologischer Forschung angehäuft wurde, unter neuen Namen als Neuheit angeboten wird.«[49] Später im Buch wird der Ton noch gereizter: »Mentale Funktionen werden von Psychologen untersucht, nicht von Ökonomen oder Neurowissenschaftlern. Der Ausdruck ›Neuro-Ökonomie‹ impliziert, mehr oder weniger explizit, den Ausschluss der Psychologen. [...] Wenn Neurowissenschaftler und Ökonomen beabsichtigen, das Studium mentaler Funktionen von den Psychologen zu übernehmen, ohne das notwendige spezifische Fachwissen zu besitzen, wird die Neuro-Ökonomie nicht weit kommen.«[50]

Fasziniert von den neuen Möglichkeiten des Neuroimagings sind tatsächlich auch viele Sozial- und Wirtschaftswissenschaftler auf den Ruhm verheißenden Neuro-Zug aufgesprungen. Ein Trend, der bis heute ungebrochen ist. Dies konstatiert auch Matthew Crawford, wissenschaftlicher Mitarbeiter am *Institute for Advanced Studies in Culture* in Virginia: »Eine Schar von Kulturwissenschaftlern greift gegenwärtig nach Autorität – durch Aneignung der Neurowissenschaften, die uns mit der zugehörigen Dialektik des Neuro-Talks dargeboten werden. Diese Redeart ist oft vom Bild eines Hirn-Scans begleitet, diesem schnell wirksamen Lösungsmittel kritischer Einstellung.«[51]

Die Tatsache, dass Hirnforschung immer häufiger auch von Nicht-Neurowissenschaftlern betrieben wird, thematisiert auch der Neuropsychologe Lutz Jäncke von der *Universität Zürich*: »Das Bemerkenswerte [...] ist, dass hier Vertreter von Disziplinen, die nicht aus der Hirnforschung kommen, die Neurowissenschaft für sich entdecken. Man könnte vielleicht schon fast wehmütig festhalten, dass es Zeiten gab, in denen Hirnforscher dieses Fach noch studierten und eine Ausbildung in Neuroanatomie, Neurophysiologie oder Pharmakologie absolvieren mussten, um dann als Hirnforscher wissenschaftlich zu arbeiten. Heute hat man den Eindruck, dass jeder, der eine Bildgebungsstudie durchführt oder durchführen lässt, bereits ein Hirnforscher sei oder zumindest in die Nähe der Hirnforschung einsortiert wird.«[52]

---

48 | Butler MJR, Senior C (2007) Annals of the New York Academy of Sciences.
49 | Legrenzi P, Umiltà C (2011) »Neuromania«, S. vi.
50 | Ebd., S. 10.
51 | Crawford MB (2008) The New Atlantis, S. 65.
52 | Jäncke L (2009) Neue Zürcher Zeitung vom 13.05., S. 10.

Einige Kritiker behaupten gar, der gegenwärtige Neuro-Hype repräsentiere eine Extremform von Szientismus, wie man ihn bislang noch kaum gesehen habe. Und meinen mit Jürgen Habermas, dass Szientismus ein Verständnis von Wissenschaft impliziere, das andere, ebenso legitime Möglichkeiten der Wissensgenerierung ausschließt.[53] Eine herausragende Eigenschaft dieses Neuro-Szientismus sei die überdehnte Anwendung bestimmter wissenschaftlicher Erklärungen oder Modelle auf Gebiete, in denen diese Erklärungen wenig Aussage- oder Vorhersagekraft habe. So die Kritik des Neuroskeptikers Matthew Crawford von der *University of Virginia*.[54] Genau diese Form von territorialen Übergriffen hat sich in den letzten Jahren immer und immer wieder zugetragen. Man erinnere sich nur an die notorische Problemzone »freier Wille« (siehe Kapitel 7) und die Tatsache, dass diesbezügliche vermeintliche Erkenntnisse der Hirnforschung bisweilen nicht einmal mehr zur Diskussion gestellt werden. So geben beispielsweise die »Tatort Gehirn«-Autoren Hans Markowitsch und Werner Siefer ihrer Leserschaft zu verstehen, sie seinen womöglich einfach noch unaufgeklärt: »So, wie das Wissen in den weltlich-technisierten Gesellschaften der Industrieländer ansteigt, ist zu erwarten, dass auch die Aufklärung über die Determiniertheit des menschlichen Seins Eingang in breite Schichten der Gesellschaft finden wird.«[55]

Hillary Clinton aktiviert den Wähler-Cortex

Wie weit die Neuroimaging-Begeisterung gehen kann, zeigte sich am 11. November 2007 in einem denkwürdigen Artikel in der *New York Times*. Neurowissenschaftler von der *University of California* in Los Angeles und Mitarbeiter des Neuro-Marketing-Unternehmens *FKF Applied Research* erklärten der Leserschaft des Traditionsblattes, was die Neurowissenschaft zu den kommenden Wahlen um die amerikanische Präsidentschaft zu sagen hat.[56] Eine Gruppe von 20 unentschlossenen Wählern wurde gebeten, ihre Sympathie oder Abneigung für verschiedene Präsidentschaftskandidaten in einem Fragebogen anzugeben. Danach wurde mit funktioneller Magnetresonanztomographie die Hirnaktivität aufgezeichnet, während ihnen Fotos und Videoansprachen von Hillary Clinton, Rudy Giuliani, John McCain und anderen Aspiranten auf die damalige Präsidentschaft gezeigt wurden.

Und was haben die Forscher gefunden? Hillary Clinton aktivierte den *Anterioren Cingulären Cortex* bei Wählern, die angaben, sie seien eigentlich gar nicht

53 | Habermas J (1968) »Erkenntnis und Interesse«, S. 13.

54 | Crawford MB (2008) The New Atlantis, S. 65.

55 | Markowitsch HJ, Siefer W (2009) »Tatort Gehirn. Auf der Suche nach dem Ursprung des Verbrechens«, S. 227.

56 | Iacoboni M, Freedman J et al. (2007) New York Times vom 11.11.

für die Senatorin aus New York. Die Interpretation der Wissenschaftler: Ein innerer Kampf gegen nicht eingestandene Impulse, die Kandidatin der Demokraten doch zu mögen. Auch der Republikaner Mitt Romney »zeigt Potenzial«. Immerhin hätte er bei den eingespielten Reden die »höchste Hirnaktivität« verursacht. Zwar würde sich beim Einspielen von Fotos markante Wählerangst in Form einer aktivierten *Amygdala* zeigen, jedoch würde sich diese Aktivierung wieder legen, wenn die Versuchspersonen Romney im Video reden hörten. John Edwards hingegen belebte die *Insula* von Wählern, die Edwards nicht mögen. Gemäß den Forschern ein klares Anzeichen für »Abscheu und andere negative Gefühle«.[57] Auch Barack Obama und John McCain hätten noch »Arbeit zu erledigen«. Die Fotos und Videos hätten bei den Versuchspersonen nämlich keine starken Reaktionen ausgelöst – weder positive noch negative. Obama müsse es bei den unentschlossenen Wählern erst noch gelingen, Eindruck zu machen. Und das scheint ja dann, wie wir heute wissen, noch ganz gut geklappt zu haben.

Mehr Astrologie als Wissenschaft

Zwei Dinge sind für Untersuchungen dieser Art bezeichnend. Erstens scheint es heutzutage nicht mehr auszureichen, Leute einfach in einem Interview zu befragen. Und zweitens schaffen es Studien dieser Machart – beruhigenderweise – kaum je in eine wissenschaftliche Fachzeitschrift. Und auch bei dieser Studie ist davon auszugehen, dass sie den Reviewing-Prozess durch die Fachkollegen nicht überlebt hat. Vermutetes Verdikt: viel zu schlechte Hirnforschung. Auf jeden Fall sind die gescannten amerikanischen Wechselwähler nie in der Fachliteratur aufgetaucht. Aber schon durch den Artikel in der *New York Times* fühlten sich viele Fachgenossen provoziert. Bereits am 14. November druckte die *New York Times* einen Brief, in dem gleich 17 amerikanische und europäische Neurowissenschaftler und Kognitionsforscher kollektiv ihren Unmut äußerten.[58] Deren Hauptanklagepunkt: Grobe Unwissenschaftlichkeit. »Mehr Astrologie als echte Wissenschaft« in den Worten des Brief-Initiators Russell Poldrack.[59] Beispielsweise seien die gleichen Hirnregionen typischerweise an vielen mentalen Zuständen beteiligt, weshalb eine Eins-zu-eins-Abbildung zwischen einer Hirnregion und einem bestimmten geistigen Zustand gar nicht möglich sei. Marco Iacoboni, einer der kritisierten Wissenschaftler, zeigte sich überrascht von der harschen Kritik seiner Kollegen. Er warf den Autoren des Leserbriefs Schein-

---

57 | Eine Aktivierung der Insula hat überhaupt nicht zwingend mit Abscheu zu tun. Diese ist beispielsweise auch aktiv beim Verlangen nach Drogen, dem Genuss von Schokolade oder beim Orgasmus (vgl. Nature Editorial [2007] »Mind games«).

58 | Aron A, Badre D et al. (2007) New York Times vom 14.11.

59 | Zitiert in Miller G (2008) Science, S. 1412.

heiligkeit vor – schließlich würden die meisten der Kritiker selbst auch Rückschlüsse von den Gehirnaktivierungen auf mentale Zustände ziehen.
Offensichtlich machte man sich Sorgen um den guten Ruf der Bildgebungsstudien. Ein wenig später erschienenes Editorial in *Nature* wies darauf hin, dass
es sich beim Artikel in der *New York Times* »offensichtlich um die Behauptungen
eines kommerziellen Produkts handelt, das als wissenschaftliche Studie daherkommt.«[60] Die Vermutung ist durchaus begründet, schließlich firmieren gleich
drei Mitarbeiter des Neuro-Marketing-Unternehmens *FKF Applied Research* als
Autoren. Am Ende ihrer Entgegnung stellen die *Nature* Redakteure dann auch
noch die nahe liegende Grundsatzfrage: »Braucht irgendjemand einen drei Millionen Dollar teuren Scanner um zum Schluss zu kommen, dass Hillary an
ihrer Unterstützung durch Wechselwähler arbeiten muss?«[61]

Hat sich das Thema »Politik und Gehirn« mit jenem legendären *New York
Times* Artikel und den pointierten Entgegnungen medial wie wissenschaftlich
erschöpft? Nein, keineswegs. In immer neuen Studien wird seitdem die Überzeugung vertreten, Wahlverhalten und politische Gesinnung seien nicht (nur)
soziokulturell bedingt, sondern bereits hirnbiologisch festgelegt. Im April 2011
hat sich der Berliner *Tagesspiegel* mit neurowissenschaftlichem Brachialreduktionismus weit aus dem Fenster gelehnt. »Linksliberale haben mehr Gefühl«
titelte das Blatt zu einer englischen Studie mit struktureller Magnetresonanztomographie bei Probanden mit unterschiedlicher politischer Gesinnung.[62] »Bei
Konservativen ist das Angstzentrum größer – das zeigen Messungen der University of London«, berichtete das Blatt. Die rechte *Amygdala* von Konservativen
hätte nämlich ein »auffällig großes Volumen«, wurden britische Forscher zitiert,
die die Studie durchgeführt hatten.[63] Hingegen hätten Linksliberale einen »auffallend voluminösen vorderen *Gyrus cinguli*. Diese Region des Gehirns spielt
für Gefühle eine Rolle, wie Mitleid und die Fähigkeit zur Einfühlung in andere
Personen«, so der *Tagesspiegel* weiter. Während der *Anteriore Cinguläre Cortex* im
Falle der Aktivierung durch Hillary Clinton noch als »innerer Konflikt gegen
nicht eingestandene Impulse« gedeutet wurde, geht es im linksliberalen *Anterioren Cingulum* um Mitleid und Einfühlungsvermögen. Alles scheint möglich
in der Neuro-Politologie. Der *Tagesspiegel* auf jeden Fall hatte keine Zweifel und
folgerte mutig: »Linksliberale haben ein anderes Gehirn als Konservative«.[64]

60 | Nature Editorial (2007) »Mind games«, S. 457.

61 | Ebd.

62 | Müller-Lissner A (2011) Der Tagesspiegel vom 15. 4., S. 32.

63 | Ebd. Die Frage, warum die *linke* Amygdala bei Konservativen nicht vergrößert ist,
wird auch in der Originalpublikation von Kanai et al. nicht beantwortet (gemäß der Ausgangshypothese der Autoren hätten beide Mandelkerne vergrößert sein müssen); vgl.
Kanai R, Feilden T et al. (2011) Current Biology.

64 | Müller-Lissner A (2011) Der Tagesspiegel vom 15. 4., S. 32.

Cyber-Phrenologie

Immerhin, im Gegensatz zur viel gescholtenen Neuro-Politik-Studie der Amerikaner konnte die britische MRT-Untersuchung in einer renommierten Fachzeitschrift publiziert werden.[65] Die Forscher vom Londoner *Institute of Cognitive Neuroscience* haben Struktur-Eigenschaften des Gehirns vermessen und nicht wie sonst üblich, funktionelle Aktivierungen erfasst. Umso mehr könnte man allerdings geneigt sein, die Neuro-Politologen des Betreibens von »Cyber-Phrenologie« zu bezichtigen. Damit ist das Bestreben gemeint, mit den modernen Methoden der Hirnforschung von physiognomischen Merkmalen auf Persönlichkeitseigenschaften zu schließen. Genau dieses Prinzip hat nämlich schon Ende des 18. Jahrhunderts Franz Joseph Gall verfolgt. Mit seiner »Schädellehre« (Phrenologie) postulierte der Arzt aus Schwaben, es sei möglich, aus der Kopfform des Menschen seinen Charakter abzulesen.

Der Begriff »Cyber-Phrenologie« stammt von Michael Hagner, Professor für Wissenschaftsforschung an der *Eidgenössisch-Technischen Hochschule* Zürich. In einem Interview mit den Kunsthistorikern Gabriele Werner und Horst Bredekamp erläutert Hagner, was er unter der neuen »Physiognomik des Geistes« versteht: »Nach meiner Auffassung kann keine visuelle Darstellung des Gehirns bei der Arbeit allein definitive Aussagen über das Geistesleben des Menschen machen. Dennoch ist die schöne neue Bilderwelt der aktuellen Hirnforschung außerordentlich populär, und das liegt nicht zuletzt daran, dass hier neben visuellen Formen und Themen auch Thesen aufgegriffen werden, die ins 19. Jahrhundert zurückreichen. Dafür ist mir kein besserer Begriff als Cyber-Phrenologie eingefallen, der schlicht darauf hinweisen soll, dass die mittels der neuen bildgebenden Verfahren gewonnenen Ansichten des Gehirns einen physiognomischen Blick implizieren, der nach der Devise funktioniert: Zeig mir dein Gehirn, und ich sage dir wer du bist, oder wenigstens, was du denkst.«[66]

Schon Franz Joseph Galls Phrenologie wurde von einigen Zeitgenossen scharf kritisiert. So befand beispielsweise der Philosoph Georg Wilhelm Friedrich Hegel, »der Schädelknochen für sich [sei] ein so gleichgültiges, unbefangenes Ding, dass an ihm unmittelbar nichts anderes zu sehen und zu meinen ist als nur er selbst.«[67] Auch der französische Physiologe Jean Pierre Flourens

---

65 | Kanai R, Feilden T et al. (2011) Current Biology.

66 | In Bredekamp H, Werner G (2003) »Bildwelten des Wissens«, Band 1.1, S. 104.

67 | Hegel GWF (2009) »Phänomenologie des Geistes« von 1807, S. 124. Wie mit Verfechtern der Schädellehre umzugehen sei, nämlich ihnen diesen zu Überzeugungszwecken einzuschlagen, erläutert Hegel an selber Stelle: »Wenn also einem Menschen gesagt wird: du (dein Inneres) bist dies, weil dein Knochen so beschaffen ist, so heisst das nichts anderes als: ich sehe einen Knochen für deine Wirklichkeit an. Die bei der Physiognomik erwähnte Erwiderung eines solchen Urteils durch die Ohrfeige bringt zu-

hielt nichts von Galls Schädellehre. Für Flourens ließ sich Galls Doktrin auf zwei Grundannahmen reduzieren. Erstens, dass sich der »Verstand« nur im Gehirn befinde und zweitens, dass jeder seiner Unterbereiche sein »eigenes Hirnorgan« habe.[68] Für Flourens enthielt die erste Annahme nichts Neues und die zweite Annahme »wohl nichts Wahres.«[69] Exakt dasselbe sagen viele Zeitgenossen heute auch von der bunten Cyber-Phrenologie des Imagingzeitalters.

Trotz weit verbreiteter Praxis ist die Anwendung von Neuroimaging-Methoden auf geistige Prozesse alles andere als unproblematisch. In dieser Art von Experimenten steckt implizit die logische Prämisse, dass die verschiedenen Bewusstseinsleistungen in separaten und von einander abgrenzbaren Hirnregionen oder funktionellen Modulen ablaufen. Etwa in der Art, wie es der *Harvard*-Psychologe Steven Pinker in seinem Buch »How the mind works« beschreibt: »Der Geist ist in Module oder mentale Organe gegliedert, jedes mit einem spezialisierten Aufbau, das es zu einem Experten auf der Bühne der Interaktion mit der Welt macht.«[70] Nur wenn man diese Sichtweise teilt, ist es überhaupt sinnvoll, eine Taxonomie des Geistes – beziehungsweise seiner biologischen Grundlage – zu versuchen.

Aber schon diese logische Prämisse ist unter Fachleuten höchst umstritten. Kritiker wie der Psychologe William Uttal von der *Arizona State University* haben schon vor zehn Jahren zu bedenken gegeben, dass das modulare Denken bezüglich kognitiver Leistungen einem historisch bedingten willkürlichen Denken in Kategorien entspringe.[71] »Mustererkennung«, »gerichtete Aufmerksamkeit«, »Arbeitsgedächtnis«, »visuelles Gedächtnis« – all dies sind Konzeptualisierungen von Kognitionspsychologen. Und im Gehirn nach einer realen biologischen Matrix für kognitionspsychologische Konzepte zu fahnden, ist ohne Zweifel ein fragwürdiges Unternehmen. Ähnlich sieht dies der Kritiker Steven Faux. Ganz oben auf seiner persönlichen Hitliste fragwürdiger neuropsychologischer Konzeptualisierungen des Gehirns sieht der Psychologe der *Drake University* die »exekutiven Funktionen«: »Das ist ein echter Favorit – die ›zentrale Exekutive‹

---

nächst die weichen Teile aus ihrem Ansehen und Lage und erweist nur, dass dies kein wahres Ansich, nicht die Wirklichkeit des Geistes sind; hier müsste die Erwiderung eigentlich so weit gehen, einem, der so urteilt, den Schädel einzuschlagen, um gerade so greiflich, als seine Weisheit ist, zu erweisen, dass ein Knochen für den Menschen nichts an sich, viel weniger seine wahre Wirklichkeit ist.« (Ebd., S. 127).

68 | Flourens P (1842); zitiert in Vidal F (2009) History of the Human Sciences, S. 15.

69 | Ebd.

70 | Pinker S (1997) »How the mind works«, S. 21.

71 | Uttal W (2001) »The New Phrenology: The Limits of Localizing Cognitive Processes in the Brain«.

zu messen. Was bitte soll das sein?«[72] Dieselbe Frage mag man sich auch für
das bei den Neuro-Ökonomen beliebte »Verlustaversions-System« stellen.[73] Ein
eigenes, spezifisches Netzwerk im Gehirn, das nur dann anspricht, wenn finan-
zieller Verlust droht?

Das Denken in kognitiven Modulen ist allerdings zweckmäßig für den For-
scheralltag: »Die Annahme mentaler Modularität scheint vor allem deshalb at-
traktiv zu sein, weil es praktisch ist, um darüber zu reden und nachzudenken
und [...] um Experimente zu entwerfen.«[74]

Matthew Crawford vom *Institute for Advanced Studies in Culture* gibt in seinem Aufsatz »Die Grenzen des Neuro-Talks« zu bedenken, dass solche kon-
zeptuellen Vereinfachungen keineswegs nur wissenschaftlich und erkenntnistheoretisch fragwürdig sind, sondern durchaus gesellschaftsrelevante Folgen
haben: »Vereinfachungen wie diese sind nicht unschuldig. Sie liefern nämlich
Unternehmen wie *No Lie MRI*[75] den unerlässlichen Vorwand zur Erlangung
von Glaubwürdigkeit. Was wiederum dazu führen könnte, die Ausübung von
Zwangsmaßnahmen durch Zivilbehörden zu rechtfertigen.«[76] Dass man bildgebende Verfahren auch ganz praktisch für politische Zwecke einsetzen kann,
zeigt das Beispiel der *Lighted Candle Society*. Diese gemeinnützige amerikanische Organisation hat dem Zerfall moralischer Werte unter ihren Landsleuten
den Kampf angesagt. Die *Lighted Candle Society* hat angekündigt, in einer fMRT-
Studie nachweisen zu wollen, dass Pornographie süchtig macht und deshalb
verboten gehöre.[77] Verlaufe die Studie erfolgreich, würden juristische Schritte
gegen die Pornoindustrie ergriffen.

Neuro-Sexismus

Mit Verweis auf die scheinbar harte Wissenschaftlichkeit der Neuroforschung
lassen sich neuerdings auch wieder Thesen vertreten, die eine Zeit lang unpopulär waren. Beispielsweise, dass Frauen und Männer eben doch ganz verschieden seien. Und dass diese Unterschiedlichkeit – in aller Regel zum Nach-
teil der Frau – in der Beschaffenheit ihrer Gehirne fest verdrahtet sei. Für diese
besondere Ausprägung von Neuro-Autorität hat sich bereits der Begriff »Neuro-
Sexismus« eingebürgert. Der Vorwurf: Uralte Geschlechtervorurteile würden

72 | Zitiert in Dobbs D (2005) Scientific American Mind, S. 28.

73 | Bermejo PE, Dorado R et al. (2011) Neurologia.

74 | Zitiert in Dobbs D (2005) Scientific American Mind, S. 28.

75 | *No Lie MRI* ist ein Unternehmen, das Lügenerkennung auf Basis von fMRT-Mes-
sungen anbietet.

76 | Crawford MB (2008) The New Atlantis, S. 71. Mehr zur Lügendetektion mit fMRT
in Kapitel 9.

77 | Zitiert in Racine E, Bar-Ilan O et al. (2005) Nature Reviews Neuroscience.

per fMRT-Kleckskunde (»blobology«) mit bunten Hirnbildern neu aufgekocht. Gerade das Klischee »emotionale Frau – rationaler Mann« ist wieder gut im Geschäft. So vertritt der *Cambridge*-Psychologe Simon Baron-Cohen unbeirrt die Position, das weibliche Gehirn sei auf emotionale Analysen und das männliche Gehirn auf das Verstehen von Systemen ausgelegt.[78] Cordelia Fine, Kognitionspsychologin und feministische Kritikerin der Neurowissenschaften, spricht in ihrem Buch »Geschlechterwahn«[79] von »gewaltigen intellektuellen Bocksprüngen«, die in der Hirnforschung gemacht würden, um von der »Analyse fragwürdiger Hirndaten« zu Aussagen über geschlechtertypisches Verhalten zu kommen.

Das Prinzip ist alt, nur die Methoden sind neu. Die Autorin verortet den Ursprung des Neuro-Sexismus nämlich im 19. Jahrhundert. Zur Untermauerung politischer Ziele, beispielsweise Frauen von höherer Bildung und der Wahlurne fernzuhalten, wurde schon vor 100 Jahren die Anatomie des Gehirns bemüht. So berichtet Fine vom namhaften amerikanischen Neurologen Charles Dana, der 1915 anhand von sechs Unterschieden im Zentralnervensystem von Männern und Frauen argumentierte, dies sei der Beweis dafür, dass es den Frauen am notwendigen Intellekt für Regierungsgeschäfte und Politik fehle.[80] Die Psychologin fragt sich weiter, ob das, was heute abläuft, so wesentlich anders ist, als was Wissenschaftler des Viktorianischen Zeitalters behaupteten. Dass die kruden Untersuchungstechniken durch moderne Hirnscanner ersetzt wurden, heiße noch lange nicht, dass die Interpretation der Befunde nun wahrer sei als damals. Sicher ist nur, dass als Wissenschaft getarnter Sexismus sozial gut akzeptiert bleibt.

Das Jahrhundert des Gehirns

Rein kalendarisch wäre die »Dekade des Gehirns« längst abgelaufen. Aber auch eine Dekade nach der »Dekade des Gehirns« ist der neurowissenschaftliche Boom ungebrochen. Auf wissenschaftlichen Konferenzen wurde bereits das gesamte 21. Jahrhundert zum »Jahrhundert des Gehirns« erklärt.[81] Ähn-

---

78 | Baron-Cohen S (2003) »The essential difference«.

79 | Fine C (2010) »Delusions of Gender. How our minds, society, and neurosexism create difference«.

80 | Zitiert in Herbert W (2010) Washington Post. Im 19. Jahrhundert gab es aber auch soziale Deutungen von Gehirnunterschieden bei Mann und Frau. Die französischen *anthropologues* haben beispielsweise argumentiert, es sei ja klar, dass die Gehirne der Frauen kleiner seien (und diese damit weniger intelligent), solange die Frauen keine vernünftige Schulbildung bekommen (Hecht JM [2003] »The end of the soul«).

81 | Hagner M, Borck C (2001) Science in Context, S. 507; Blakemore C (2000) Euro-Brain, S. 4.

lich, wie das »Gen« das »zentrale organisierende Thema der Biologie des 20. Jahrhunderts war«,[82] dürfte das Gehirn die entsprechende Stellung in unserem Jahrhundert einnehmen. Die Hirnforschung ist längst zur Leitwissenschaft geworden und erhebt nicht selten den Anspruch, andere Disziplinen sollten sich an ihren naturwissenschaftlichen Erkenntnissen orientieren. Weshalb dem so ist, fassen Ewa Hess und Hennric Jokeit in ihrem Aufsatz »Neurokapitalismus« kurz und knapp zusammen: »Grundlage, Impetus und Versprechen dieses Anspruchs [der Neurowissenschaften] ist ihre Maxime, dass alles menschliche Verhalten durch die Gesetzmäßigkeiten der Aktivitäten von Nervenzellen und der Art, wie sie im Gehirn organisiert sind, bestimmt ist.«[83]

Gar von echter Neuro-Arroganz möchte man sprechen, wenn beispielsweise der Psychologe Hans Markowitsch und der Wissenschaftsjournalist Werner Siefer genau zu wissen scheinen, was richtige Wissenschaft ist und was nicht. In ihrem Neuro-Forensik-Klassiker »Tatort Gehirn« lassen sie den Leser wissen: »Natürlich kann man naturwissenschaftliche Erkenntnisse ignorieren und Recht und Hirnforschung als nicht interaktionsfähige Disziplinen ansehen. Rechtsprechung existiert auf der Basis des Volksglaubens und damit allenfalls der Alltagspsychologie.«[84] Sich gerade noch knapp über dem Niveau von Hausfrauenzeitschriften-Psychologie angesiedelt zu wissen, dürfte für viele Rechtswissenschaftler eine unerfreuliche Leseerkenntnis gewesen sein. Während die Neurowissenschaften vor Selbstvertrauen nur so strotzen und gerne auch den weltbildgebenden Auftritt pflegen[85], scheinen die Geisteswissenschaften mehr denn je von Selbstzweifeln geplagt.

Lange ist es her, dass eine Geisteswissenschaft den Status einer Leitwissenschaft innehatte. Letztmals gelang dies der Soziologie in den 1970er Jahren. Ganz ähnlich wie dieser Tage die »Neuro-X-Disziplinen« entstanden in jener Zeit eine Fülle von neuen Soziologie-Bindestrich-Wissenschaften: Wirtschafts-Soziologie, Sport-Soziologie, Medizin-Soziologie, Medien-Soziologie, Ethno-Soziologie, Sozio-Linguistik und so weiter. Heute triumphiert die vermeintlich exakte empirische Hirnforschung über die vermeintlich spekulativen und theoriengeleiteten Geisteswissenschaften.

Die Neuro-Enterprise hat ihren eigenen Finanzindex

Trotz zunehmender Kritik an der tatsächlichen Aussagekraft neurowissenschaftlicher Befunde boomt die Neuro-Industrie heute mehr denn je. Längst hat

---

82 | Müller-Wille S, Rheinberger HJ (2009) »Das Gen im Zeitalter der Postgenomik«.

83 | Hess E, Jokeit H (2009) Eurozine.

84 | Markowitsch HJ, Siefer W (2009) »Tatort Gehirn«, S. 218.

85 | Dieser Begriff ist der Philosophin Petra Gehring entlehnt, vgl. Gehring P (2004) Philosophische Rundschau.

sich ein globalisierter Neuro-Wirtschaftszweig mit einer einflussreichen Lobby gebildet. In ihrem Essay »Die Auswirkungen der neuen Wissenschaften des Gehirns« stellt Joelle Abi-Rached von der *London School of Economics* eine interessante Frage: »Ist die Ausrichtung der neurowissenschaftlichen Forschung ein demokratischer Prozess, oder einer, der von bestimmten Gruppen mit politischen, wirtschaftlichen oder anderen Interessen angetrieben ist?«[86]

Die Neuro-Industrie unserer Tage ist ein dicht verwobenes Konglomerat aus privatwirtschaftlichen Unternehmen, staatlichen Institutionen und Interessenverbänden. Bedeutende Mitspieler sind die pharmazeutischen Großkonzerne, die Herstellerfirmen von Forschungs- und Therapietechnologie (wie *Siemens*, *Hitachi* oder *GE Healthcare*), universitäre Institute und private Forschungseinrichtungen, die Zulassungsbehörden und Ethikkommissionen, Finanzdienstleister, Berufsverbände von Ärzten und Neurowissenschaftlern, private und staatliche Forschungs-Sponsoren sowie die neurowissenschaftlichen Fachzeitschriften.

Dass die »Neuro-Enterprise«[87] ein bedeutender Wirtschaftszweig geworden ist, zeigt sich schon daran, dass sie ihren eigenen Finanzindex hat: Den NASDAQ *NeuroInsights Neurotech Index* (»NASDAQ NERV«). Der Neurotech-Index wurde von der New Yorker Börse in Zusammenarbeit mit Zack Lynchs eingangs vorgestellten *Neurotechnology Industry Organization* geschaffen. Der Index ist gerade in Hochform. Am Tag, an dem ich dies schreibe, ist der NASDAQ *NERV* knapp vier Punkte unter der bisherigen Rekordmarke.

Allein schon die Existenz eines eigenen Finanzindexes vermittelt eine klare Botschaft an potenzielle Investoren: Auf dem Neurotech-Markt lässt sich Geld verdienen. Bislang in erster Linie mit Firmen, die Forschungstechnologie für die Neurowissenschaften herstellen. Denn diese wird heute schon in großem Stil nachgefragt. Nach Vorstellung der Neuro-Lobbyisten ist es aber nur eine Frage der Zeit, bis die »revolutionären Erkenntnisse aus der Hirnforschung« zur Entwicklung einer Vielzahl von kommerziell verwertbaren Produkten führen. Und genau so wie vor einigen Jahren die Vorreiter der Biotech-Industrie macht auch die »Neuro-Enterprise« große Versprechungen. Bald schon sei das Gehirn verstanden und werde damit zum Objekt zielgerichteter Manipulation. Die Vielfältigkeit der möglichen Einflussnahmen wird als grenzenlos gezeichnet. Neurologische, neurodegenerative und psychiatrische Störungen sollen mit Medikamenten, Hirnstimulatoren und Neuroprothesen gezielt behandelbar werden. Hirnscanner zur Lügendetektion könnten an Flughäfen und in Gerichtssälen Einzug halten. Nebenwirkungsarme Psychopharmaka werden uns als Lifestyle-Drogen bei der Selbstoptimierung helfen. Ganz zu Schweigen von

---

86 | Abi-Rached JM (2008) EMBO Reports, S. 1158.
87 | Der Begriff wurde meines Wissens von den Wissenschaftshistorikern Fernando Vidal und Francisco Ortega eingeführt.

den ungeahnten Möglichkeiten für die Unterhaltungsindustrie, sollte dereinst einmal das Computer-Brain-Interface entwickelt sein.

Alles schon da gewesen

Irgendwie kommt einem das doch bekannt vor. Wir erinnern uns: »Im Buch des Lebens zu lesen«, hieß es zu Beginn des Humangenomprojekts in den 1990er Jahren, würde die Türen zu revolutionären Behandlungsmethoden weit aufstoßen. Krebserkrankungen, zystische Fibrose, Herz-Kreislauf-Erkrankungen – all diese Geißeln der Menschheit könnten heilbar werden, wenn erst einmal die genetischen Grundlagen der Krankheiten verstanden sind. Gerade diese lautstark vorgetragenen medizinischen Heilsversprechungen überzeugten die Politik von der Notwendigkeit des Humangenomprojekts: »Die Möglichkeit der Gentherapie, besonders der Austausch defekter Gene, wurde hartnäckig in den Vordergrund gestellt, obwohl es gerade hier in den neunziger Jahren schwere und desillusionierende Fehlschläge gab.«[88] Doch die Versprechungen gingen noch viel weiter. So stellte der Biologe und *Science*-Redakteur Daniel Koshland Ende der 1980er Jahre gar in Aussicht, das *Human Genome Project* könnte dazu beitragen, soziale Probleme wir Drogensucht, Obdachlosigkeit und Gewaltverbrechen zu lösen.[89]

Die Total-Sequenzierung des menschlichen Erbguts liegt zwischenzeitlich schon eine ganze Dekade zurück und im heutigen Zeitalter der Postgenomik ist allgemeine Ernüchterung eingetreten. Wie sich herausstellte, kann man das gesamte Genom des Menschen wohl kartographieren. Eine erstaunliche wissenschaftliche Leistung, wenn man bedenkt, dass es gelang, die drei Milliarden Basenpaare des menschlichen Genoms in weniger als 15 Jahren zu bestimmen. Leider versteht man aber die biologische Bedeutung des genetischen Codes für den Organismus nicht oder höchstens ansatzweise. Durch den Zuwachs an verfügbaren genetischen Daten wurde die Sachlage eben nicht wie erhofft vereinfacht. Die Molekularbiologen mussten im Gegenteil erkennen, dass die genetische Regulation unserer Zellen ungleich komplexer abläuft, als man dies früher angenommen hatte. Schon bald wurde beispielsweise klar, dass »[...] die Rede vom ›Gen für dies‹ und ›Gen für das‹ im entwicklungs- und evolutionsbiologischen Zusammenhang eher irreführt als aufklärt.«[90]

---

88 | Müller-Wille S, Rheinberger HJ (2009) »Das Gen im Zeitalter der Postgenomik«, S. 100.

89 | Zitiert in Horgan J (2000) »The undiscovered mind«, S. 140.

90 | Ebd., S. 116.

Wo ist die genetische Revolution geblieben?

Die Wissenschaftshistoriker Staffan Müller-Wille und Hans-Jörg Rheinberger sind sich heute sicher, dass »die wissenschaftliche Karriere des Genbegriffs nicht etwa durch sein Erklärungspotenzial, sondern viel mehr durch die Struktur und Dynamik seines Forschungspotenzials ermöglicht wurde.«[91] Trotz enormer staatlicher und privater Investitionen in die Gentherapieforschung und der Vergabe von Risikokapital in Milliardenhöhe an unzählige Biotech-Startups ist bislang nichts therapeutisch Anwendbares entwickelt worden. Kein einziges gentherapeutisches Verfahren hat es bis heute in die Klinik geschafft.

Wo die proklamierte »genetische Revolution« bloß geblieben sei, fragt sich in einem *Spiegel*-Interview auch der deutsche Medizinethiker und Philosoph Urban Wiesing: »Es gab [...] Vorhersagen, dass in 15 bis 20 Jahren die Medizin im Wesentlichen aus Gentherapie bestehen würde. Derzeit gibt es aber keine einzige mir bekannte Studie, die Gentherapie nah an der therapeutischen Nutz- und breiten Einsetzbarkeit untersucht. Kurzum: Im Bereich der Genetik wurden angesichts der neuen Entdeckungen Prognosen in die Welt gesetzt, die weit überzogen waren.«[92]

Alles nur eine Frage der Geduld? Mag sein. Immerhin laufen derzeit verschiedene klinische Studien. Bioinformatik und Systembiologie machen Fortschritte. Und auch das »ENCODE-Project«,[93] das alle funktionellen Elemente des Humangenoms identifizieren und charakterisieren will, könnte dereinst die Gentherapie-Unternehmung weiter bringen. Andererseits sind vierzig Jahre Forschungserfahrung auch nicht gerade wenig. Der erste Versuch einer Gentherapie am Menschen wurde nämlich bereits 1971 publiziert.[94]

Zugegeben, die genetische Regulation biologischer Prozesse ist eine komplizierte Angelegenheit und selbstverständlich auch für das Gehirn von fundamentaler Bedeutung. Das Gehirn, so scheint es, ist aber eine nochmals ungleich kompliziertere Angelegenheit. Schon allein deshalb scheint es extrem unwahrscheinlich, dass die großen Zukunftsversprechen der Neuro-Lobbyisten unserer Tage auch nur ansatzweise in Erfüllung gehen werden. Ähnlich wie in der Genetik seit neuestem die Identifizierung von »Transkriptom« und »Proteom« als therapeutischer Heilsweg propagiert wird,[95] geht auch das funktionelle Neuroimaging gerade in die nächste Runde.

---

91 | Ebd., S. 135.

92 | Le Ker H (2011) Spiegel Online.

93 | »Encyclopedia Of DNA Elements«-Project, seit 2003 durchgeführt von einem internationalen Forschungskonsortium.

94 | Merril CR, Geier MR et al. (1971) Nature.

95 | Das »Transkriptom« ist die Gesamtheit aller zu einem bestimmten Zeitpunkt in einer Zelle hergestellten RNA-Moleküle; das »Proteom« die Summe aller Proteine in einer Zelle.

Nachdem konventionelle fMRT-Untersuchungen von psychischen Störungen nichts klinisch Umsetzbares erbracht haben, erhofft man sich den großen Durchbruch nun durch das »Human Connectome Project«. Worum es dabei geht, ist auf der entsprechenden amerikanischen *National Institute of Health*-Webseite erklärt: »Das NIH Human Connectome Project ist ein ambitioniertes Vorhaben, die Nervenbahnen zu kartographieren, die den Hirnfunktionen zugrunde liegen. Übergreifender Zweck des Projekts ist es, Daten zur strukturellen und funktionellen Konnektivität des menschlichen Gehirns zu sammeln und gemeinsam zu nutzen. [...] Alles in allem wird das Human Connectome Project zu wichtigen Fortschritten in unserem Verständnis davon führen, was uns einzigartig menschlich macht und die Voraussetzungen für zukünftige Studien krankhafter Hirnnetzwerke bei vielen neurologischen und psychiatrischen Erkrankungen schaffen.«[96]

Mit brachialer Rechengewalt zu einer Theorie des Gehirns

In Bezug auf Geltungsbereich, erwartete Vielfalt möglicher Anwendungen und erkenntnistheoretische Autorität stehen die heutigen Neurowissenschaften der Genetik der 1990er Jahren in nichts nach. In der Genetik haben sich die großen Versprechungen längst relativiert. In den Neurowissenschaften hingegen ist heute, eine Dekade nach der »Dekade des Gehirns«, der Glaube an die Erklärungsmacht der Hirnforschung und seine revolutionären Auswirkungen auf Mensch und Gesellschaft noch ungebrochen.

Bestes Beispiel dafür ist das monumentale *Human Brain Project*, für das Projektleiter Henry Markram gerade EU-Fördergelder von einer Milliarde Euro einzuwerben versucht. Der renommierte Neurowissenschaftler von der *Eidgenössisch-Technischen Hochschule Lausanne* steht einem internationalen Wissenschaftlerteam vor, das sich ein ambitioniertes Ziel gesetzt hat: In zehn Jahren wollen sie das menschliche Gehirn als Simulation im Computer modellieren.

Mit dem Nachbau des kompletten menschlichen Gehirns »in silico« sollen die Ursachen von Alzheimer und Parkinson verstanden werden und ein »biologisch realistisches« Modell für Schizophrenie und Depression inklusive einer Testplattform für neue Medikamente entstehen. Letzten Endes will man nicht weniger als das Gehirn selbst verstehen. Und als Nebeneffekt sollen Ideen für völlig neuartige Computer und Roboter abfallen. Erneut mag man sich verdächtig stark an das *Human Genome Project* erinnert fühlen. Nicht nur, weil sich die Projektnamen bloß in einem Wort unterscheiden, sondern auch wegen der Größe der gemachten Versprechungen. Mit der brachialen Rechengewalt von Supercomputern wird sich das Rätsel Gehirn wohl lösen lassen, so das offensichtliche Rezept des *Human Brain Project* Konsortiums.

---

96 | http://humanconnectome.org/consortia

Die Forscher sind längst an der Arbeit. Bis vor kurzem hieß das Vorhaben noch *Blue Brain Project* und war deutlich bescheidener. Man wollte erst einmal eine kortikale Säule aus etwa zehntausend Neuronen im Computer nachbilden. Zu diesem Zweck hat Kooperationspartner *IBM* Markrams *Brain Mind Institute* schon 2005 einen Supercomputer ins Labor gestellt. Die Nachbildung eines dieser elementaren Großhirnrinden-Module ist dem interdisziplinären Forscherteam 2006 auch tatsächlich gelungen.

Und was hat das Ganze gebracht? Nun ja, offensichtlich nicht gerade Revolutionäres. Wie auf der *Blue Brain Project* Webseite ausfindig zu machen ist, gab es zwei Jahre später eine Fachpublikation im *Human Frontier Science Program Journal*.[97] Dazu einige technische Mitteilungen in Neuroinformatik- und Kybernetik-Zeitschriften. Und nochmals ein Jahr später ein Kapitel im Lehrbuch »Computational Modelling Methods for Neuroscientists«.[98] Aber mit der Milliarde Euro, die man aus dem *Future & Emerging Technologies*-Programm der EU zu bekommen erhofft (sowie einem noch größeren *IBM Blue Gene* Computer) wird der große Durchbruch dann schon gelingen – so die implizite Versprechung des hart an der Grenze zum Größenwahn operierenden Vorhabens.

Dabei sind noch nicht einmal die grundlegendsten Fragen geklärt. Beispielsweise, wie es denn überhaupt gehen soll, die zwischenzeitlich Hunderttausende von neurowissenschaftlichen Datensätzen von der molekularen Struktur bis zur Systemebene – die sich häufig auch noch widersprechen – zu einem einheitlichen virtuellen Gehirnmodell zu vereinigen. Man hat zwar keine Ahnung, wo man hinrennt, tut dies aber immer schneller.

Der Konsument, das unbekannte Wesen

Mit dem exzellenten Ruf der Hirnforschung und dem unerschütterlichen Glauben an die Wissenschaftlichkeit und praktische Relevanz von neurobiologischen Studien lässt sich heute bereits Geld verdienen. Ganz besonders bei einem Zielpublikum, das naturgemäß wenig Ahnung von Hirnforschung hat und somit auch nicht kritisch beurteilen kann, wie groß die tatsächliche Aussagekraft einer bestimmten Hirnaktivierung ist. Werber und Marketing-Fachleute zum Beispiel. Ein Paradebeispiel für das Bestreben, die Neurowissenschaften zu kommerziellen Zwecken zu nutzen, ist das seit etwa 2002 bestehende Gewerbe des Neuro-Marketings. Mit neurowissenschaftlichen Methoden, allen voran der fMRT, sollen die Geschmäcker und Vorlieben der Konsumenten auf neurobiologischer Ebene entschlüsselt werden. Und daraus, so die implizite Versprechung, könne dann das Kaufverhalten vorausgesagt werden. Und zwar

---

97 | Markram H (2008) Human Frontier Science Program Journal.
98 | Anwar H, Riachi I et al. (2009) »An Approach to Capturing Neuron Morphological Diversity«.

viel zuverlässiger, als dies mit konventionellen Marketinguntersuchungen wie Fragebögen oder qualitativen Interviews möglich sei. Dies zumindest behaupten amerikanische Neuro-Marketing-Firmen wie *SalesBrain* oder *Lucid Systems* in der Eigenwerbung. Auf ihrer Webseite erklärt *Lucid Systems*, sie seien in der Lage »objektive wissenschaftliche Daten zur Verfügung zu stellen«, die über den mündlichen Bericht hinausgehen und »zeigen, wie Menschen tatsächlich – implizit und automatisch – auf ihre Marken, Produkte und Botschaften reagieren.«[99]

Für Psychologen und Marketing-Fachleute stand der »Verbraucher« schon immer im Ruf, unberechenbar, undurchsichtig oder gar ignorant zu sein. Wieso befürworten Test-Konsumenten in Umfragen klar ein neues Produktdesign, kaufen es später aber nicht? Schon seit den 1950er Jahren sucht man nach objektiven Methoden, um die tief im Unbewussten des Konsumenten schlummernde Kauflust zu messen. Durch Analyse von Stimmlage und Stimmmodulation hoffte man, verräterische Signale zu finden, die eine emotionale Antwort auf eine Werbebotschaft erkennen lassen. Ähnliches versprach man sich von der Messung des Pupillendurchmessers. Weitete sich eine Verbraucherpupille beim Anblick einer neuen Produktverpackung, ging man von Interesse und Wohlgefallen aus. Gebracht hat alles nichts. Auch mit Stimmanalyse und Pupillenmessung wurde der Konsument in seinem Verhalten nicht berechenbarer.

Nun aber soll alles anders werden. Die Neuro-Marketing-Werbung suggeriert, die Neurowissenschaften seien nun imstande, zuverlässig die »versteckte Wahrheit« im Gehirn des Probanden zu entschlüsseln. Beispielsweise, wenn sich ein Testkonsument verschiedene Werbeslogans oder Produktaufmachungen im MRT-Scanner ansieht. Dass Neuro-Marketing Firmen beim Zielpublikum mit derart unrealistischen Versprechungen durchkommen, ist nur möglich, weil sich die Öffentlichkeit noch immer vom Neuro-Glamour beeindrucken lässt.

Und kaum darüber informiert ist, wie eng beschränkt und notorisch unzuverlässig neurowissenschaftliche Aussagen zur Vorhersage menschlichen Verhaltens sind. Von einem Blinken im Gehirn lässt sich zukünftiges (Kauf-)Verhalten nämlich ganz und gar nicht voraussehen. Im Zusammenhang mit den bildgebenden Verfahren spricht man gerne auch vom »Christbaum-Effekt«. Die bunten Flecken in den Tomogrammen beeindrucken ganz besonders Nicht-Fachleute. Aus diesem Grund ist die Präsentation von Bildgebungsdaten vor Gericht in vielen amerikanischen Bundesstaaten verboten. Die Geschworenen, so die Befürchtung, könnten sich von den bunten Bildern zu stark beeinflussen lassen. Dem »Christbaum-Effekt« scheinen sogar *Intel*, *MacDonald's*, *Givaudan* oder *Unilever* zum Opfer gefallen zu sein. Immerhin gehören diese Firmen ge-

---

99 | www.lucidsystems.com

mäß Eigenwerbung zu den Kunden von *Neurosense*, dem ersten und mittlerweile etabliertesten Neuro-Marketing-Unternehmen.[100]

Was war noch mal die Frage?

Der niederländische Wissenschaftsphilosoph Ilja Maso ist der Auffassung, dass innerhalb einer Forschungsrichtung jener wissenschaftliche Ansatz am höchsten bewertet wird, der auf materialistischen, mechanistischen und reduktionistischen Annahmen beruht.»In diesen Bereich fließen die meisten Gelder, hier werden die attraktivsten Ergebnisse erzielt, und hier vermutet man auch die klügsten Köpfe.«[101]

Masos Analyse trifft perfekt auf die Neurowissenschaften zu, deren Ansehen in Öffentlichkeit und Wissenschaftswelt bis zum heutigen Tag exzellent ist. Dazu kommt, dass die Erforschung unseres obersten Zentralorgans als ganz besonders wichtig wahrgenommen wird. Schließlich erwartet man sich davon die Lösung einer Vielzahl von Problemen, die unser Menschsein ganz allgemein betreffen. Angefangen vom Verständnis psychischer Störungen über die Voraussage von Verhalten bis hin zu effizientem Lernen, der Schadensminderung in der Pubertät und einem glücklicheren Lebensabend. Letztendlich, so hoffen viele, werden uns die Neurowissenschaften in eine bessere Welt führen.

Die Autoren Hess und Jokeit nennen in ihrem »Neurokapitalismus«-Essay weitere wichtige Gründe für den Erfolg der Hirnforschung:»Neurowissenschaften sind durch ihre methodologische Verankerung in den Naturwissenschaften und ihre ethische Legitimierung als medizinische Disziplin grundsätzlich schon privilegiert. Dank staatlicher Förderung und vor allem wegen der immensen Investitionen aus der pharmazeutischen Industrie sind die Neurowissenschaften auch finanziell hervorragend ausgestattet.«[102]

Tatsächlich wurden gerade auf dem Gebiet der Hirnforschung in den letzten Jahren schier endlose Geldmengen für die Forschung zur Verfügung gestellt. Auch Sozial- und Wirtschaftswissenschaftler haben längst erkannt, dass die Chancen auf eine Forschungsfinanzierung ganz beträchtlich steigen, wenn »Etwas mit Neuro« – üblicherweise Neuroimaging – im Forschungsantrag erscheint.

Wie das praktisch aussehen kann, erläutert der Kulturwissenschaftler und Jurist Hans Burkert im Schweizer Kulturmagazin *Du*: »[...] immer mehr Kollegen berichteten, dass sie kaum noch Forschungsaufträge bekämen, wenn sie nicht einen Neurowissenschaftler ins Boot holten oder zumindest auch Ergebnisse aus der Hirnforschung berücksichtigten. So wurde einem nicht ganz un-

---

100 | www.neurosense.com/our_clients.html

101 | Maso I (2003); zitiert in Van Lommel P (2009) »Endloses Bewusstsein«, S. 17.

102 | Hess E, Jokeit H (2009) Eurozine.

bekannten Soziologen sein Antrag zur Erforschung der Verelendung von Jugendlichen in Berliner Vororten tatsächlich mit der Anmerkung zurückgesandt: ›Wird das auch neurowissenschaftlich abgesichert?‹ Er hat daraus gelernt und überprüft seine Arbeiten nun darauf, wie oft er ›was Neurologisches‹ hat einfließen lassen.«[103]

Das gleiche gilt auch für das Bestreben, die eigenen Forschungsergebnisse in einer hoch dotierten Fachzeitschrift publiziert zu bekommen. Gerade bei Reviewern von Wissenschaftszeitschriften kann der Neuro-Zusatz Wunder wirken. Selbst wenn nicht klar ist, weshalb für diese oder jene Fragestellung eine zusätzliche fMRT-Untersuchung gemacht wurde, beziehungsweise eine solche bildgebende Untersuchung überhaupt erkenntnistheoretisch sinnvoll sein soll. Ein Umstand, der den *Stanford*-Kognitionspsychologen Stephen Kosslyn schon vor Jahren zu seiner heutzutage viel zitierten Frage motiviert haben dürfte: »Wenn Neuroimaging die Antwort ist, was war die Frage?«[104]

---

103 | Burkert H (2011) Du Magazin, S. 51.
104 | Kosslyn SM (1999) Philosophical Transactions of the Royal Society B, S. 1283.

2. Neuro-Evidenzmaschinen.
Bildgebende Verfahren in der Kritik

In den 1990er Jahren, der Dekade des Gehirns, haben PET-Hirnbilder einen Mar-
ken-ähnlichen Status erlangt. Sie symbolisieren Wissenschaft, Fortschritt, biologische
Selbste, digitale Bildgebung und die technologische Macht des Fortschritts, alles auf
einmal.[1]

Wilhelm Conrad Röntgens Aufsatz »Über eine neue Art von Strahlen« von 1895
revolutionierte die Medizin. Schon die erste anatomische Röntgenaufnahme
der Geschichte – von der Hand seiner Frau Anna Bertha, inklusive Ehering –
ließ keinen Zweifel offen: Nun war es möglich, von Außen in das Innere des
Körpers zu schauen.[2]

Der 28. August 1980 war erneut ein historischer Tag für die Medizindiag-
nostik. An der *University of Aberdeen* führte der Physiker John Mallard erstmals
eine Ganzkörper-Magnetresonanztomographie-Messung bei einem Menschen
durch. Die erste strukturelle MRT-Aufnahme bei einem Patienten ergab, dass
der bedauernswerte Schotte einen Primärtumor in der Brust und Knochenme-
tastasen hat. Schon wenige Jahre nach Mallards »Scan Zero« hat sich die strukturelle MRT weltweit durchgesetzt. Aus gutem Grund ist die MRT heute aus
der medizinischen Diagnostik nicht mehr weg zu denken. Eine MRT-Untersuchung kann Leben retten und hat dies in Tausenden von Fällen auch schon getan. Für viele Patienten wird ein Magnetresonanztomogramm allerdings auch
zur Tragödie eines Bild gewordenen Todesurteils.

Am Ende einer anatomischen MRT-Untersuchung steht eine mehr oder weniger präzise quasi-fotografische Abbildung dessen, »was tatsächlich da« ist. So
gesehen hat die strukturelle MRT-Bildgebung Ähnlichkeiten mit der Röntgen-

---

1 | Dumit J (2003) Journal of Medical Humanities, S. 36.
2 | Das Gehirn allerdings, verbarrikadiert hinter dicken Schädelknochen, entzog sich
diesem Blick noch bis 1971, als zum ersten Mal an einem Menschen eine Computertomographie durchgeführt wurde.

aufnahme, nur dass ein anderes physikalisches Messprinzip genutzt wird und der technische Aufwand ungleich größer ist.[3] Auf dem Röntgenbild sieht man, wo ein Knochen gebrochen ist und auf dem strukturellen MRT-Bild zeigt sich beispielsweise die anatomische Lokalisation eines Tumors. Die Anwendungsmöglichkeiten der MRT gehen über die reine Diagnostik weit hinaus. In Form der »MRT-gestützten Chirurgie« wird dieses Verfahren seit einigen Jahren auch zur Überwachung von operativen Eingriffen eingesetzt.

MRT – Kulturikone und geheiligtes Objekt

Natürlich ist auch eine strukturelle MRT-Untersuchung anfällig für Fehler. Und somit keineswegs perfekt. Schon bevor die MRT-Aufnahme gemacht wird, muss eine Vielzahl von Entscheidungen getroffen werden, die Einfluss auf das Messergebnis haben. So muss beispielsweise die Schichtdicke der Aufnahme festgelegt werden. Wird diese zu groß gewählt, können kleine Läsionen oder pathologische Veränderungen in der Aufzeichnung verpasst werden. Wird die Schichtdicke aber zu klein gewählt, wird die Aufnahmequalität schlecht oder die Messung dauert unzumutbar lange. Der maschinelle Blick in einen lebenden Menschen bedingt eine komplizierte Übersetzung seiner biologischen Struktur in Zahlen, die dann wiederum zu Bildern umgerechnet werden. Und am Ende der Übersetzungskette steht der fehleranfällige Mensch, meist in Gestalt eines Radiologen, der die MRT-Bilder liest, beurteilt und daraus eine Diagnose ableitet.[4] Wie bei jedem bildgebenden Verfahren gibt es auch in den MRT-Aufnahmen immer wieder unerklärliche technische Artefakte. Für diese Flecken unklarer Herkunft haben Radiologen sogar eine eigene Bezeichnung gefunden: »unidentified bright objects« (UBOs).[5]

Trotz einiger Unzulänglichkeiten hat die strukturelle MRT den Nimbus eines hoch privilegierten Diagnoseverfahrens, das objektiver, moderner und besser ist als andere diagnostische Untersuchungen. Dieser Logik folgend wurde in Untersuchungen zum internationalen Entwicklungsstand medizinischer

---

3 | Die MRT basiert auf dem physikalischen Prinzip der Kernspinresonanz. In starken Magnetfeldern werden Protonen (Wasserstoffkerne) durch elektromagnetische Wellen im Radiofrequenzbereich angeregt, was zur Induktion elektrischer Signale im Empfängerstromkreis führt. Diese elektrischen Signale werden ort- und zeitabhängig aufgezeichnet und in Bilder zurückgerechnet.

4 | Unterdiagnose und Überinterpretation sind die klassischerweise auftretenden Fehlertypen. Die meisten Fachleute halten die Fachkompetenz des beurteilenden Arztes für wesentlich entscheidender für die Richtigkeit einer Diagnose als allfällige technische Limiten des Scanners oder Fehler bei der Bildaufzeichnung.

5 | Nicht identifizierte helle Objekte.

Versorgung die Verfügbarkeit von MRT-Scannern als wichtiges Qualitätsmerkmal definiert.[6]

Die amerikanische Soziologin Kelly Joyce sieht die MRT bereits als »kulturelle Ikone – ein geheiligtes Objekt, um das sich Fragen über persönliche Gesundheit, Identität und die vielen Dilemmas des Lebens drehen.«[7] Sogar der Dalai Lama hat in einer Rede die MRT-Technologie als Beispiel für die hohen technologischen Errungenschaften unserer Zeit herausgegriffen.[8]

Der exzellente Ruf der MRT hat schon vor Jahren amerikanische Kliniken dazu bewogen, gesunden und symptomfreien (aber zahlungskräftigen) Interessenten Ganzkörper-Scans anzubieten. Diese kommerzialisierte Form der Gesundheitsvorsorge wird auch in Radio- und Fernsehspots beworben. Die implizite Botschaft der Werbung: Alles, was es zur Früherkennung einer Krankheit braucht, ist ein MRT-»Bild« des Körpers.[9] Die Strategie der privatwirtschaftlichen Vermarktung von Ganzkörper-Scans zur Gesundheitsprävention ist auch ein Musterbeispiel für den gegenwärtigen Trend, Patienten als Konsumenten medizinischer Dienstleistungen umzudefinieren.

Einflussfaktor Pop-Art

In der Entwicklung der MRT und seiner Einführung als neues medizinisches Diagnoseverfahren steckt auch eine Menge Zeitgeist. So waren die ersten MRT-Bilder zu Beginn der 1980er Jahre noch farbig. Geradezu knallbunt. Gemäß Medizinsoziologin Kelly Joyce ist dieser Umstand der stilbildenden Pop-Art jener Zeit geschuldet – Andy Warhol und Roy Lichtenstein waren Ikonen im Amerika jener Jahre. Auf Drängen der zuständigen Radiologen, die von Röntgenbildern und Computertomogrammen solches nicht gewohnt waren, wurde die Datenausgabe schon bald auf die noch heute gebräuchliche Grauskala abgeändert. Ein Zugeständnis an die »visuelle Schwarz-Weiß-Kultur« der Radiologen. Auch hat sich der anfänglich übliche Begriff »Nuclear Magnetic Resonance Imaging« bald als zu belastet erwiesen. »Nuclear« ließ in den USA der 1980er Jahre an atomares Wettrüsten, den Reaktorunfall von *Three Mile Island* und eine jederzeit mögliche nukleare Verstrahlung denken. Allein diesem Umstand verdanken wir die Unterschlagung von »Nuclear« und die Verkürzung zu »MRT« im heutigen Sprachgebrauch.[10]

---

6 | Joyce K (2008) »Magnetic Appeal«, S. 22.

7 | Ebd., S. 2.

8 | Zitiert in ebd., S. 24.

9 | Vgl. dazu auch Joyce K (2005) Social Studies of Science, S. 456.

10 | Der Vorschlag stammte vom amerikanischen Radiologen Alexander Margulis und setzte sich schnell weltweit durch.

fMRT

Zu Beginn der 1990er Jahre ist ein neuer und entscheidender technologischer Wandel vollzogen worden. Die Anatomie abbildende strukturelle MRT ist zur funktionellen MRT (fMRT) weiterentwickelt worden. Die Bilder sehen immer noch sehr ähnlich aus, sind dem Wesen nach aber etwas völlig anderes. Die funktionellen Gegebenheiten im Gehirn können nämlich nur indirekt abgeschätzt werden. Dies geschieht in der Praxis durch die Messung der zeitabhängigen lokalen Veränderung von Blutfluss und Sauerstoff-Verbrauch.

Der zwanzigste Geburtstag der fMRT ist ein guter Moment für eine historische Würdigung. Der früheste Pionier der funktionellen Bildgebung hätte sich zu Lebzeiten wohl nicht träumen lassen, dass das Phänomen, das er da gerade beobachtet, hundertzwanzig Jahre später die hirnphysiologische Grundlage für eine ganze Neuro-Industrie bilden wird.[11] Der italienische Physiologe Angelo Mosso untersuchte in den 1870er Jahren Blutdruckschwankungen in Gehirnarterien. Durch neurochirurgisch gesetzte Öffnungen in der Schädeldecke konnte Mosso bei Patienten die Pulsation zerebraler Blutgefäße beobachten. Bei einem seiner Patienten, dem Bauern Bertino, stellte der Turiner Arzt fest, dass die Pulsationen stärker wurden, wenn mittags die Kirchenglocken läuteten. Am Arm des Patienten gemessen waren Blutdruck und Puls aber unverändert. Bertino erklärte dann, die Kirchenglocken würden ihn daran erinnern, dass es Zeit sei, ein Gebet zu sprechen. Mosso folgerte, dass die Erinnerung ans Gebet bei Bertino eine Blutflussänderung im Gehirn bewirkt hat. Genau diese Korrelation einer zerebralen Blutflussänderung mit einem mentalen Vorgang ist das Grundprinzip der heutigen fMRT.[12]

Was sehen wir, wenn wir einen Hirnscan betrachten?

Die Grundannahme der fMRT besagt, dass das Gehirn genau dort aktiv ist, wo mehr Durchblutung stattfindet, beziehungsweise mehr Sauerstoff verbraucht wird. Kurz nach der Aktivierung von Neuronenverbänden bewirkt ein verstärkter Blutfluss eine Aufnahme von sauerstoffreichem Hämoglobin. Gleichzeitig nimmt dort die Konzentration des sauerstoffarmen Hämoglobins (Deoxyhämoglobin) ab.

BOLD

Genau diese Veränderung wird mit dem fMRT-Standardverfahren, der so genannten BOLD-fMRT[13] Technologie gemessen. Die berühmten bunten Flecken, die BOLD-Signale, werden im Anschluss an die fMRT-Messung durch mathematische Berechnungen am Computer erzeugt. Sie sind somit nichts

---

11 | Vgl. dazu Legrenzi P, Umiltà C (2011) »Neuromania«, S. 12-14.

12 | Weil es sich beim beobachteten mentalen Vorgang um ein religiöses Ritual handelt, kann man Angelo Mosso auch gleich noch als (unfreiwilligen) Pionier der Neuro-Theologie bezeichnen.

13 | »Blood-oxygen-level-dependent« fMRT.

anderes als anschaulich aufbereitete grafische Darstellungen der statistischen Verteilung von zeitabhängigem Blutfluss und Sauerstoffbedarf im Gehirn. Der Überbegriff »bildgebende Verfahren« ist gerade für die fMRT überaus treffend. In der Wortwahl kommt nämlich zum Ausdruck, dass es sich bei diesem Visualisierungsverfahren nicht einfach um eine Abbildung, sondern um einen Herstellungsprozess handelt.

Die kaum widersprochene Annahme, dass die fMRT echte neuronale Aktivität abbildet,[14] bloß indirekt über den Mechanismus des BOLD-Signals, ist aber gar nicht so sicher, wie es scheint. Zwar wurde im Tiergehirn durch gleichzeitige physiologische Direktmessung nachgewiesen, dass neuronale Aktivität meistens mit einer Zunahme des Sauerstoffverbrauchs verbunden ist.[15] In einer Studie am *UCSD Neurovascular Imaging Laboratory* wurde aber auch gezeigt, dass neuronale Aktivität bisweilen auch zu einer Verengung und gar nicht zu einer Erweiterung der Blutgefäße führt.[16] Und somit zu einem verminderten, nicht erhöhten Blutfluss. Dies allerdings bedeutet das exakte Gegenteil der Standardinterpretation, nach der alle fMRT-Messungen beurteilt werden. Ganz zu recht fragen sich daher der Wissenschaftshistoriker Fernando Vidal und der Philosoph Francisco Ortega: »Was sehen wir eigentlich, wenn wir einen Hirnscan betrachten?«[17]

Sehen heißt glauben

Weil strukturelle und funktionelle MRT-Bilder sich sehr ähnlich sehen, haben die meisten Laien – allerdings auch viele Fachleute außerhalb der Neuroimaging-Zunft – nicht verstanden, dass nun nichts mehr abgebildet wird, »was tatsächlich da« ist – um beim Vergleich mit der Röntgenaufnahme zu bleiben. Sehen heißt glauben – auf die ikonophile Spezies Mensch entwickeln die bunten Tomographiebilder ganz automatisch die verführerische Suggestivkraft einer wahrheitsgetreuen Abbildung.

Dem ist aber ganz und gar nicht so. Neuroimaging-Bilder sind nicht einfach unscharfe und grobpixelige Fotografien des Gehirns bei der Arbeit, sondern das Ergebnis einer Vielzahl von Prozess-Schritten. Bis zum endgültigen Bild muss eine lange Reihe von technischen Entscheidungen getroffen werden. Von der Verarbeitung der Scanner-Rohdaten bis hin zu den abschließenden statis-

---

14 | »Neuronale Aktivität« bedeutet, dass sich an einem bestimmten Ort im Gehirn die Frequenz der elektrischen Entladungen (»Aktionspotenziale«) in den Nervenzellen ändert.

15 | Logothetis NK, Pauls J et al. (2001) Nature; Mayhew JEW (2003) Science.

16 | Devor A, Hillman EM et al. (2008) Journal of Neuroscience.

17 | Ortega F, Vidal F (2007) Revista Eletronica de Comunicaçao, Informaçao e Inovaçao em Saude, S. 257.

tischen Berechnungen. Eine ganze »Kette von Rückschlüssen«, wie es *Nature Neuroscience* in einem Editorial bezeichnet hat.[18]

Und man tut in der Regel gut daran, dieser »Kette von Rückschlüssen« nicht blind zu vertrauen: »[...] die [wissenschaftliche] Endpublikation legt eine sehr reduzierte Teilmenge der Originaldaten vor, gefiltert durch eine Reihe von Transformationen und Analysen, die oft eigentümlich sind. Es gibt keinen Konsens über die ›richtige‹ Art, diese Analysen durchzuführen; jede hat ihre Stärken und Schwächen und ständig werden neue Methoden entwickelt«.[19] Schon allein die Wahl des statistischen Signifikanzniveaus bedingt ein kniffliges Abwägen zwischen möglichen falsch positiven und falsch negativen Ergebnissen.

Das *Nature Neuroscience*-Editorial weist auch darauf hin, dass es »schwierig ist, wissenschaftliche Aufsätze zu schreiben, die komplexe Aktivierungsmuster beschreiben [und vor allem erklären, Anm. d. A.]. Deshalb sieht man oft eine Tendenz zu konservativen Grenzwerten, um die Anzahl der Aktivierungen zu reduzieren und eine einfachere Geschichte präsentieren zu können.«[20]

Die Schwierigkeiten bei den Neuroimaging-Studien beginnen aber lange bevor eine Messung gemacht wird. Das Hauptproblem liegt nämlich darin, überhaupt ein aussagekräftiges Versuchsdesign mit robusten experimentellen Parametern und einer passenden Kontrollbedingung zu entwickeln. »Das gegenwärtige Problem mit der Bildgebung ist, dass es super schwierig ist, die richtigen Experimente zu machen, aber super einfach ist, Bilder herauszubekommen«, fasst der Neuroimaging-Pionier Steven Peterson die Sachlage zusammen.[21]

Ungeachtet aller Einwände gilt: Sehen heißt glauben. Die Psychologen David McCabe und Alan Castel haben untersucht, wie Testpersonen die Glaubwürdigkeit fiktiver neurowissenschaftlicher Ergebnisse beurteilen, wenn diese mit oder ohne Hirnbilder präsentiert werden.[22] Bei drei verschiedenen Experimenten, in denen konstruierte kognitionswissenschaftliche Daten nur als Text, als Text mit Balkendiagrammen oder als Text mit Hirnaktivierungs-Bildern gezeigt wurden, beurteilten die Teststudenten stets die hirnbildbegleiteten Texte als »wissenschaftlich am überzeugendsten«. McCabe und Castel schlussfolgern, dass »ein Teil der Faszination – und Glaubwürdigkeit – der Forschung mit bildgebenden Verfahren in der Überzeugungskraft der Hirnbilder selbst liegt.«[23] Hirnscanner sind Evidenzmaschinen. Für Wissenschaftshistoriker Hagner

---

18 | Editorial in Nature Neuroscience (2000) »A debate over fMRI data sharing«, S. 845.

19 | Ebd.

20 | Ebd., S. 846.

21 | Miller G (2008) Science, S. 1412.

22 | McCabe DP, Castel AD (2008) Cognition.

23 | Ebd., S. 343.

auch in dem Sinne, dass sie »bislang ziemlich ungenügend verstandene Zusammenhänge auf eine Oberflächenbetrachtung reduzieren.«[24]

Arithmetik der Liebe

In der öffentlichen Wahrnehmung hingegen haben MRT-Scanner den Ruf, richtige »Objektivitätsmaschinen«[25] zu sein. Imposante, futuristische, ja geradezu magische Hightech-Objekte, die das verborgene Innere des Menschen nach Außen kehren. Dabei gibt es eine Vielzahl guter Gründe, den Objektivität suggerierenden fMRT-Bildern mit Skepsis zu begegnen. Zur Beweisführung ein Streifzug durch die vielfältigen Problemzonen der funktionellen Magnetresonanztomographie.

Zuerst einmal: Was wir bei funktionellen Neuroimaging-Studien in aller Regel als Endergebnis erhalten, sind Differenzbilder. Was wir sehen, ist das Ergebnis eines Subtraktionsprozesses. Das Vorgehen gehorcht einer einfachen und erst einmal einleuchtenden Logik. Um eine Aussage über eine bestimmte Gehirnleistung treffen zu können, macht die Versuchsperson im Scanner zwei Experimente. Man misst die Veränderung des regionalen Blutsauerstoffverbrauchs unter der interessierenden experimentellen Bedingung (der Testbedingung) und ebenfalls unter einer Kontrollbedingung. Auf der Suche nach, sagen wir, dem Sitz der romantischen Liebe, werden Verliebten Fotos ihres geliebten Partners gezeigt und auch Bilder von Freunden gleichen Alters und Geschlechts, in die sie aber nicht »wahrhaftig, tief und wie verrückt« verknallt sind.[26]

Man subtrahiert dann einfach die MRT-Aufnahme der Kontrollbedingung von der MRT-Aufnahme, die beim Betrachten des Subjekts der Begierde gemacht wurden. So hofft man, alle unspezifischen Hirnaktivierungen loszuwerden, die nichts mit dem Verliebtsein zu tun haben.[27] Die Rechnung zur Aktivitätskorrektur geht demzufolge so: (Verliebt + alles andere) − (Nicht verliebt + alles andere) = verliebt. Im hier gewählten Liebes-Beispiel ergibt die Rechnung der Studienleiter Andreas Bartels und Semir Zeki folgendes Ergebnis: Verliebt sein = Aktivierungen des *anterioren zingulären Cortex*, der *medialen Insula*, des *Putamens* und des *Nucleus caudatus*. Außerdem Deaktivierungen im *posterioren zingulären Cortex* und der *Amygdala* sowie in den rechten *präfrontalen, parietalen* und *temporalen Cortices*.

---

24 | Hagner M (2006) »Der Geist bei der Arbeit«, S. 14.

25 | Slaby J (2011) »Objektivitätsmaschine – der MRT-Scanner als magisches Objekt«. Vortrag an der Tagung »Kraft der Dinge« an der Humboldt Universität, Berlin, 30.9.

26 | Bartels A, Zeki S (2000) NeuroReport.

27 | Schon allein durch die Verarbeitung der visuellen Bildstimuli werden zum Beispiel starke Aktivierungen im Bereich der Sehbahnen und der Sehrinde ausgelöst.

Konsequenterweise hat sich Semir Zeki, prominenter Neurowissenschaftler am Londoner *Wellcome Laboratory of Neurobiology*, ein paar Jahre später auch dem dunklen Gegenstück menschlicher Empfindung gewidmet. Im Forschungsvorhaben »*Neuronal Correlates of Hate*« mussten die Probanden im fMRT-Scanner nicht mehr von Herzen lieben, sondern leidenschaftlich hassen.[28] Dazu wurden Versuchspersonen rekrutiert, die »starken Hass für ein Individuum zum Ausdruck bringen«. Adressat des Hasses war dabei stets ein früherer Liebespartner oder ein Arbeitskollege. Somit also ein glaubwürdig naturalistischer Studienansatz. Das Ausmaß der Feindseligkeit wurde psychometrisch auf der »Skala für leidenschaftlichen Hass« quantifiziert.

Analog zur Studie über die romantische Liebe brachten die Versuchspersonen Fotos der verhassten Person mit, die ihnen dann im Wechsel mit neutral bewerteten Gesichtern im Scanner gezeigt wurden. Wiederum wurden die Aktivierungen bei den neutralen Bildern von den Aktivierungen unter der Hass-Bedingung abgezogen.

Und so also hasst das Gehirn gemäß Zeki und seinem Kollege John Paul Romaya: Der *mediale Gyrus frontalis*, das *Putamen*, der *prämotorische Cortex*, die *Insula* und der *rechte frontomediale Gyrus* sind aktiviert, der *rechte superiore Gyrus frontalis* hingegen deaktiviert. Das Fazit der Autoren: »Die Studie zeigt, dass es im Kontext von Hass ein spezifisches Aktivierungsmuster im Gehirn gibt.«[29]

Dem besonders aufmerksamen Leser wird nicht entgangen sein, dass von einer Aktivierung der *Insula* und des *Putamens* schon weiter oben bei den verliebten Probanden berichtet wurde. Während sich die Autoren der Hass-Studie in der Diskussion dieses bemerkenswerten Umstandes wohlweislich ins unverfänglich Allgemeine retten (»der gegenwärtige Stand des Wissens lässt keine genaue Deutung zu«), hat das *Deutsche Ärzteblatt* in seiner Online-Ausgabe sogar eine biologische Erklärung parat: »Freundschaft und Feindschaft aktivieren im Gehirn das rechte Putamen. Diese Region bringen Hirnforscher mit der Vorbereitung von Körperbewegungen in Verbindung. Bei Gefühlen der Liebe könnten diese Aktionen darauf gerichtet sein, sich der geliebten Person zu nähern oder diese zu schützen. Beim Hass könnten aggressive Handlungen oder die Abwehr böswilliger Aktionen des Gegners daraus resultieren. Das zweite Zentrum, das beide Gefühle aktiviert, ist die Insula. Hier lokalisiert Zeki den Stress, der mit Hassgefühlen verbunden ist, den aber auch die romantische Liebe (in Form der Eifersucht) kennt.«[30] Kein fMRT-Befund, der sich nicht mit viel Phantasie und noch mehr Mut zur Vereinfachung erklären ließe.

---

28 | Zeki S, Romaya JP (2008) Public Library of Science One.
29 | Ebd.
30 | Meyer R (2008) Deutsches Ärzteblatt.

Ein maritimer Vergleich

Neben dem Grundsatzeinwand des kruden Brachialreduktionismus ergibt sich beim Differenz-Verfahren auch ein technisches Problem, das mit der erreichbaren Messgenauigkeit zu tun hat. Weil das Gehirn dauernd und überall eine rege Aktivität aufweist,[31] ist bereits das »Hintergrundrauschen«, das man durch Subtraktion der Kontrollbedingung abzieht, in den meisten Fällen sehr viel größer als der postulierte spezifische Effekt, der, sagen wir, beim Fällen einer moralischen Entscheidung auftritt. Untersuchungen haben gezeigt, dass der zerebrale Energieverbrauch im Vergleich zum Grundzustand um weniger als fünf Prozent ansteigt, wenn man eine kognitive Aufgabe löst.[32]

Bildhaft gesprochen verhält es sich mit der Differenzmethode etwa so ähnlich, als wäge man eine Yacht mit Kapitän und dann die Yacht alleine, um herauszufinden, wie schwer der Kapitän ist. Auf eine weitere grundlegende Schwierigkeit, nämlich der technischen Notwendigkeit zur statistischen Mittelung einer Vielzahl von Messungen, verweist der Neurobiologe Gerhard Roth in einer Radiosendung des *Bayerischen Rundfunks*: »Kompliziert wird es dadurch, dass die Bilder, die man gewinnt, in aller Regel Artefakte sind. Nämlich Durchschnittsdarstellungen von einem Gehirn, das vielfach gemessen wurde, oder sogar Vielfachmessungen an vielen Gehirnen, damit wir überhaupt irgendwas an Unterschieden sehen [...]. Das sind Artefakte, die zwar hochinteressant sind, die aber sehr sorgfältig interpretiert werden müssen. Und die Interpretation ist häufig sehr schwierig.«[33]

Dazu kommt, dass die Hirnaktivierungsmuster von Proband zu Proband enorm variieren. Bei genau derselben Testung unter konstanten experimentellen Bedingungen und im gleichen Scanner können die individuellen Ergebnisse völlig anders aussehen. Wie so häufig bei der Untersuchung komplexer biologischer Systeme bewirkt schon allein die natürliche Variabilität, dass zwischen den Messergebnissen einzelner Versuchspersonen beträchtliche Unterschiede bestehen.

Diese natürlichen Unterschiede äußern sich dann später in den statistischen Berechnungen als große Varianz beziehungsweise als starke Überschneidung der Datensätze. Auf dem Niveau einer Einzelperson ist es daher meist nicht

---

31 | Die Erkenntnis, dass das Gehirn auch dann höchst aktiv ist, wenn es »nichts« tut, hat um die Jahrhundertwende zur Gründung der heute sehr wichtigen »Ruhezustands-Forschung« geführt. Mit fMRT und Computersimulationen werden die »default mode«-Netzwerke des Gehirns untersucht, die aktiv sind, wenn man sich nicht mit der äusseren Welt beschäftigt, sondern einfach nur entspannt seinen Gedanken freien Lauf lässt. »Resting state«-Forschung ist zu einem zentralen Thema der zeitgenössischen Hirnforschung geworden.

32 | Raichle ME (2010) Scientific American.

33 | Schramm M (2011) IQ-Wissenschaft und Forschung, Bayerischer Rundfunk, 13.4.

möglich, einen bestimmten fMRT-Scan einer bestimmten experimentellen Bedingung oder einer bestimmten Krankheitsdiagnose zuzuordnen.

Statistisch signifikante Unterschiede zeigen sich erst im intra-individuellen Vergleich (die gleiche Person wird zweimal gemessen, einmal in Ruhe und einmal bei einer kognitiven Aufgabe) oder im Gruppenvergleich, wenn die gemittelten Aktivierungsmuster ganzer Gruppen miteinander verglichen werden. So kann man dann beispielsweise zeigen, dass im Durchschnitt das Gehirn von Alkoholikern beim Betrachten von Bildern alkoholischer Getränke mit anderen Aktivierungsmustern reagiert als das Gehirn von Nichtsüchtigen. (Was auch nicht gerade eine besonders überraschende Erkenntnis ist). Betrachtet man nur eine einzelne, individuelle Messung, ist eine Zuordnung in aller Regel unmöglich.

Wie in den Anfängen der Fotografie

Wenig Beachtung findet meist auch die Tatsache, dass die zeitliche Auflösung der funktionellen MRT-Methoden um eine bis zwei Größenordnungen zu schlecht ist, um die tatsächlich statt findenden neuronalen Vorgänge überhaupt erfassen zu können. Die »hämodynamische Antwort« – welche ja als Stellvertretersignal für die tatsächliche Hirnaktivität gemessen wird – benötigt zum Aufbau selbst im besten Fall einige hundert Millisekunden. Aus Studien mit Hirnstromableitungen weiß man aber, dass sich die kortikale Aktivität schon im Bereich von wenigen Millisekunden ändert, wenn man einem Testgehirn zum Beispiel einen visuellen Stimulus präsentiert. Was mit fMRT erfasst wird, sind die zeitlich aufsummierten und überlagerten Aktivitäten all dessen, was sich im Bereich von einigen Sekunden im Gehirn abgespielt hat.

Ein Vergleich mit den Anfängen der Fotografie drängt sich auf. Um 1840 waren für eine Daguerrotypie-Aufnahme Belichtungszeiten von etwa 20 Minuten erforderlich. Deshalb konnten anfänglich nur unbewegte Objekte fotografiert werden – zum Beispiel die Kathedrale *Notre-Dame* de Paris. Selbst wenn Dutzende von Sonntagsspaziergängern während der Aufnahme durchs Bild liefen, war auf dem fertigen Bild kein einziger Mensch zu sehen. Nur die bleiche und verschwommene *Notre-Dame*. Gut möglich, dass die MRT ebenso rasante technologische Fortschritte macht wie früher die Fotografie. Erst vor kurzem haben Physiker und Neurowissenschaftler aus Berkeley und Oxford eine technische Verbesserung vorgestellt, die siebenmal schnellere Scanzeiten zulässt.[34] Ein kompletter 3D-Hirnscan soll damit in nur vierhundert Millisekunden möglich sein. Zur Zeit liegen typische Scanzeiten bei zwei bis drei Sekunden.

Dennoch kann das Problem der realitätsfernen Auflösung bestenfalls teilweise gelöst werden. Dies liegt aber weniger an der MRT-Technik, sondern am indirekten Messprinzip. Letztlich also an der Biologie des Gehirns, das nun ein-

---

34 | Feinberg DA, Moeller S et al. (2010) Public Library of Science One.

mal unpraktisch lange braucht, um auf eine Änderung der neuronalen Aktivität mit einer Änderung von Blutfluss und Sauerstoffaufnahme zu reagieren.

Diplomatische Kritik

Eine unterschätzte Fehlerquelle ist auch die Zuordnung anatomischer Regionen zu den fMRT-Signalen. Gerade kleine Strukturen wie die Mandelkerne (*Amygdalae*) machen Probleme. Besonders auf fMRT-Bildern, die mit Scannern von weniger als fünf Tesla Magnetfeldstärke aufgenommen werden. Deutsche und Schweizer Forscher sind der Frage nachgegangen, wie hoch die tatsächliche lokalisatorische Trefferquote im Fall der *Amygdala* ist.

Etwas salopper formuliert: Ist auf den bunten fMRT-Bildern überhaupt *Amygdala* drin, wenn *Amygdala* drauf steht? Durch den Vergleich mit zellarchitektonisch verifizierten Hirnatlanten berechneten Tonio Ball und seine Kollegen die Wahrscheinlichkeit richtiger Zuordnung in 114 Studien, die eine Aktivierung oder Deaktivierung der Mandelkerne berichteten.[35] Das Ergebnis ist bescheiden. Knapp die Hälfte der insgesamt 339 mit »*Amygdala*« gekennzeichneten BOLD-Signale gehört mit einer Wahrscheinlichkeit von über 80 Prozent tatsächlich zu den Mandelkernen. Zwölf Prozent der »*Amygdala*«-Signale kommt gar auf eine Wahrscheinlichkeit korrekter Zuordnung von null Prozent. In Tat und Wahrheit kamen hier die fMRT-Signale nämlich aus den *Hippocampi*.

Die restlichen Trefferquoten liegen irgendwo dazwischen. Die Untersuchung von Ball und Kollegen ist auch ein Lehrbeispiel an Diplomatie. Alle untersuchten Studien sind nach Autoren aufgeschlüsselt und die anatomische Lage der vermuteten Mandelkerne als *MNI*-Koordinaten[36] wiedergegeben. Problemlos hätte man auch eine Tabellenspalte einführen können, die für jede Studie die berechnete Wahrscheinlichkeit der richtigen Zuordnung aufführt. Offenbar hat man davon abgesehen, um einige Fachkollegen nicht bloßzustellen.

In den meisten fMRT-Studien wird suggeriert, es sei gelungen, die spezifischen Hirnvorgänge sichtbar zu machen, die einer ganz bestimmten Bewusstseinserfahrung zugrunde liegen. Aber gibt es denn überhaupt spezifische, von anderen Hirnleistungen abgrenzbare neuronalen Korrelate von Neid, Liebe, Moral oder Eifersucht? Existiert tatsächlich eine typische fMRT-Signatur des Lügens? Oder sehen wir nur globale, unspezifische Hirnaktivierungsmuster, wie sie bei einer Vielzahl anderer Erfahrungen oder anderer experimenteller Situationen gleich oder sehr ähnlich auftreten würden? Sollten Sie Hirnforscher sein und einmal unvorbereitet gefragt werden, wo denn wohl diese oder jene mentale Leistung im Gehirn abläuft, sagen Sie einfach: Im *anterioren cingulären Cortex* (ACC). Mit dieser Antwort haben Sie eine mehr als nur faire Chance,

---

35 | Ball T, Derix J et al. (2009) Journal of Neuroscience Methods.

36 | Koordinatensystem nach dem Hirnatlas des Montreal Neurological Institute.

richtig zu liegen. Nicht ohne Grund gilt der *ACC* als ganz besonders »promis-kuide Hirnregion«.

Ein paar Beispiele? Eine Aktivierung dieser Hirnregion findet man nicht nur bei frisch Verliebten und amerikanischen Wechselwählern, die Bilder von Hillary Clinton sehen, sondern auch wenn chinesisch-englische Zweisprachi-ge bei der Wortbildung eine der Sprachen hemmen,[37] wenn Frauen zwischen potenziellen Sexpartnern wählen müssen,[38] wenn Esssüchtige einen Schokola-de-Milkshake vorgesetzt bekommen,[39] wenn Männer an die eigene Sterblich-keit erinnert werden,[40] wenn man Vegetariern Bilder von Tiermisshandlungen zeigt,[41] wenn sich Optimisten positive Begebenheiten vorstellen[42] oder wenn man im MRT-Scanner gekitzelt wird.[43] Man könnte diese Liste beliebig fort-führen. Als kleinster gemeinsamer Nenner wurde vorgeschlagen, der *anteriore cinguläre Cortex* sei das Bindeglied zwischen Emotionen und Kognition.[44] Das macht wohl Sinn und würde auch erklären, warum der *ACC* notorisch aktiv ist, was immer man auch messen will. Gleichzeitig wird der Befund einer *ACC* Aktivierung in einer fMRI Studie zu einer erkenntnistheoretischen Trivialität. Denn welche menschliche Leistung ist schon *nicht* von Emotionen und Kogni-tion begleitet?

Der Lachs des Zweifels

An der *Human Brain Mapping* Konferenz 2009 in San Francisco haben jun-ge Psychologen mit einem wissenschaftlichen Beitrag für gleichermaßen viel Amüsement wie Verärgerung gesorgt. An der Postersession zum Thema »Mo-dellbildung und Analyse« haben Craig Bennett, Michael Miller und George Wolford ihren Hirnforscherkollegen nämlich eine aufschlussreiche Arbeit vor-gestellt. Deren Titel: »Neuronale Korrelate der zwischenartlichen Perspektiven-einnahme im post-mortalen Atlantischen Lachs: Eine Argument für die Korrek-tur bei multiplen Vergleichen.«[45]

Die Versuchsanordnung hatte wirklich innovativen Charakter. Die Psycholo-gen haben einen ausgewachsenen Atlantischen Lachs (*Salmo salar*) in den MRT-Scanner gelegt und ihm während der Messung eine Reihe von Fotos gezeigt,

---

37 | Guo T, Liu H et al. (2011) Neuroimage.
38 | Rupp HA, James TW et al. (2008) Neuroscience Letters.
39 | Gearhardt AN, Yokum S et al. (2011) Archives of General Psychiatry.
40 | Quirin M, Loktyushin A et al. (2011) Social Cognitive and Affective Neuroscience.
41 | Filippi M, Riccitelli G et al. (2010) Public Library of Science One.
42 | Sharot T, Riccardi AM et al. (2007) Nature.
43 | Blakemore SJ, Wolpert D et al. (2000) Neuroreport.
44 | Allman JM, Hakeem A et al. (2001) Annals of the New York Academy of Sciences.
45 | Bennett CM, Miller MB et al. (2009) Neuroimage.

die Menschen im sozialen Umgang abbilden. Sich also umarmen, die Hände schütteln, streiten, und so weiter. Genau so wie es typischerweise in Untersuchungen auf dem Gebiet der »sozialen Neurowissenschaften« gemacht wird. Das Pikante am Versuchsdesign von Bennett und Kollegen war allerdings, dass der Lachs in der Röhre schon längst tot war. Mit den fMRT-Daten zur Wahrnehmung menschlicher Interaktion beim toten Lachs haben die Autoren später eine ganz normale statistische Auswertung durchgeführt, wie es bei Studien dieser Art üblicherweise gemacht wird.[46] Und siehe da, im post-mortem Gehirn des Lachses sind tatsächlich mehrere zusammenhängende Stellen mit erhöhter Aktivität errechnet worden. Und dies bei einem durchaus gebräuchlichen statistischen Signifikanzniveau p=0,001. Im Tomogramm des Lachses sind diese Aktivitäten dann als rote »Blobs« in der Gehirnkavität dargestellt, genau in der Art, wie man es von anderen fMRT-Aufnahmen kennt.

Was ist geschehen? Schaffen tote Lachse also die Einnahme einer zwischenartliche Perspektive? Sehr unwahrscheinlich. Den Autoren mit Sinn für Humor ging es darum, etwas ganz anderes zu zeigen. Nämlich, dass es fast sicher zu falsch positiven Ergebnissen kommt, wenn man es unterlässt, die statistischen Daten für multiple Vergleiche zu korrigieren. Haben die Psychologen ihre fMRT-Daten vor der Analyse nämlich nach allen Regeln der Statistikkunst korrigiert, verschwinden auch alle falsch positiven Signale aus dem toten Lachsgehirn.

Der »Lachs des Zweifels«, wie er in Fachkreisen bereits genannt wird,[47] ist ein eindrückliches Plädoyer für die konsequente Anwendung der erwähnten statistischen Korrektur auf Bildgebungsdaten. Als Reaktion auf die Lachsstudie ließen einige Hirnforscher entnervt verlauten, dieser Umstand sei doch längst bekannt und entsprechende Korrekturen würden in der wissenschaftlichen Praxis ganz selbstverständlich gemacht.

Dass dem überhaupt nicht so ist, hat die retrospektive Analyse von fMRT-Studien ergeben, die in renommierten Neuroimaging-Zeitschriften wie *Cerebral Cortex*, *NeuroImage* oder *Human Brain Mapping* publiziert wurden.[48] Zwischen 25 und 40 Prozent lag der Anteil an fMRT-Untersuchungen, bei denen *keine* Korrektur für multiple Vergleiche durchgeführt wurde. Wie viele der roten und blauen Flecken in den fMRT-Aufnahmen jener Studien bloß technische und rechnerische Artefakte sind, wird wohl nicht mehr zu klären sein.

In der wissenschaftlichen Praxis wollen die meisten Forscher ihre Bildgebungsdaten so wenig wie möglich korrigieren, da es sonst leicht passieren kann, dass

---

46 | Sog. Voxel-by-Voxel-Kontrastvergleiche unter Verwendung des allgemeinen Linearmodells bei Minimierung der Fehlerquadrate.

47 | Eine ehrerbietende Anspielung auf Douglas Adams gleichnamiges Kultbuch. Vgl. Margulies D (2012) »The Salmon of Doubt«.

48 | Bennett CM, Baird AG et al. (2010) Journal of Serendipitous and Unexpected Results.

auch echte Aktivierungen verschwinden. Alles eine Frage des Abwägens. Sicher überlegenswert wäre der Vorschlag, in wissenschaftlichen Publikationen sowohl die korrigierten wie auch die unkorrigierten Daten zu zeigen. Der fachkundige Leser hätte dann die Möglichkeit, selbst zu entscheiden, welchen Daten er glauben will. Craig Bennetts Lachs auf jeden Fall kümmert es nicht mehr. Er wurde noch am Tag der MRT-Untersuchung von den Experimentatoren aufgegessen.

Torture your data until they confess

Aus Fachkreisen kommt auch noch ganz andere Kritik an den angewandten Methoden. So wird beispielsweise bemängelt, dass viele Bildgebungsstudien ohne jede Ausgangshypothese gemacht werden. Auch der indische Star-Neurologe Vilayanur Ramachandran kritisiert, dass die allermeisten Studien ohne spezifische, überprüfbare Hypothesen durchgeführt werden: »98 Prozent des brain imagings ist blindes Tappen im Dunkeln.«[49] Auf die planlos erhobenen Messdaten, so ein oft vernommener Einwand, würden später einfach die verschiedensten statistischen Verfahren angewandt. Und zwar so lange, bis man irgendwo Signifikanzen findet (die bewährte »torture your data until they confess«-Strategie). Dann wird die Effektstärke berichtet und im Nachhinein nach einer Erklärung gesucht, warum gerade hier und genau dort im Gehirn eine Aktivierung zu finden ist.

Kurz gesagt: einfach mal im Trüben fischen und dann so tun, als hätte man von Anfang an gewusst, wonach man sucht. Bislang gibt es unter den Forschern keinen Konsens darüber, wann welches statistische Verfahren, wann welche Auswertungsmethode auf die erhobenen Bildgebungsdaten angewandt werden soll. Geschweige denn, verbindliche Richtlinien. Der Ermessungsspielraum bei der Datenanalyse ist beträchtlich. Dies ist ein entscheidendes und bislang ungelöstes Problem. Denn wenn man auch nur geringfügig an den Ausgangsparametern herumschraubt, kann leicht ein völlig anderes Resultat entstehen. Dem Endergebnis sind all die vorausgegangenen arbiträren Prozessschritte aber nicht anzusehen und das gezeigte Bild erweckt den Eindruck einer harten empirischen Messung, die nur genau so und nicht anders herauskommen konnte.

Voodozauber in der sozialen Neurowissenschaft

Noch mehr Wirbel als die humorvolle fMRT-Studie mit dem toten Lachs verursachte 2009 eine Methoden-Untersuchung von Edward Vul und Kollegen vom *Massachusetts Institute of Technology*. Die Kognitionspsychologen hatten es offensichtlich auf eine Konfrontation mit ihren Fachkollegen aus den »Social Neurosciences« abgesehen. Der ursprüngliche Titel ihres angriffigslustigen

---

49 | Dingfelder SF (2008) Monitor on Psychology, S. 26.

Manuskripts lautete nämlich: »Voodoo Korrelationen in der sozialen Neurowissenschaft«. Auf Verlangen der Zeitschrift, in dem der Artikel erschien, wurde der Aufsatztitel später geändert und hieß in der Blattversion nur noch »Erstaunlich hohe Korrelationen in fMRT-Studien von Emotionen, Persönlichkeit und sozialer Kognition«.[50]

Was kritisieren die Autoren in ihrem Artikel? Vul und Kollegen vermuten Voodoozauber in den »mysteriös« hohen statistischen Zusammenhängen zwischen individuellen Persönlichkeitsmassen oder bestimmten Verhaltensweisen und den fMRT-Signalen im Gehirn, die Sozialneurowissenschaftler bei ihren Studien gefunden haben. Aufgrund einer Vorauswahl hatten Vul und Kollegen die Autoren von 54 Studien kontaktiert und diese mittels Fragebogen auf die bei ihren fMRT-Studien angewandten statistischen Verfahren hin untersucht.

In mehr als der Hälfte der Fälle, so die Kritik der Psychologen, hätten die Wissenschaftler korrelationsstatistische Verfahren angewandt, welche die tatsächlichen Zusammenhänge systematisch verzerren und zu Korrelationen führten, die viel zu gut sind, um wahr zu sein. Das präzise Problem, das Vul und Kollegen beschreiben, ist etwas für Statistik-Fortgeschrittene.[51] Zur bildhaften Umschreibung könnte man dazu vielleicht das Gleichnis mit dem texanischen Cowboy anführen. Man stelle sich vor, ein Revolverheld schieße wahllos auf ein Scheunentor. Danach zeichnet er die Zielscheibe um jene Einschusslöcher, die am nächsten beieinander liegen. Ein paar Volltreffer sind dem Schützen somit auf jeden Fall sicher.

So ähnlich verhalte es sich auch mit dem Aufspüren von Korrelationen bei fMRT-Experimenten, so die Kritiker. Die Autoren beließen es aber nicht einfach bei ihrer Methodenkritik. Sie forderten die vermeintlichen Statistik-Übeltäter sogar dazu auf, ihre Daten neu zu rechnen: »Wir zeigen auf, wie die Daten aus diesen Studien mit nicht verzerrenden Methoden neu analysiert werden könnten [...]. Wir halten die Autoren dazu an, solche Neuanalysen durchzuführen und die wissenschaftlichen Aufzeichnungen zu korrigieren.«[52] Eine echte Provokation, zumal alle betroffenen Studien und Autoren am Ende des Artikels namentlich erwähnt werden. Darunter befindet sich viel Prominenz auf dem Gebiet der »Social Neurosciences« mit Publikationen in Journals ersten Ranges

50 | Vul E, Harris C et al. (2009) Perspectives on Psychological Science.

51 | Die Auswertung von Vul und Kollegen ergab, dass »mehr als die Hälfte [der Befragten] einräumte, eine Strategie zu verwenden, die separate Korrelationen für individuelle Voxels berechnet. Berichtet werden die Mittelwerte genau jener Teilmenge von Voxels, die den gewählten Grenzwert überschritten haben.« Vul et al. zeigen dann, wie dieses nicht-unabhängige Analyseverfahren Korrelationen in massiver Weise aufbläht, währenddessen trotzdem scheinbar vertrauenswürdige Streuungsdiagramme entstehen. Vgl. Vul E, Harris C et al. (2009) Perspectives on Psychological Science, S. 274.

52 | Ebd., S. 274 und 285.

wie *Science, Nature* oder *Human Brain Mapping.* Die Angegriffenen haben sich natürlich prompt zur Wehr gesetzt und verurteilten ihrerseits den Vul-Aufsatz als fehlerhaft und unfair. Der entsprechende Fachstreit dauert bis heute an.

Monsieur Tan schreibt Medizingeschichte

In der Welt des funktionellen Neuroimagings gibt es also eine ganze Reihe von konzeptionellen Mängeln, technischen Defiziten, statistischen Fehlerquellen, willkürlichen Entscheidungen und nie bewiesenen Grundannahmen. Noch gewichtiger als all dies ist aber die Frage, ob es denn überhaupt *prinzipiell* sinnvoll ist, im Gehirn nach Lokalisationen von Fairness, Moral oder Spiritualität zu suchen.

Zwar ist spätestens seit dem 18. April 1861 klar, dass es geistige Leistungen gibt, die ziemlich präzise an einem bestimmten Ort im Gehirn lokalisiert sind. An diesem Tag nämlich hat der französische Arzt Paul Broca seinem tags zuvor verstorbenen Aphasiepatienten Mr. Leborgne das Gehirn entnommen. Der bedauernswerte Mr. Leborgne, der auf jede Frage immer nur mit »tan« antworten konnte,[53] zeigte schwere Veränderungen im Gehirn. Aufgrund der Befundlokalisation und der Krankengeschichte folgerte Broca, dass eine Schädigung im Bereich zwischen Stirnlappen und Schläfenlappen bei »Monsieur Tan« zum Verlust der Sprache geführt haben muss. Bis heute gilt das »Broca-Zentrum« im Gehirn als Ort der motorischen Erzeugung von Sprache.

Ebenfalls bis heute ist der Broca-Bezirk das Vorzeigebeispiel für die Vorstellung, das Gehirn könne in voneinander unabhängige funktionelle Areale unterteilt werden.[54] Die genaue Lokalisation dieser verschiedenen Hirnmodule hofft man heutzutage per Hirn-Scans ausfindig machen zu können. Doch wie sinnvoll ist es, nach genauen Lokalisationen für mentale Leistungen zu suchen, die über elementare sensorische und motorische Funktionen weit hinausgehen? Mit einem lokalisatorischen Ansatz nach Neuronenmodulen für romantische Liebe oder mystisch-religiöse Erfahrungen zu fahnden?

Von der Vorstellung, auch komplexe geistige Funktionen seien an bestimmten Orten im Gehirn fest verankert, ist man eigentlich schon vor Jahrzehnten abgerückt. Viel wahrscheinlicher ist es nämlich, dass komplex fluktuierende kortikale und subkortikale Netzwerke in einem höchst dynamischen Zusammen-

---

53 | Außer, wenn er in großer Wut darüber, dass man ihn einfach nicht versteht, ein »sacré nom de Dieu« fluchte (Düweke P [2001] »Eine kleine Geschichte der Hirnforschung«, S. 58).

54 | Das Wernicke-Areal für Sprachverständnis, die Gesichtserkennung im Gyrus fusiformis oder die Repräsentation von Körperregionen in den primären Rindenfeldern (Wilder Penfields Homunculus) sind weitere Beispiele für spezifische Lokalisationen von Hirnfunktionen.

spiel aus gegenseitiger Aktivierung und Hemmung unser bewusstes Erleben ermöglichen. Biologische Grundlage unseres Bewusstseins scheint eine ganze Anzahl miteinander verbundener paralleler Netzwerke zu sein – in höchstem Masse plastisch und zur eigenen Weiterentwicklung und Selbstreparatur befähigt. Diese Ansicht vertreten auch renommierte Bewusstseinsforscher wie der Nobelpreisträger Gerard Edelman und der italienische Wissenschaftler Giulio Tononi:»Bewusstes Erleben scheint mit Neuronenaktivitäten zu tun zu haben, die simultan auf Neuronengruppen in vielen verschiedenen Gebieten des Gehirns verteilt sind. Bewusstsein ist daher kein Vorrecht eines bestimmten Hirnareals. Stattdessen sind die neuronalen Substrate des Bewusstseins weit über das sogenannte thalamocorticale System und zugehörige Regionen verteilt.«[55]

So gesehen braucht es eben das *ganze* Gehirn, um zu lieben, zu glauben oder zu lügen. Die Suche nach der Spezifität komplexer mentaler Zustände per fMRT-Aufnahme wäre somit gänzlich sinnlos. Zunehmend größer wird die Kluft zwischen der immer akzeptierteren Sichtweise, Bewusstsein entstehe aus dem komplexen Zusammenspiel multi-tasking-fähiger Hirnnetzwerke einerseits und dem Verharren auf neurowissenschaftlichen Experimenten mit lokalisatorischem Ansatz andererseits.[56]

Noch radikaler sieht der Philosoph Alva Noë die Sachlage. Der amerikanische Kognitionswissenschaftler hält es nicht für sinnvoll, *überhaupt* nach neuronalen Korrelaten des Bewusstseins zu suchen. Denn solche neuronalen Strukturen gäbe es einfach nicht. Genau deshalb seien wir auch nicht in der Lage, erklären zu können, worin die neuronale Grundlage des Bewusstseins bestehe. Die Vorstellung, wir »seien unser Gehirn«, ist für den Philosophen keine wissenschaftliche Erkenntnis, sondern vielmehr eine vorgefasste Meinung, eine unbestrittene Grundannahme und ein Vorurteil.[57] Dazu passt auch die dezidierte Meinung der Kognitionswissenschaftlerin Valerie Hardcastle und des Mediziners Matthew Stewart:»Was sagen uns all die Hirndaten, die wir angehäuft haben, darüber, wie das Gehirn arbeitet? Bis jetzt herzlich wenig.«[58] Sogar »elf führenden Neurowissenschaftler« bezweifeln in ihrem »Hirnforscher-Manifest« in der Zeitschrift *Gehirn & Geist*, ob es sinnvoll ist, mit bildgebenden Verfahren nach den Regeln zu suchen, nach denen unser Gehirn arbeitet: »Die Beschreibung von Aktivitätszentren mit PET oder fMRI und die Zuordnung dieser Areale zu bestimmten Funktionen oder Tätigkeiten hilft hier kaum weiter. Denn dass sich all das im Gehirn an einer bestimmten Stelle abspielt, stellt noch keine Erklärung im eigentlichen Sinne dar. Denn ›wie‹ das funktioniert,

---

55 | Edelman GM, Tononi G (2000) »A Universe of Consciousness«, S. 36.

56 | Empirisch belegt ist aber auch die »Distributionshypothese« nicht. Es handelt sich eher um einen ideologischen Umschwung als um eine bewiesene Tatsache.

57 | Noë A (2010) »Du bist nicht dein Gehirn«.

58 | Hardcastle VG, Stewart CM (2002) Philosophy of Science, S. 80.

darüber sagen diese Methoden nichts, schließlich messen sie nur sehr indirekt, wo in Haufen von hundert Tausenden von Neuronen etwas mehr Energiebedarf besteht. Das ist in etwa so, als versuchte man die Funktionsweise eines Computers zu ergründen, indem man seinen Stromverbrauch misst, während er verschiedene Aufgaben abarbeitet.«[59]

Ist Ihr Gehirn wirklich notwendig?

1980 erschien im Wissenschaftsblatt *Science* ein Artikel, dessen Titel die meisten Leser irritiert haben dürfte: »Is your brain really necessary?«[60] In dieser Arbeit wurden die erstaunlichen Befunde des britischen Neurologen John Lorber besprochen, der sich auf die Behandlung von Hydrocephalus-Patienten spezialisiert hat.[61]

Berichtet wird von einer Reihe von Patienten, die grotesk verringerte Hirnmassen haben – und trotzdem kaum oder gar keine Beeinträchtigungen zeigen. Der eindrücklichste Fall ist ein junger Student, der »einen IQ von 126 hat, erstklassige Noten in Mathematik schreibt und sozial völlig normal ist. Jedoch hat dieser Junge so gut wie kein Gehirn.«[62] Ein MRT-Scan zeigte, dass bei diesem Studenten in der Hirnrinde lediglich eine dünne Schicht von Neuronen von vielleicht einem Millimeter Dicke festgestellt wurde. Etwa 95 Prozent seines Schädelraumes waren mit Hirnflüssigkeit gefüllt. »Ich kann nicht sagen, ob das Gehirn des Mathematikstudenten 50 oder 150 Gramm wiegt. Aber es ist klar, dass es bei weitem nicht in der Nähe der üblichen 1,5 Kilogramm liegt«, so der Neurologe.[63]

»Wie kann sich jemand mit einer grotesk verringerten grauen Substanz nicht nur ohne soziale Defizite zwischen seinen Kollegen bewegen, sondern auch noch hohe akademische Leistungen erbringen?« fragt sich denn auch Roger Lewin, der Autor jenes provokanten *Science*-Artikels.[64] Erklärungsansätze gibt es einige. Offensichtlich verfügt das Gehirn über ganz unglaubliche Reservekapazitäten – die nicht zwingend benötigt werden. Ähnlich wie dies auch bei Nieren- oder Lebergewebe der Fall ist. Zudem ist bei einem Hydrocephalus in erster Linie die aus Myelin-ummantelten Nervenfasern bestehende »weiße

---

59 | Das Manifest (2004) Gehirn & Geist, S. 33.

60 | Lewin R (1980) Science.

61 | Beim Hydrocephalus handelt es sich um eine pathologische Vergrößerung der mit Liquor gefüllten Flüssigkeitsräume (Ventrikel) des Gehirns. Viele dieser Patienten haben schwere neurologische Ausfälle. Die Hälfte der schwer betroffenen Patienten, bei denen die Ventrikelvergrößerungen 95 Prozent des Schädels ausfüllt, haben aber keine Defizite und einen IQ von 100 und mehr.

62 | Lewin R (1980) Science, S. 1232.

63 | Ebd.

64 | Ebd.

Substanz« betroffen. Die Nervenzellkörper der »grauen Substanz« werden nur in geringerem Ausmaß zerstört. Und ganz entscheidend für die Möglichkeit des Erhalts aller kognitiven Funktionen auch bei schweren Verlaufsformen scheint zu sein, dass sich die Krankheit sehr langsam während des Kindesalters entwickelt und das Gehirn so genügend Zeit zur Anpassung hat.

Welch erstaunliches Ausmaß Neuroplastizität im Kindesalter annehmen kann, zeigt auch die Fallstudie »Ein halbes Gehirn«, die 2002 im Medizinerblatt *Lancet* beschrieben wurde.[65] Die Autoren Borgstein und Grootendorst zeigen darin die MRT-Aufnahme des Schädels eines siebenjährigen Mädchens. Wie in der Koronarschnitt-Aufnahme zu sehen ist, fehlt die gesamte linke Hirnhälfte. Wegen einer chronischen Enzephalitis[66] mit epileptischen Anfällen wurde dem Mädchen diese Hirnhemisphäre im Alter von drei Jahren chirurgisch entfernt.

Was für Konsequenzen hatte diese Hemisphärektomie für das Mädchen? Es ist kaum zu glauben: So gut wie keine. Das Mädchen spricht zwischenzeitlich fließend zwei Sprachen, entwickelt sich bestens und lebt ein ganz normales Leben. Die durch die Grunderkrankung verursachte halbseitige Lähmung ist ebenfalls verschwunden, zurück geblieben ist einzig eine leichte Spastizität des rechten Armes und des rechten Beines. Bei Hemisphärektomie-Patienten hat man eine weitere erstaunliche Feststellung gemacht: Es gehen keine Erinnerungen verloren. Auch dann nicht, wenn die Operation erst spät, das heißt im frühen Jugendalter durchgeführt wird. Offensichtlich werden Gedächtnisinhalte nicht einfach lokal irgendwo in der einen oder anderen Gehirnhemisphäre abgelegt.[67]

Wie die vorangegangenen Beispiele belegen, kann es mit einer klar definierten funktionellen Spezifität kortikaler Hirnareale nicht weit her sein. Oder in den Worten des Neurologen Lorber: »Der Cortex ist möglicherweise für sehr viel weniger zuständig, als sich die meisten Leute vorstellen.«[68] Ein weiteres Indiz dafür, dass es wenig Sinn macht, im menschlichen Cortex mit fMRT nach den Orten nervösen Zuckens beim Lösen eines moralischen Dilemmas oder dem Betrachten eines Kunstwerks zu fahnden.

---

65 | Borgstein J, Grootendorst C (2002) »Half a brain« Lancet, S. 473.

66 | »Gehirnentzündung« in Form eines Rasmussen-Syndroms.

67 | Dieser Befund unterstützt die Vorstellung des Neurowissenschaftlers Karl Pribram, dass Erinnerungen als kohärente Muster in elektromagnetischen Feldern neuronaler Netzwerke gespeichert sind. Das Gehirn funktioniert gemäß Pribram wie ein Hologramm (vgl. Pribram K [1969] Scientific American). Für eine nicht (oder nicht nur) lokale Gedächtnisspeicherung spricht auch die Tatsache, dass unser Langzeitgedächtnis erhalten bleibt, auch wenn sich täglich Abermillionen von Neuronen erneuern und unsere Billionen von Synapsen einem permanenten neuroplastischen Wandel unterworfen sind.

68 | Lewin R (1980) Science, S. 1233.

Reizwort Reproduzierbarkeit

Lassen sich wissenschaftliche Testergebnisse nicht von einer Probandengruppe auf eine vergleichbare zweite Gruppe übertragen oder von einem Messinstrument auf ein anderes, so haben diese Ergebnisse kaum einen wissenschaftlichen Wert. Darüber ist man sich in Wissenschaftskreisen allgemein einig. Was weiß man über die Zuverlässigkeit von fMRT-Untersuchungen? Wenn ich heute ein fMRT-Experiment mache und an einem anderen Tag wiederhole, wie groß ist die Wahrscheinlichkeit, dass ich die gleichen Ergebnisse bekomme? Und wie sieht es aus, wenn ich mein Experiment in einem anderen Scanner wiederhole?

Die Frage nach der Reproduzierbarkeit von fMRT-Studien hat eine Gruppe von amerikanischen Forschern mit konkreten Zahlen beantwortet.[69] Zur Bestimmung der »Test-Retest-Reliabilität«[70] haben Lee Friedman und Kollegen fünf Probanden im Abstand von 24 Stunden zweimal im gleichen Scanner untersucht. Die Prozedur der doppelten Messung haben die Probanden in insgesamt zehn verschiedenen MRT-Scannern über sich ergehen lassen. Das Experiment, das die Probanden durchzuführen hatten, war denkbar einfach. Sie mussten lediglich mit den Fingern einen Rhythmus mitklopfen, der ihnen gleichzeitig akustisch über Kopfhörer und als flackerndes Schachbrett auf einem Bildschirm präsentiert wurden. Somit war eine zuverlässige Aktivierung der *auditorischen, visuellen* und *motorischen Cortices* sichergestellt. Misst man dieselbe Versuchsperson zweimal im gleichen Scanner, ist die Stabilität der Messung ganz in Ordnung: 0,76, ausgedrückt in dem hierfür gebräuchlichen Korrelationskoeffizienten R.[71]

Gemittelt über eine Vielzahl verschiedener kognitiver Aufgaben, Versuchsdesigns und Scannertypen haben die Psychologen Craig Bennett und Michael Miller aber deutlich unerfreulichere Daten präsentiert.[72] Gerade einmal 29 Prozent beträgt die durchschnittliche Überlappung von »aktiven Regionen«, selbst wenn ein fMRT-Experiment im gleichen Scanner wiederholt wird. Dies ist das Ergebnis einer Metaanalyse aus 63 einzelnen fMRT-Test-Retest-Untersuchungen. »Auch wenn diese Zahl [...] nicht repräsentativ für ein einzelnes Experi-

---

69 | Friedman L, Stern H et al. (2008) Human Brain Mapping.

70 | Die Test-Retest-Reliabilität sagt aus, wie stabil eine Messmethode ist und somit, in welchem Ausmaß man sich auf das Ergebnis verlassen kann, das mit dieser Methode ermittelt wurde.

71 | Als wie »gut« ein R gelten kann, hängt stark vom untersuchten experimentellen System ab. R=1 wäre eine perfekte Messwiederholung mit identischen Resultaten, R=0 eine Messwiederholung mit rein zufälligen Ergebnissen.

72 | Bennett CM, Miller MB (2010) Annals of the New York Academy of Sciences.

ment ist, stellt sie ein relevantes Übersichtsmaß zur Zuverlässigkeit von fMRT dar,« folgern die Autoren der Übersichtsarbeit von 2010.[73]

Schaut man sich das Ergebnis von Friedman und Kollegen zur Reproduzierbarkeit ihrer denkbar einfachen sensomotorischen Aufgabe in den zehn verschiedenen Scannern an, so ist dies sogar noch bedenklicher. Lausige 0,22 betrug der hierfür von den Studienautoren berechnete Korrelationskoeffizient. Man mag sich gar nicht vorstellen, wie der Korrelationskoeffizient für die Wiederholung komplexer fMRT-Experimente aussehen würde, beispielsweise beim Treffen einer moralischen oder ökonomischen Entscheidung.

Wird eine fMRT-Arbeitsgruppe mit dem Reizwort »Reproduzierbarkeit« konfrontiert, ist immer gleich ein Grund zur Stelle, weshalb andere Forscher ihre Ergebnisse nicht replizieren konnten. Die üblichen Verdächtigen: Anderer Scanner, andere Feldstärke, andere Probanden, andere »statistische Gepflogenheiten«, abweichender Versuchsaufbau. Was aber bedeutet eine bestimmte Hirnaktivierung in einem neuro-ökonomischen fMRT-Experiment, wenn diese nicht zu reproduzieren ist?

Immerhin schlagen Friedman und Kollegen in ihrer Übersichtsarbeit eine Reihe von Maßnahmen vor, wie die Reproduzierbarkeit von fMRT-Untersuchungen verbessert werden könnte. Erstaunlicherweise ist in der Fachwelt bis heute völlig unklar, was für eine Test-Retest-Zuverlässigkeit bei fMRT-Studien überhaupt noch als akzeptabel gelten darf. Es gibt dafür weder Empfehlungen, geschweige denn einen Expertenkonsens oder gar verbindliche Richtlinien. »Im Neuroimaging-Bereich ist alles noch weitgehend unreguliert, dafür gibt es ja auch keine Regulierungsbehörde. Man könnte bestimmte Prozesse beispielsweise besser normieren, indem man immer einen Localizer für visuelle Stimulation mitlaufen lässt. So könnte man Unterschiede zwischen verschiedenen Imaging-Zentren abgleichen. Das wird aber noch viel zu wenig gemacht«, kommentiert der Neuroimaging-Forscher und Philosoph Henrik Walter die Sachlage in einem Interview.[74]

Behauptungen ohne Konsequenzen

Wie konnte sich der exzellente Ruf der bildgebenden Verfahren, allen voran der fMRT, in Wissenschaft und Öffentlichkeit bis zum heutigen Tag halten, wo es sich doch so offensichtlich um problematische und höchst stör- und irrtumsanfällige Methoden handelt?

Möglicherweise hat dies damit zu tun, dass den Neuroimaging-Verfahren weitgehend die Möglichkeit zur Objektivierung der eigenen Untersuchungsergebnisse durch empirische Selbstkorrektur fehlt. Werden Hirnvorgänge

---

73 | Ebd., S. 145.

74 | Interview mit Henrik Walter, geführt am 24. 2. 2012 an der Charité Berlin.

untersucht, die grundlegende sensorische und motorische Prozesse übersteigen, gibt es bislang kaum Wege, die Interpretation einer fMRT-Aktivierung qualifiziert zu beweisen oder zu falsifizieren. Weil es keine Methode gibt, mit der eine Erklärung empirisch überprüft werden kann, bleibt aber auch jede Behauptung erst einmal völlig folgenlos. Spekulieren ist erlaubt, und selbst die abstrusesten Erklärungskonstruktionen bleiben ungestraft. Man kann sich bestenfalls über den Grad der Plausibilität einer Erklärung streiten. Hirnforschung wird hier zur Glaubensfrage.

Analoges gilt auch für die *Lokalisation* von fMRT-Signalen. Zumindest, wenn komplexe Vorgänge wie Liebe, Glaube oder auch psychische Störungen untersucht werden. Kaum ein Wissenschaftler sieht sich einen fMRT-Scan an, findet irgendwo eine Aktivierung und sagt: »Nein, niemals. Wenn man liebt, kann hier unmöglich eine Aktivierung sein. Da ist ein Fehler passiert.«

Dass eine falsche fMRT-Aktivierung hier, eine abenteuerliche Dateninterpretation dort, in aller Regel keine praktischen Konsequenzen hat, erschwert die Anfechtbarkeit von Neuroimagingstudien. Eine Selbst-Immunisierung gegen Kritik, aber auch gegen Weiterentwicklung, wie sie in anderen empirischen und technischen Wissenschaften in dieser Form nur selten vorkommt. Einem Ingenieur, der einen Motor entwickelt, dürfte solch ein immanenter Mangel zur Selbstkorrektur seltsam vorkommen. Wenn sein neu konzipierter Motor in drei Testläufen einmal raucht und zweimal explodiert, ist unübersehbar, dass sein Produkt verbesserungswürdig ist. Auch ein Chemiker, der zwar fleißig Synthesen macht, aber nie das gewünschte Produkt herstellt, dürfte bald einmal arbeitslos sein. Nicht so der Hirnforscher, der Neuroimaging-Untersuchungen macht. Aufgrund der praktischen Folgenlosigkeit seines Tuns kann ihm in aller Regel einfach nichts nachgewiesen werden.

3. Neuro-Essenzialismus.
Bin ich mein Gehirn?

Jegliche menschliche Erfahrung, einschließlich wissenschaftlicher Argumentationen, mathematischer Denkmodelle, moralischer Einsichten, künstlerischer Ausdrucksformen und religiöser Erfahrungen basiert nur auf unserem Gehirn. Von dieser Regel gibt es keine Ausnahme.[1]

Seit Jahrzehnten beschäftigt sich der Soziologe Nikolas Rose mit der einen, immer gleichen Frage:»Was für eine Art von Wesen glauben wir heute als Mensch zu sein?«[2] Seine vorläufige Antwort in Kurzfassung: Viele unserer Zeitgenossen in der westlichen Welt sind zu »neurochemischen Selbsten« geworden. Alles, was uns ausmacht, was wir sind, denken und empfinden, so der Professor an der *London School of Economics*, würden immer mehr Menschen vollständig auf die chemischen und elektrischen Vorgänge in ihrem Gehirn reduzieren. In einem Fachaufsatz aus dem Jahr 2003 fragt sich Rose, wie dies möglich sei. »Wie ist es dazu gekommen, dass wir unsere Sorgen zu Hause und bei der Arbeit als ›generalisierte Angststörung‹ erleben – ausgelöst durch ein chemisches Ungleichgewicht, das durch Medikamente korrigiert werden kann?«[3] Der Sozialtheoretiker Rose verweist auf einen Zusammenhang zwischen der Umdeutung der Selbstwahrnehmung, dem Auftreten biochemischer Deutungen psychischer Befindlichkeitsstörungen, der Entwicklung von Psychopharmaka, der Vermarktung der entsprechenden Medikamente und den Strategien der Pharmaindustrie. Wesentlich ist aber auch der Umstand, dass die meisten Menschen denken, dass es heute möglich sei, die Aktivitäten des Gehirns per Hightech-Medizin wahrheitsgetreu zu visualisieren, während es denkt, begehrt,

---

1 | Saver J, Rabin J (1997) Journal of Neuropsychiatry and Clinical Neurosciences.
2 | Rose N (2011) »Governing conduct in the age of the brain«, Vortrag an der University of Chicago, 29.3., vgl. Videopodcast auf www.somatosphere.net/2011/04/nikolas-rose-governing-conduct-in-age.html
3 | Rose N (2003) Society S. 46.

glücklich oder traurig ist, liebt und fürchtet – und dass deshalb auch Normalität von Abnormalität auf dem Niveau von Gehirnaktivitätsmustern unterscheidbar ist. Eine Beweisführung durch Visualisierung. Wie gesagt, sehen heißt glauben.

Von der Persönlichkeit zur Gehirnlichkeit

Auch als Identität stiftendes Element hat das Gehirn den Genen längst den Rang abgelaufen. Diese standen früher nämlich auch einmal im Ruf, uns zu dem zu machen, was wir sind. Man erinnere sich nur an den Kultcharakter von Bildern der Doppelhelix oder von Chromosomen zur Illustration des »Wunders Mensch«. Es ist noch gar nicht lange her, dass Genforscher berichteten, sie hätten in den Chromosomen spezifische Basensequenzen gefunden, die unsere Unterschiede in der Stimmung oder der Fähigkeit zur Impulskontrolle erklärten. Oder auch, für welche psychischen Erkrankungen wir aufgrund unserer genetischen Ausstattung anfällig seien.

Im Neuro-Zeitalter ist das Gehirn Maß aller Dinge. Man identifiziert sich nicht länger mit seinen Genen, sondern mit seinem Gehirn. Der *Homo neurobiologicus* hat nicht nur ein Gehirn, er *ist* sein Gehirn. Sein Gehirn »sein« – für den Philosophen Jan Slaby ist das der »Chorgesang der naturalistischen Neurophilosophie: [...] die subjektive Erfahrung sei nicht mehr als die Benutzeroberfläche eines Neuro-Computers und somit eine bloße *user illusion*; was ›eigentlich‹ vor sich gehe, seien neuronale Prozesse, und diese zu entschlüsseln, verständlich zu machen und nötigenfalls zu optimieren, sei eine Sache der Neurowissenschaften und ihrer philosophischen Gewährsleute.«[4]

Zur Beschreibung der ontologischen Qualität des »Sein-Gehirn-Seins« hat der Wissenschaftshistoriker Fernando Vidal den Begriff der »brainhood« geprägt.[5] Aus der »Persönlichkeit« ist eine »Gehirnlichkeit« geworden. Im Begriff der »brainhood« steckt die weit verbreitete Ansicht, dass das Gehirn das einzige Organ sei, das wir brauchen, um uns selbst zu sein. Der Umstand dieser besonderen Selbstwahrnehmung macht uns gemäß Vidal zu »zerebralen Subjekten«.[6] Früher handelten Personen, heute handeln Gehirne. Ein Umstand,

---

4 | Slaby J (2011) Deutsche Zeitschrift für Philosophie, S. 383. Wer für den Philosophen von der Freien Universität Berlin diese »Gewährsleute« sind, führt Slaby an anderer Stelle aus: »Philosophen bringen sich verstärkt als Kommentatoren, Deuter und gleichsam als *cheerleader* der SCAN-Disziplinen [soziale, kognitive und affektive Neurowissenschaften, Anm. d. A.] in Stellung, oder sie versuchen, Teile der philosophischen Nomenklatur so zu reformulieren, dass sich auf Basis der neuen Konstrukte Stimulusmaterial für fMRT-Studien entwickeln lässt.« (Ebd., S. 381).

5 | Vidal F (2009) History of the Human Sciences.

6 | Ortega F, Vidal F (2007) Revista Eletronica de Comunicaçao, Informaçao e Inovaçao em Saude; Vidal F (2009) History of the Human Sciences.

der gerade im Zusammenhang mit forensisch-psychiatrischen Rechtsgutachten bedeutsam geworden ist.

Die kulturelle Hegemonie der Neurowissenschaften hat zu einer tiefen Durchdringung unserer Lebenswelt mit neurobiologischen Erklärungsmodellen geführt. Die Befunde der Hirnforscher haben längst ihren Weg aus den Labors in die Welt gefunden. Aufgrund der massiven medialen Präsenz neurobiologischer Erklärungsmodelle muss sich konsequenterweise auch unser Selbstbild verändern – die eigene Vorstellung davon, was wir dem Wesen nach eigentlich sind. Im neurozentrischen Zeitalter fängt die modernisierte Selbst-Definition schon früh an. »[Bereits] Teenager wissen heute, was Aufmerksamkeitsdefizit und Hyperaktivitätsstörung sind und wie sie behandelt werden. Sie konzeptualisieren Bewegungsunruhe und Unkonzentriertheit als neurochemische Symptome, die mit Hilfe von Stimulanzien zu bezähmen sie mehr als bereit sind.«[7] Dabei sind all die »Gehirn-Fakten«, auf die wir als »zerebrale Subjekte« zurückgreifen, keine objektiven Tatsachen, sondern repräsentieren nur die Sichtweise einer Gemeinschaft von Wissenschaftlern zu einer bestimmten Zeit in einem bestimmten Kontext.[8]

Der *Homo cerebralis* braucht keine Seele mehr

Wer im 21. Jahrhundert noch am Seelenbegriff festhält, riskiert als hoffnungslos unaufgeklärt wahrgenommen zu werden. Die Seele wird zur Erklärung des Phänomens Mensch längst nicht mehr als notwendig erachtet. An die Stelle des Seelenbegriffs sind die Versprechungen der Neurowissenschaften getreten, unser Innenleben durch Verständnis von Gehirnaufbau und -funktionen schon bald umfassend erklären zu können.

Der Philosoph Thomas Metzinger gibt gar zu bedenken, dass in Anbetracht der neuen Erkenntnisse aus den Neurowissenschaften »Die Vorstellung einer Fortexistenz des bewussten Selbst nach dem physischen Tod so unplausibel wird, dass der emotionale Druck auf Menschen, die dennoch an ihren traditionellen Weltbildern festhalten wollen, nur schwer erträglich werden könnte.«[9] Gut möglich, dass es künftig zu einem noch vehementeren Aufeinanderprallen konkurrierender Menschenbilder und Ideologien kommt. Auf der einen Seite der hyper-aufgeklärte materialistische *Homo cerebralis*,[10] auf der anderen Seite der erboste religiöse Fundamentalist. Neuro-Ethiker Metzinger erkennt auch die Gefahr einer zunehmenden Entsolidarisierung unserer Gesellschaft vor

---

7 | Hess E, Jokeit H (2009) Eurozine.

8 | Choudhury S, Nagel SK, Slaby J (2009) BioSocieties, S. 64.

9 | Könneker C (2002) Gehirn und Geist, S. 32.

10 | Der Ausdruck stammt meines Wissens vom Wissenschaftshistoriker Michael Hagner (Hagner M [2008] »Homo cerebralis«).

dem Hintergrund eines »primitiven Vulgärmaterialismus«: »Die sozialen Bindekräfte, der implizite moralische Grundkonsens, der weitenteils noch aus dem metaphysischen Bild des Menschen herrührt, könnte sich weiter auflösen.«[11]

Auf dem gleichermaßen verheißungsvollen wie gefährlichen Weg in die Moderne gilt es aber erst noch die Entwicklung vom intuitiv gefühlten Dualisten zum neurowissenschaftlich informierten und daher zum biologischen Materialismus konvertierten Zeitgenossen zu vollziehen. Widerwillig haben sich mittlerweile schon viele von den scheinbar überholten Vorstellungen von autonomem Geist und freiem Willen verabschiedet. Immerhin, auch in der Selbstwahrnehmung als evolutionsgesteuerter Bioautomat ohne tieferen Sinn und Zweck lässt es sich ja ganz gut leben. Mit der konsequenten Umsetzung im Alltag hapert es ohnehin. Es ist schließlich sehr unwahrscheinlich, dass wir die Selbst-Zerebralisierung eines Tages so weit verinnerlicht haben, dass wir sagen werden: »Oh, mein *Gyrus fusiformis* ist heute wieder einmal ganz schlecht durchblutet, ich hätte ja vorhin meinen Nachbarn fast nicht erkannt.«

Von der Psyche zum Körper

Dabei sahen wir uns doch noch vor kurzem nicht als »neurochemische«, sondern als »psychologische Selbste«. In unserer Eigenwahrnehmung waren wir durch den mentalen Raum unserer Psyche bestimmt. Es gab eine innerpsychische Welt, in der traditionellerweise Kultur und Biographie auf das Selbst einwirkten. Die Summe der persönlichen Erfahrungen hat diesen innerpsychischen Raum ausgestaltet und uns zu dem gemacht, was wir sind. Diese Sichtweise zeigt sich beispielsweise daran, dass noch tief in den 1980er Jahren eine psychologisch geprägte Ausdrucksweise den alltäglichen Umgang mit sich selbst und den eigenen Problemen charakterisierte: der viel zitierte »Psychobabble«.

Gerne sprach man von Komplexen, Abwehr, Narzissmus, Ganzheitlichkeit oder Projektion. Und wenn sonst nichts mehr half, wurde das unergründliche Unbewusste aufs Tapet gebracht. Dies ist heute anders. »Während Unbehagen früher auf einen psychologischen Raum abgebildet wurde – den Raum der Neurose, der Verdrängung, des psychologischen Traumas – wird dieses Unbehagen nun auf den Körper selbst, insbesondere auf ein spezielles Körperorgan – das Gehirn – abgebildet.«[12] Der innere Raum der Psyche als Sitz individueller Persönlichkeit wird nun durch etwas ersetzt, das Nikolas Rose die »somatische Individualität« nennt. »Ein ›somatisches Individuum‹ zu sein bedeutet, »unsere Hoffnungen und Befürchtungen als Funktion unseres biomedizinischen Körpers zu chiffrieren und zu versuchen, sich selbst dadurch zu reformieren,

---

11 | Ebd., S. 34.
12 | Rose N (2003) Society S. 54.

zu heilen oder zu verbessern, dass man auf diesen Körper einwirkt.«[13] Ganz besonders natürlich auf das Gehirn. Die beträchtlichen Forschungsanstrengungen zur Entwicklung von Neuroprothesen, Schrittmachern zur tiefen Hirnstimulation oder von »cognitive enhancement«-Medikamenten verdeutlicht dies.

Die Sichtweise, seine eigene Persönlichkeit als Resultat chemischer und physikalischer Prozesse des Gehirns wahrzunehmen, führt bisweilen zu geradezu entgegengesetzten Selbstkonzepten. Auf der einen Seite hat die radikale Biologisierung der Psychiatrie zu einer immer stärkeren Pathologisierung psychischer Phänomene geführt, die noch vor kurzem als normal galten. Man denke nur an die Rekonzeptualisierung von Schüchternheit als »soziale Angststörung«. Wissenschaft und Pharmamarketing, häufig gar nicht so einfach auseinander zu halten, postulieren einen gestörten Botenstoff-Haushalt im Gehirn als Grund für eine psychische Malaise und bieten dazu auch gleich die scheinbar passgenaue medikamentöse Antwort an. Leidet die Psyche, soll das Gehirn behandelt werden.[14]

Ebenso auf die biologische Natur des Gehirns beruft sich die »Neuro-Diversitäts-Bewegung«, vertritt aber eine gerade gegenteilige Sichtweise. Gegen Ende der 1990er Jahre begannen einige Personen mit Autismus, mit Kampagnen im Internet an die Öffentlichkeit zu treten.[15] Ihr Anliegen: Autismus sei gar keine Krankheit, sondern lediglich eine besondere, »atypische« Ausprägung des Gehirns. Genau so wie jede andere Art natürlicher menschlicher Variation sollten auch »atypische« neurologische Entwicklungsvarianten des Gehirns als Beitrag zur Vielfalt des Menschseins respektiert und als Bereicherung für die Gesellschaft empfunden werden. Autismus, besonders in seiner relativ milden Ausprägung als »Asperger Syndrom«, soll deshalb nicht länger pathologisiert und zum Ziel medizinischer Intervention gemacht werden. Autismus soll vielmehr als natürlicher Teil der Persönlichkeit bestimmter Menschen betrachtet werden.[16]

Es gäbe auch gar keine »Menschen *mit* Autismus«. Denn das Autistische sei ein nicht abtrennbares, essentielles Persönlichkeitsmerkmal der autistischen Person. Diese Ansicht teilt auch die autistische Verhaltensbiologin und Buchautorin Temple Grandin: »Wenn ich mit den Fingern schnippen und nicht-au-

---

13 | Ebd.

14 | Viel mehr dazu in Kapitel 5 »Neuro-Reduktionismus, Neuro-Manipulation und das Verkaufen von Krankheit«.

15 | Die virtuelle Umgebung des Internets scheint für autistische Menschen die ideale Kommunikationsplattform zu sein und hat zum Entstehen einer ganzen »Autismus-Kultur« geführt.

16 | Ortega F (2009) Biosciences.

tistisch sein könnte, ich würde es nicht tun [...]. Autismus ist ein Teil dessen, was ich bin.«[17]

Jedes Gehirn ist schön

Die Sichtweise, Autismus mit hohem Funktionsniveau sei normal und nicht krankhaft, führt auch innerhalb der »Autismus-Kultur« zu weltanschaulichen Spannungen. Schließlich hoffen nicht wenige Verfechter des Krankheitskonzepts darauf, dass Fortschritte in Neurobiologie und Genetik eines Tages Autismus »heilbar« machen und den allgemeinen Wunsch nach einer »Welt ohne Autismus« erfüllen. »Jedes Gehirn ist schön«, lautet darauf die Antwort der »Neuro-Diversitäts-Bewegung«. Immer mehr Menschen mit Asperger-Syndrom bezeichnen sich selbst als »Neuro-Atypische« im Vergleich zu den Nicht-Autisten, den »Neuro-Typischen«.

Auch nicht selbst Betroffene, wie die schwedischen Medizinethiker Pier Jaarsma und Stellan Welin sind der Ansicht, die Asperger-Krankheit sollte von schweren Autismusformen unterschieden und nicht länger als krankhaft angesehen werden: »Unserer Meinung nach sollte Autismus mit hohem Funktionsniveau weder als Krankheit noch als Behinderung noch als unerwünschter Zustand *per se* betrachtet werden. Eher als eine Gegebenheit mit einer besonderen Vulnerabilität. Autismus kann auch wünschenswerte und befähigende Auswirkungen haben, sowohl für das Individuum wie für die Gesellschaft.«[18] Längst macht die Legende die Runde, der Erfolg von *Silicon Valley* stehe in direktem Zusammenhang mit der hohen Prävalenz von Asperger unter den Mitarbeitern. *Intel, Hewlett-Packard, Apple* und *Oracle* – alles geistige Produkte hochbegabter Autisten? Zwischenzeitlich haben sich auch andere Gruppen der Forderung nach einem neurologischen Pluralismus angeschlossen. Unter ihnen Menschen mit psychiatrischen Diagnosen wie bipolare Störung, Aufmerksamkeitsdefizit-Hyperaktivitäts-Syndrom (ADHS), Tourette-Syndrom[19] oder gar Schizophrenie.

Mit neuropride gegen die autismophobe Gesellschaft

Die »Neuro-Diversitäts-Bewegung« kann als eine Art Emanzipationsbewegung mit dem Ziel der Entstigmatisierung und dem Wunsch nach besserer gesellschaftlicher Akzeptanz gesehen werden. In dieser Hinsicht ergeben sich deutliche Parallelen zur Bürgerrechtsbewegung Homosexueller in den 1970er Jahren.

---

17 | Zitiert in Sacks O (1995), S. 291.
18 | Jaarsma P, Welin S (2012) Health Care Analysis, S. 22.
19 | Neurologisch-psychiatrisches Syndrom mit Tics, unkontrollierbaren Bewegungen und ungewollten verbalen Äußerungen.

Sogar ein Internetforum mit Namen »neuropride« gibt es schon. Die sprachliche Anlehnung an die »gay pride« als stolzer Ausdruck eigener Identität ist sicher kein Zufall.

Der bereits erfolgte gesellschaftliche Wandel im Umgang mit Homosexualität ist schließlich auch für die Neuro-Diversitäts-Bewegung ein Grund zur Hoffnung. Immerhin gilt Homosexualität seit 1973 offiziell nicht mehr als psychiatrische Erkrankung, sondern als normale Variante menschlicher Sexualität. Die Bioethiker Jaarsma und Welin zeigen in ihrem Aufsatz in *Health Care Analysis* eine weitere interessante Parallele zwischen Homosexualität und Autismus auf: »In einer Gesellschaft mit starken Vorurteilen gegenüber Homosexualität wird das Leben Homosexueller mit Problemen belastet sein. [...] Homosexuelle werden unglücklich sein und viele psychologische und psychiatrische Probleme haben, die nicht durch ihre sexuellen Vorlieben, sondern durch die Gesellschaft verursacht sind. In einer homophoben Gesellschaft werden praktisch alle Homosexuellen krankhaft erscheinen. Die Lösung für dieses Problem war einfach eine breitere Akzeptanz der Homosexualität. Wir sollten annehmen, dass aufgrund des ›autismophoben‹ Charakters der gegenwärtigen Gesellschaft viele Autisten in einer ähnlichen Art und Weise psychiatrische und psychologische Probleme haben. Ähnlich zu den Homosexuellen könnten die meisten Probleme von Autisten mit hohem Funktionsniveau auf sozialen Umständen beruhen. [...] Die Auswirkungen ihres Zustands sind möglicherweise zu einem wesentlichen Teil das Ergebnis der Reaktion der Gesellschaft auf ihren Zustand.«[20]

Ethische und politische Anliegen stehen denn auch klar im Zentrum der »Neuro-Diversitäts-Bewegung«. Dies zeigt auch der folgende Eintrag auf einer Pro-Neurodiversity-Webseite: »Neuro-Diversität ist sowohl ein Konzept als auch eine Bürgerrechtsbewegung. Im weitesten Sinn ist es eine Philosophie für soziale Akzeptanz und gleiche Chancen für alle Individuen, unabhängig von deren Neurologie.«[21]

Die »Neuro-Diversitäts-Bewegung« ist ein gutes Beispiel für die durchaus lebenspraktischen Auswirkungen von Neuro-Talk und Neuro-Politik. Aber auch bei anderen Patientengruppen hat die Biologisierung der Psychiatrie zu einem entscheidenden Wandel in der Selbstwahrnehmung geführt. Während diese Veränderung bei der »Neuro-Diversitäts-Bewegung« als emanzipatorischer Schritt gesehen werden kann, hat an anderer Stelle eher eine Art Neuro-Fatalismus Einzug halten: Meine Psyche ist krank, weil mein Gehirn krank ist. Und das ist biologisch, also naturgegeben und deshalb nur schwer veränderbar. Die Verschiebung der Krankheitsursache von der Psyche zum Gehirn hat nicht nur eine Entstigmatisierung bewirkt, sondern auch zur Bildung von neuen Personen-»Typen« geführt. Besonders die mediale Präsenz von Hirn-Scans hat dazu

---

20 | Jaarsma P, Welin S (2011) Health Care Analysis.

21 | http://ventura33.com/neurodiversity.

beigetragen, dass heute viele Patienten der Meinung sind, man könne eine psychische Erkrankung sichtbar machen und einem Gehirn – und damit auch ihnen selbst – zweifelsfrei eine bestimmte Diagnose zuordnen.

Philosoph Jan Slaby sieht schon eine ganze Reihe neuer »Typisierungen«, die sich aufgrund neuronaler Aktivitätsmuster oder anderer »Erkenntnisse der Hirnforschung« formiert haben: »das adoleszente Gehirn [...], das schizophrene oder depressive Gehirn, das Gehirn des Kokainabhängigen oder [...] das männliche und weibliche Gehirn, welche sich deutlich unterscheiden [...].«[22] »Making up people« nennt Ian Hacking solche Prozesse der Neubildung und institutionellen Stabilisierung von neuen Personen-»Typen«.[23]

In seinem Aufsatz »Erschütternde Bilder« beschreibt der Medizinanthropologe Simon Cohn, was für intensive emotionale Reaktionen MRT-Bilder des eigenen Gehirns bei Psychiatriepatienten auslösen können.[24] An klinischen Studien teilnehmenden Patienten wird zwar in der Regel mitgeteilt, dass die Hirnbilder, die von ihnen gemacht werden, der Grundlagenforschung dienen und für sie persönlich keine diagnostische Aussagekraft haben. Dies scheint bei den Patienten jedoch kaum anzukommen. Wie Simon Cohn ausführt, machen sich die Patienten ihre eigenen Geschichten zu den Hirn-Scans, ganz unabhängig von den anders lautenden Erklärungen der Wissenschaftler.[25] Über eine MRT-Aufnahme ihres Gehirns sagt eine bipolare Patientin: »Dieses Bild. Das ist das genaueste Portrait, das du jemals haben kannst. Ein Bild davon, wer du wirklich bist. Innen drin. Ich sage den Leuten: Das ist mein Selbstportrait.«[26] Für die klinische Praxis haben fMRT-Bilder zwar keine Bedeutung, sehr wohl aber für das Selbstverständnis der Patienten und die Konzeptualisierung ihres eigenen Krankheitsschicksals.

---

22 | Slaby J (2011) Deutsche Zeitschrift für Philosophie, S. 380.

23 | Hacking I (2007) Proceedings of the British Academy.

24 | Cohn S (2011) »Disrupting images«.

25 | Ebd., S. 180.

26 | Zitiert in Slaby J (2010) Phenomenology and the Cognitive Sciences, S. 408.

4. Neuro-Philosophie.
Jeder darf mitraten

Das Problem des Bewusstseins bildet heute – vielleicht zusammen mit der Frage nach der Entstehung des Universums – die äußerste Grenze des menschlichen Strebens nach Erkenntnis. Es erscheint deshalb vielen als das letzte große Rätsel überhaupt und als die größte theoretische Herausforderung der Gegenwart.[1]

Das sind wahrhaft große Worte. Selbst für einen Philosophen. Dass das »Rätsel Bewusstsein« alles andere als gelöst ist, diagnostiziert aber nicht nur der Geisteswissenschaftler Thomas Metzinger, sondern auch das Wissenschaftsmagazin *Science*. 2005, zum 125-jährigen Bestehen des Blattes, publizierten Wissenschaftler einen Katalog mit 125 Fragen, deren Lösung von eminenter Bedeutung für Wissenschaft und Gesellschaft seien.[2] Auf Platz eins die Gralsfrage der Kosmologie: »Woraus besteht das Universum?« Gleich dahinter auf Platz zwei: »Was ist die biologische Grundlage des Bewusstseins?«[3]

Eben dieses ominöse Problem des Bewusstseins führt alle zwei Jahre eine Hundertschaft von Neurowissenschaftlern, Philosophen und Quantenphysiker in die amerikanische Wüstenstadt Tucson. Die Konferenz *Toward a Science of Consciousness*, organisiert vom *Center for Consciousness Studies*, gilt als wichtigstes interdisziplinäres Treffen von Wissenschaftlern, die sich mit dem Bewusstsein beschäftigen. Das »beste natürliche intellektuelle High« sei die Tagung, wie mir ein begeisterter Teilnehmer an der *Tucson Conference 2006* verriet. Was aber ist das Besondere am »Rätsel Bewusstsein«, mit dem sich viele der Tucson-Referenten schon ihr halbes Leben lang beschäftigen?

---

1 | Metzinger T (2005) »Bewusstsein«, S. 15.

2 | Kennedy D, Norman C (2005) Science.

3 | Einige Wissenschaftler wie der holländische Mediziner und Bewusstseinsforscher Pim van Lommel würden die Frage radikaler formulieren: »Hat das Bewusstsein überhaupt eine biologische Grundlage?« (Van Lommel P [2009] »Endloses Bewusstsein«, S. 13).

Die Fledermausfrage

Immerhin lässt sich der notorische Erklärungsärger mit dem Bewusstsein einfach formulieren: Wie ist es möglich, dass aus physikalischer Materie, genauer gesagt dem eineinhalb Kilogramm schweren, 37°C warmen Stück Biomasse in unserem Schädel etwas qualitativ so vollständig Neuartiges wie Denken, Fühlen oder Erinnern hervorgehen kann? Oder poetisch gesagt: Wie kann das »Wasser des physischen Gehirns in den Wein des Bewusstseins«[4] verwandelt werden? Das Problem hat viele Namen: »Qualiaproblem«, das »penetrante Problem«, die »explanatorische Lücke« oder auch kurz und bündig »the hard problem«. Gemeint ist stets dasselbe: Der schon intuitiv als Bruch empfundene Übergang von biologischen Prozessen im Gehirn zum subjektiven Erleben mit all seinen verschiedenartigen »Es-fühlt-sich-irgendwie-an«-Aspekten: Die Süße einer Erdbeere, die Schmerzhaftigkeit von Schmerzen oder die schwer zu beschreibende Geruchserfahrung endgültiger Hundigkeit, wenn an einem Sommertag ein nasser Bernhardiner in den Bus zusteigt.

So richtig in Schwung gebracht wurde die »Qualia«-Diskussion vom amerikanischen Philosophen Thomas Nagel, der 1974 den zwischenzeitlich legendären Aufsatz »Wie ist es, eine Fledermaus zu sein?« veröffentlichte.[5] Per Nagetier-Beispiel veranschaulicht Nagel darin die Meinung, dass reduktive Bemühungen das Bewusstsein niemals im Kern erfassen könnten. Seine These: Ganz egal, wie viel wir über das Gehirn eines Wesens wissen – in seinem Beispiel über das einer Fledermaus – nie werden wir daraus dessen Erlebnisperspektive erschließen können. Wenn Nagel Recht hat, sind all die Neurowissenschaftler, die sich in den letzten Jahren des Bewusstseins-Problems angenommen haben, a priori auf verlorenem Posten. Sie müssten zwangsläufig an den natürlichen Grenzen der Erkenntnis scheitern.

Erschwerend kommt dazu, dass sich bei dem, was in seiner Urversion »Leib-Seele-Problem« heißt, ein System gewissermaßen selbst zum Untersuchungsgegenstand macht. Dazu Wolf Singer, Direktor am *Max-Planck-Institut für Hirnforschung* in Frankfurt: »Bei der Erforschung des Gehirns betrachtet sich ein kognitives System im Spiegel seiner selbst. Es verschmelzen also Erklärendes und das zu Erklärende. Und es stellt sich die Frage, inwieweit wir überhaupt in der Lage sind, das, was uns ausmacht, zu erkennen.«[6] Aber nicht nur Forscher scheinen sich für Bewusstseinsfragen zu interessieren. Im Publikum der *Tucson Konferenzen* finden sich regelmäßig auch entrückte Meditationsmeister, ehemalige Drehbuchschreiber für »Star Trek« und psychedelische Künstler. Oder Trostsuchende wie jener Kongressteilnehmer an der Konferenz

---

4 | McGinn C (1989) Mind, S. 349.

5 | Nagel T (1974) The Philosophical Review.

6 | Singer W (2001) »Vom Gehirn zum Bewusstsein«, S. 190.

2006, dessen Frau vor wenigen Monaten gestorben war und der nach eigener Aussage »hier nach Antworten sucht«.

Optimismus zweiter Ordnung

Zweck und Natur des menschlichen Bewusstseins zu ergründen war über Jahrhunderte ein klassisches Hoheitsgebiet der Philosophie. Eine allgemein anerkannte Theorie oder gar eine abschließende Erklärung konnte die Philosophie des Geistes zwar nicht liefern. Dafür steht heute immerhin ein breites Sortiment von möglichen Antworten im Angebot. Sogar verwirrend viele. Die Bandbreite reicht vom Panpsychismus[7] (alles hat Bewusstsein) bis hin zum Mysterianismus.

Letztere Theorie ist eigentlich eine Nichttheorie, die die grundsätzliche Unlösbarkeit des Phänomens Bewusstsein vertritt. Deren reichlich pessimistische Botschaft: Die Verbindung zwischen Gehirn und Bewusstsein ist nicht erklärbar, also lasst uns die Sache einfach vergessen. Um nicht als völliger Spielverderber dazustehen, bietet der Mysterianismus immerhin eine Art Optimismus zweiter Ordnung: »Wir können uns ja wenigstens überlegen, warum wir das Ganze nie verstehen werden«, so die tröstenden Worte eines Referenten an der *Tucson-Tagung.*

Eine der prägendsten Gestalten in der Bewusstseinsforschung der letzten Jahre ist David Chalmers. Auch der Professor für Philosophie an der *Australian National University* in Canberra geht von einer prinzipiellen Unlösbarkeit des Bewusstseinproblems mit konventionellen wissenschaftlichen Methoden aus. Sein »hard problem«, die neuzeitliche Variante der »Ignorabimus« (»Wir werden es nie wissen«)-Annahme: Die Naturwissenschaften zielen prinzipiell am Ziel vorbei, denn sie können nur die »einfachen Probleme« (die allerdings schon kompliziert genug sind) lösen. Selbst die Wissenschaft der Zukunft wird immer nur, wenn auch immer präziser, Aussagen zur Wirkungsweise des Gehirns machen können: So und so funktioniert das Sehen, so speichern wir Erinnerungen, so lernt das Gehirn. Nie aber sei die Frage zu klären, wie und weshalb diese Hirnprozesse von einem bestimmten *Erleben* begleitet sind.

Denn nach Chalmers ist es sehr wohl denkbar, dass alle Prozesse im Gehirn ganz genauso ablaufen, aber nicht von Erleben begleitet sind. Alles funktioniert wie immer, aber »es ist einfach niemand zu Hause«. Chalmers berüchtigtes »Zombieargument« wird denn auch gerne gegen eine ausschliesslich materialistische Deutung des Phänomens Bewusstsein ins Feld geführt. Immerhin bietet Philosoph Chalmers einen Ausweg aus dem Dilemma an, wenn er vor-

---

7 | Einige Anhänger des Panpsychismus postulieren, dass Bewusstsein in Form »protomentaler Eigenschaften« seit Anbeginn des Universums existiert und alle Materie subjektive Eigenschaften oder Bewusstsein habe.

schlägt, das bewusste Erleben als fundamentalen, nicht weiter reduzierbaren Wesenszug anzuerkennen. Bewusstsein könnte einfach eine grundlegende Eigenschaft der Natur sein, vielleicht so, wie es elektromagnetische Wellen gibt oder die Gravitation dazu führt, dass sich zwei Massen anziehen. Zwar wird Bewusstsein durch die physikalische Realität verursacht, aber nicht fixiert – da ist eben noch mehr. Es müsse eine Art Geist in der Maschine geben, so die Leseart der Dualisten. Immer, wenn im Gehirn etwas geschieht, passiert auch etwas im Bewusstsein.

Ein engagierter Vertreter dieser Sichtweise ist auch Pim van Lommel. Der niederländische Kardiologe, der sich vor allem mit der wissenschaftlichen Erforschung von Nahtod-Erfahrungen einen Namen gemacht hat, ist »der festen Überzeugung, dass das Bewusstsein weder an eine bestimmte Zeit noch an einen bestimmten Ort gebunden ist. Dieses Phänomen nennt man Nicht-Lokalität.«[8] In seinem Buch »Endloses Bewusstsein« gibt van Lommel eine Begründung für die Abkehr von seinem ursprünglich klassisch materialistischen Weltbild: »Prospektive Studien zu Nahtoderfahrungen [...] kommen alle zu *einem* gemeinsamen Schluss: In einer Phase der Bewusstlosigkeit sind Bewusstseinserfahrungen möglich, die mit Erinnerungen und manchmal auch mit Wahrnehmungen verbunden sind. In einer solchen Phase weist das Gehirn keine messbare Aktivität mehr auf und alle Gehirnfunktionen, wie Körperreflexe, Hirnstammreflexe und Atmung, sind ausgefallen. Ein klares Bewusstsein ist offenbar unabhängig vom Gehirn und damit unabhängig vom Körper erfahrbar.«[9] Ein Bekenntnis zum Dualismus war auch bereits vor Jahrzehnten vom kanadischen Neurochirurgen Wilder Penfield zu vernehmen: »Obwohl der Inhalt unseres Bewusstseins in bedeutendem Masse von der neuronalen Aktivität des Gehirns abhängt, gilt das nicht für bewusste Aufmerksamkeit [...] Es scheint mir immer vernünftiger anzunehmen, dass Bewusstsein eine eigene gesonderte Substanz sein könnte.«[10]

»Reduktionismus würdigt den Menschen herab«

Gewichtig ist auch der auf Descartes zurückgehende »interaktionistische Dualismus« in der Leseart des Philosophen Karl Popper und des Physiologen John Eccles.[11] Bewusstsein und Gehirn seien der Natur nach zwar grundverschiedene Dinge, würden aber in gewisser Art und Weise miteinander in Wechselwirkung stehen. Nach Popper und Eccles wäre es möglich, dass der immaterielle Geist über eine Beeinflussung quantenmechanischer Felder auf das materielle Ge-

---

8 | Van Lommel P (2009) »Endloses Bewusstsein«, S. 22.

9 | Ebd., S. 170.

10 | Zitiert in Van Lommel P (2009) »Endloses Bewusstsein«, S. 168.

11 | Popper K, Eccles JC (1982) »Das Ich und sein Gehirn«.

hirn einwirkt. Wie genau diese Interaktion stattfinden soll, bleibt allerdings spekulativ und entzieht sich einer empirischen Überprüfbarkeit.

Kritiker geben zu Bedenken, dieser Vorschlag verschiebe lediglich das Erklärungsproblem. Denn nun sei zu klären, wie denn überhaupt so eine Interaktion zwischen Geist und quantenmechanischen Feldern vonstattengehen soll. Immerhin scheint klar, dass nicht nur das Gehirn das Bewusstsein beeinflusst, sondern auch das Bewusstsein das Gehirn. Beispielsweise führt eine Gesprächstherapie nachgewiesenermaßen zu neuroplastischen Veränderungen im Gehirn.

Obwohl selbst Naturwissenschaftler, war Nobelpreisträger Eccles ein vehementer Gegner des biologischen Reduktionismus: »Ich bleibe dabei, dass das Mysterium des Menschen vom wissenschaftlichen Reduktionismus in unglaublicher Weise herabgewürdigt wird, wenn er beansprucht und verspricht, die gesamte geistige Welt letzten Endes auf materialistische Weise mit Mustern neuronaler Aktivität erklären zu können. Dieser Glaube muss als ein Aberglaube betrachtet werden. Wir müssen erkennen, dass wir [...] sowohl geistige Wesen sind, die mit ihrer Seele in einer geistigen Welt existieren, als auch materielle Wesen, die mit ihrem Körper und ihrem Gehirn in einer materiellen Welt existieren.«[12]

Obwohl es gute Gründe gibt, die für einen dualistischen Standpunkt sprechen, sind Sichtweisen dieser Art zur Zeit gerade sehr unpopulär. Ganz besonders unter Naturwissenschaftlern. Längst haben auch in der Bewusstseinsforschung materialistisch orientierte Neurowissenschaftler das Sagen. »›Biologie des Geistes‹, so lautet die neue Formel, unter der die kollektiven Anstrengungen der kognitiven Neurowissenschaften zusammengefasst werden.«[13] Oder wie es der amerikanische Psychologe Richard Haier ausdrückte: »Das Verständnis über die Natur des Bewusstseins entwickelt sich von der philosophischen Debatte zur wissenschaftlichen Methodik.«[14]

Mehr denn je wird Bewusstsein neurobiologisch konzeptualisiert. In den Worten des renommierten Neurophysiologen Wolf Singer bedeutet dies kurz und knapp: »Alles, was wir in dualistischen Leib-Seele-Modellen gern dem Geistigen zuschreiben, ist rein biologisch bedingt.«[15] Ähnliches ist von Singers ebenso renommiertem Kollegen Gerhard Roth zu vernehmen: »Bewusstsein im Sinne individuell erfahrbarer Erlebniszustände ist unabdingbar an Hirnaktivität gebunden. Es gibt keinerlei Hinweise darauf, dass Bewusstsein auch ohne neuronale Aktivität existiert. Alle Erkenntnisse der Neurowissenschaften gehen

---

12 | Eccles JC (1994) »Die Evolution des Gehirns – die Erschaffung des Selbst«, S. 388.

13 | Hagner M (2006) »Der Geist bei der Arbeit«, S. 17.

14 | Haier RJ (2003) Contemporary Psychology, S. 93.

15 | Könneker C (2002) Gehirn und Geist, S. 32.

dahin, dass jedem Bewusstseinszustand ein ganz bestimmter Hirnzustand bzw. -prozess zugrunde liegt.«[16]

Dies ist natürlich keine neue Sichtweise. Schon Hans Berger, der Erfinder der Elektroenzephalographie, hatte in den 1920er Jahren gehofft, mit seinen Hirnströmen die biologischen Korrelate des Bewusstseins entdeckt und damit Physiologie und Psychologie in Einklang gebracht zu haben.[17] Neu ist allerdings die kompromisslose Radikalität, mit der einige Hirnforscher ihren Wahrheitsanspruch vertreten. So lässt Hirnforscher Gerhard Roth keine Zweifel offen: »[Es] ist aus neurowissenschaftlicher Sicht jede Art von Dualismus inakzeptabel, der von einer grundlegenden Wesensverschiedenheit von Bewusstsein (bzw. Geist) und körperlichen Zuständen einschließlich Hirnzuständen ausgeht.«[18] So sieht's aus. Trotzdem, alles eigentlich kein Problem. Im *Gehirn & Geist* Interview gibt sich Roths Kollege Wolf Singer nämlich großzügig: »Menschsein ist nach wie vor etwas Wunderbares. An der Würde, ein bewusstes Wesen zu sein, machen wir ja gar keine Abstriche.«[19]

Je mehr Φ, desto mehr Bewusstsein

Es waren aber weniger die Naturwissenschaftler, als vielmehr die Philosophen, die ursprünglich die Brücke zu einer konsequent materialistischen Sichtweise des Bewusstseins geschlagen haben. So ist der amerikanische Philosoph Daniel Dennett seit langem der Auffassung, Bewusstsein sei nichts anderes als Materie. Daher sei unsere subjektive Erfahrung, dass unser Bewusstsein etwas rein Persönliches ist und sich von anderen unterscheidet, reine Illusion.[20]

Bewusstsein wird als das Produkt einer biologischen Maschine verstanden, vollständig bestimmt durch die Gesetzte von Chemie und Physik. Dem Zeitgeist entsprechend hoch im Kurs sind heute gerade funktionalistische Bewusstseinstheorien. Die gegenwärtig populärste stammt vom italienischstämmigen Psychiater Giulio Tononi, der sich seit langem mit einer zentralen Knacknuss innerhalb der Bewusstseinforschung beschäftigt, nämlich dem rätselhaften »Bindungsproblem«. Also mit der Frage, wie es sein kann, dass wir einen einheitlichen, kohärenten und bruchfreien Strom von Bewusstsein erleben, wo doch die Informationsgrundlagen für unser Erleben – beispielsweise die ver-

16 | Roth G (2001); zitiert in Cechura S (2008) »Kognitive Hirnforschung«, S. 63.

17 | Berger H (1929) Archiv für Psychiatrie; zitiert in Hagner M (2006) »Der Geist bei der Arbeit«, S. 28.

18 | Roth G (2001); zitiert in Cechura S (2008) »Kognitive Hirnforschung«, S. 65.

19 | Könneker C (2002) Gehirn und Geist, S. 33.

20 | Dennett D (1994) »Consciousness Explained«; zitiert in Van Lommel P (2009) »Endloses Bewusstsein«, S. 19.

schiedenen Sinneswahrnehmungen – in verschiedenen Hirnregionen verteilt und mit oft beträchtlichen zeitlichen Unterschieden verarbeitet werden.

Aus den Ergebnissen von Computer-Simulationen hat der Leiter des *Center for Sleep and Consciousness* an der *University of Wisconsin* ein theoretisches Modell abgeleitet, wie das Nervensystem Information verarbeitet, die »Informations-Integrationstheorie des Bewusstseins.«[21] Eine klar formalisierte Hypothese, von der schon begeistert verkündet wurde, sie übersetze »die Poesie unserer bewussten Erfahrung in die präzise Sprache der Mathematik.«[22]

Gemäß Tononis Theorie entspricht das Phänomen Bewusstsein der Fähigkeit eines Systems, komplexe Information zu integrieren. Ein zum Bewusstsein befähigtes System muss dabei zwei grundlegende Eigenschaften aufweisen. Erstens: Differenziertheit, also die theoretische Verfügbarkeit einer riesigen Anzahl möglicher Zustände. Und zweitens die Möglichkeit zur Integration – die Fähigkeit, die aktuell ablaufenden Vorgänge zu einem einzigen einheitlichen Bewusstseinszustand zusammenzufassen. Als Maß dafür hat Tononi den »Φ-Wert« eingeführt.[23] Stark vereinfacht gilt nach der Theorie von Tononi: Je höher der Φ-Wert eines Information tauschenden Systems, desto »mehr« Bewusstsein hat es. Oder etwas differenzierter ausgedrückt: »Bewusstsein entsteht aus dem interaktiven, reziproken und selbst propagierenden Feedback, das man in spezifischen Regelkreisläufen, besonders im thalamocorticalen System, findet.«[24]

Chalmers »hard problem« bleibt stehen

Das Erstaunliche an Tononis mathematischer Theorie zum Bewusstsein ist, dass sie sich bislang widerspruchsfrei mit den Erkenntnissen aus Psychologie und Kognitionsbiologie in Einklang bringen lässt. So kann die Theorie beispielsweise erklären, weshalb bestimmte Hirngebiete für das Bewusstsein notwendig sind, andere hingegen nicht. Oder voraussagen, dass traumloser Schlaf oder generalisierte epileptische Anfälle nicht von bewusstem Erleben begleitet sind. Eine echte Stärke der Bewusstseinshypothese von Tononi ist ihre (prinzipielle) experimentelle Überprüfbarkeit. Noch ist zwar unklar, welche funktionellen Cluster des Gehirns bei einem bestimmten Bewusstseinszustand in die Rechnung einfließen sollen. Per »functional connectivity«-Analyse von MRT-Untersuchungen unter Ruhebedingungen sollte es aber möglich sein, die Φ-Werte für verschiedene Stufen von Bewusstsein abzuschätzen.

21 | Tononi G (2004) BMC Neuroscience; Tononi G (2008) Biological Bulletin.

22 | Zimmer C (2010) New York Times vom 20. 9., S.D1.

23 | Tononis »Phi-Wert« bezeichnet den mathematisch quantifizierbaren Gehalt an integrierter Information in einem komplexen Netzwerk.

24 | Haier RJ (2003) Contemporary Psychology, S. 94.

Zudem lässt die Theorie die Möglichkeit offen, künstliche bewusste Systeme zu erschaffen. Wenn Bewusstsein tatsächlich nur von einer bestimmten Art des Informationsaustausches innerhalb eines Systems mit genügend großer Komplexität abhängt, müsste es im Prinzip auch möglich sein, bewusste Maschinen zu bauen. Aber selbst Tononis formal bestechende Informationsintegrations-Hypothese wird letztlich zur Glaubenssache. Man muss nämlich daran glauben, dass sich das Phänomen Bewusstsein vollständig und restfrei auf Informationsverarbeitung reduzieren lässt. Aber genau das bezweifeln (einige) Hirnforscher und (viele) Philosophen.

Dass Bewusstsein nicht einfach mit Informationsverarbeitung gleich zu setzen ist, belegen zum Beispiel Fälle von Patienten mit Rindenblindheit. Legt man hirnverletzten Patienten mit bestimmten Läsionen in der primären Sehrinde Bilder vor, so versichern diese erwartungsgemäß, wegen ihrer Blindheit nichts erkennen zu können. Werden die Patienten aufgefordert, einfach drauf los zu raten, liegen sie aber mit einer sehr hohen Trefferquote richtig. Bei diesem »blind sight« genannten Phänomen werden visuelle Informationen zwar verarbeitet, steigen aber offensichtlich nicht ins Bewusstsein auf. Und auch aus Tononis formal eleganter Theorie lässt sich nicht ableiten, wieso denn eine komplexe neuronale Informationsverarbeitung *überhaupt* von Erleben begleitet ist. Und erst recht kann die Informations-Integrationstheorie nicht erklären, wie die prinzipiell gleiche Art von Informationsverarbeitung im Gehirn je nach beteiligten Netzwerken zu so vollständig verschiedenen Erlebnisqualitäten führen kann wie Sehen, Hören oder Schmecken. David Chalmers »hard problem« bleibt trotzig stehen wie der Fels in der Brandung.

Neuroquantology

Dass Information die Grundlage einer universellen Physik bilde, davon war schon der amerikanische Quantentheoretiker John Wheeler überzeugt. Und dass dem Begriff »Information« eine zentrale Rolle in einer vollständigen Theorie des Bewusstseins zukommen müsse, fordern einhellig auch die Quantenphysiker, die sich mit dem Problem beschäftigen. Trotz der notorischen Nicht-Anschaulichkeit der Materie, vielleicht aber auch aus purer Verzweiflung über das Scheitern klassisch-physikalischer Ansätze, gewinnt die quantenphysikalische Deutung des Bewusstseins zunehmend an Popularität. Mit »Neuroquantology« hat die »quantum mind community« seit 2003 sogar ihre eigene Fachzeitschrift.

Ganz auf die Karte Quantenbewusstsein setzt auch der Anästhesist Stuart Hameroff. Zusammen mit dem Mathematiker Roger Penrose hat der Narkosearzt mit Glatze und Ziegenbart die bislang vorherrschende Quantentheorie zum Bewusstsein entwickelt. Die beiden Wissenschaftler meinen, den Sitz von Bewusstseinvorgängen in den röhrenförmigen Proteinen, welche das Skelett von Zellen bilden, ausgemacht zu haben. Via noch näher zu bestimmenden quantenbasierten Vorgängen soll in diesen Mikrotubuli Bewusstsein entstehen – so die Ultrakurzfassung der Theorie.

Wie kam es überhaupt dazu, Bewusstsein quantenphysikalisch deuten zu wollen? Alle materiellen Objekte, also auch das menschliche Gehirn, seien sowohl den Gesetzen der klassischen Physik, als auch denen der Quantenmechanik unterworfen, so die Argumentation. Allerdings gibt es keine einheitliche quantenmechanische Interpretation von Bewusstsein, sondern viel mehr ein gutes Dutzend verschiedener Theorien. Alle auf Quantenphysik beruhenden Bewusstseinstheorien haben aber etwas gemeinsam. Nämlich den Anspruch – oder wenigstens die Hoffnung – eine wissenschaftliche Lösung für bislang Unerklärliches bieten zu können. Vom mysteriösen Qualiaproblem bis hin zu parapsychologischen Phänomenen von Telepathie über Hellsehen bis zu Traumbotschaften. Die Quantenphysik soll helfen, das Wechselspiel von Geist und Materie zu begreifen, ohne dazu in die unwissenschaftlichen Niederungen der Esoterik absteigen zu müssen.

Was allerdings fehlt, ist jeglicher empirische Nachweis für die tatsächliche Bedeutsamkeit von Quantenprozessen für das Bewusstsein. Es kommt bisweilen sogar der Verdacht einer reichlich konstruierten Verbindung zwischen Rätselhaftem auf. Das Bewusstsein ist ein Mysterium und die Quantenphysik auch – deshalb hat das eine doch sicher irgendwie mit dem anderen zu tun. Auch für Christof Koch und Klaus Hepp – ersterer Neurowissenschaftler und letzterer Quantenphysiker – braucht es gar keine Quantenphysik, um die Funktionsweise des Gehirns und das Bewusstsein zu erklären. »Obwohl Gehirne der Quantenmechanik gehorchen, scheinen sie keine deren spezieller Eigenschaften auszunutzen. Alle molekulare Maschinen, welche die Zellmembranen überziehen und der neuronalen Erregbarkeit zugrunde liegen, sind so groß, dass sie als klassische Objekte betrachtet werden können«, so die Wissenschaftler in ihrem *Nature*-Artikel »Quantenmechanik im Gehirn«.[25] Und sie stellen eine Grundsatzfrage: »Wieso sollte die Natur sich den unbeständigen und kapriziösen Quantenberechnungen zugewandt haben, wenn klassische neuronale Netzwerke offensichtlich völlig ausreichend sind, um die Probleme zu lösen, welchen sich das Nervensystem ausgesetzt sieht?«[26] Wesentlicher Grund für die enorme Leistungsfähigkeit des Gehirns sei der hohe Grad an paralleler Informationsverarbeitung und nicht die Quantenphysik, erläutern Hepp und Koch weiter.

25 | Koch C, Hepp K (2006) Nature, S. 611.
26 | Ebd., S. 612.

Analogiebildung mit System und Tradition

Trotz routinierter Zuversichtlichkeit zeigte sich auch an der *Tucson VII*-Bewusstseinsforscher-Konferenz 2006, dass eine allgemein akzeptierte oder gar beweisbare Lösung des Rätsels Bewusstsein noch in weiter Ferne liegt. Und dies trotz großem Wissenschaftsoptimismus. Genau genommen tun die Bewusstseinsforscher mit ihren Annäherungen an Informationstheorien und Quantenphysik, was sie schon seit Jahrhunderten tun: sich an den neuesten Trends in Wissenschaft und Technik orientieren, und diese dann in Analogieschlüssen auf das Bewusstsein anwenden.

Die Beweisführung dieser These bedingt einen kleinen Rundgang durch die Wissenschaftsgeschichte. In der »Ventrikellehre« des Mittelalters wurde das Gehirn mit seinen Hohlräumen als Gefäß für die Lebenskraft betrachtet. Dieser »spiritus animalis«, so die Lehrmeinung im 13. Jahrhundert, werde im Gehirn aus dem vom Herzen kommenden »spiritus vitalis« gebildet – und zwar durch einen in den Hirnventrikeln stufenweise ablaufenden Reinigungsprozess. Als Vorbild für diese Ansicht galt das Verfahren der wiederholten Destillation, das sich zu jener Zeit gerade großer Beliebtheit beim Schnapsbrennen erfreute. Später bei Herrn Descartes wurde es dann mechanischer. So glaubte Descartes, dass die von den Sinnesorganen kommenden Nerven Fäden enthalten, die bei Erregung Ventile und Klappen an den Hirnventrikeln öffnen, so dass ein »spiritus sensibilis« aus den Sinnesnerven in die Hirnhöhlen fließen kann. Descartes' an der kunstvollen Mechanik seiner Zeit orientierte Vorstellung führte erstmals dazu, den Menschen als eine zwar höchst komplizierte, im Prinzip aber verstehbare Maschine anzusehen. (Natürlich eine mit unabhängiger, vernunftbegabter Seele versehene Maschine, um dem Dualisten Descartes nicht Unrecht zu tun.)

Wenig später mussten dann mechanische Rechenmaschinen und automatische Puppen als zeitgemäße Vorbilder für die Funktionsweise des Gehirns herhalten. Und die Analogiebildung hatte weiterhin System: Zu Zeiten der Industrialisierung wurde das Gehirn vorübergehend als kompliziertes Uhrwerk, später als eine Art komplexer elektrotechnischer Schaltkreis betrachtet. Noch 1931 publiziert der Psychologe Clark L. Hull im *Journal of General Psychiatry* elektrische Schaltschemen zur Simulation verschiedener psychischer Leistungen, wie zum Beispiel den »bedingten Reflex«. Seine *Psychic Machines* sind noch heute in technischen Museen zu besichtigen.

Es bleibt spannend

Mit dem Aufkommen von Rechenmaschinen in den 1940er und 1950er Jahren schien das Rennen um die Enträtselung des Bewusstseins schon beinahe entschieden. Im Zeitalter der Kybernetik war das Gehirn ein Computer. Turings

Universalmaschine – der technologische Vorläufer der digitalen Computer – wurde als Modell für das Gehirn betrachtet. Wissenschaftshistoriker Michael Hagner hat eine schöne Illustration zum Verhältnis von Computer und Geist in Zeiten der Kybernetik gefunden.[27] In seinem Buch »Der Geist bei der Arbeit« ist der Buchumschlag zum posthum erschienenen Aufsatz »Der Computer und das Gehirn« des Mathematikers und Computerpioniers John von Neumann abgebildet. Darauf zu sehen: Ein Computer. Sonst nichts. Vor allem kein Gehirn. Der Computer, so die Bildbotschaft, *ist* das Gehirn. »Das Gehirn galt den Kybernetikern nicht länger als Organ, in das Intelligenz und Gefühle, Denken und Triebe an verschiedenen Orten eingeschrieben wurden, sondern als eine Funktionseinheit, die Informationen verarbeitet, kommuniziert und Probleme löst.«[28]

Zentralen Akteuren in der Philosophie des Geistes der 1960er und 1970er Jahre wie etwa Hilary Putnam schien dann der Vergleich von Gehirn und Bewusstsein mit der Hard- und Software als verlockend nahe liegend. Wenig später, mit dem Aufkommen von Netzwerken, Servern und dezentral operierenden Arbeitsstationen schien sogar das rätselhafte Bindungsproblem gelöst. In Analogie zum Netzwerk-Server gingen Forscher eine Weile lang davon aus, dass es im Gehirn ein Konvergenzzentrum geben müsste, das alle eingehenden Informationen vereinheitlicht und interpretiert. Doch auch diese Freude war nur von kurzer Dauer. Gerade an den *Tucson-Konferenzen* zeigt sich regelmäßig, dass sich die Computeranalogie bei den Bewusstseinsforschern in einem schweren Popularitätstief befindet.

Auch der streitbare Hirnforscher Wolf Singer winkt ab: »Die moderne Neurobiologie hat uns belehrt, dass wir alle, Descartes eingeschlossen, irrten, dass die tatsächliche Organisation des Nervensystems auf dramatische Weise verschieden ist. Es gibt im Gehirn keinen Agenten, der interpretiert, kontrolliert und befiehlt.«[29] In Anbetracht der historischen Abfolge von stets konsequent an der Moderne orientierten Bewusstseins-Irrtümern darf man bezweifeln, dass mit den gegenwärtig angesagten neurowissenschaftlichen Methoden endlich der große Durchbruch gelingen wird. Es darf weiterhin munter mitgeraten werden.

---

27 | Hagner M (2006) »Der Geist bei der Arbeit«, S. 196.

28 | Ebd., S. 203.

29 | Singer W (2006) »Vom Gehirn zum Bewusstsein«, S. 24.

5. Neuro-Reduktionismus, Neuro-Manipulation und das Verkaufen von Krankheit

A good day for Dad.
A great day for Mom.
A terrific day for the family.
Make it happen. The Zoloft saturday[1]

In einem Kommentar im *Journal of the American Medical Association* fordert Thomas Insel, Direktor des *National Institute of Mental Health*, dass »psychische Erkrankungen als Erkrankungen des Gehirns verstanden und behandelt werden«.[2] Insels Botschaft an die Ärzteschaft ist nicht neu. Dasselbe verlangte vor 150 Jahren auch schon der deutsche Nervenarzt Wilhelm Griesinger. Dennoch ist Insels kategorische Forderung bemerkenswert, hat die Fachwelt doch traditionellerweise psychische Störungen eben gerade *nicht* als primär krankhafte Vorgänge des Gehirns verstanden.

In ihrem Selbstverständnis als »Seelenheilkunde« grenzte sich die Psychiatrie noch bis tief in die zweite Hälfte des letzten Jahrhunderts klar von der Neurologie ab, die sich mit explizit hirnpathologischen Veränderungen und deren Auswirkungen auf Erleben und Verhalten des Menschen beschäftigt. Gerade die Psychoanalytiker sahen psychische Störungen als grundsätzlich nicht mit Medikamenten behandelbar an. In deren Sichtweise konnte man leidenden Patienten zwar kurzfristig mit Medikamenten Linderung verschaffen, eine echte Heilung konnte aber nur die Psychotherapie bringen. Aufgrund ihrer offensichtlich hirnorganischen Beeinträchtigungen fallen hingegen bis heute Epilepsie, Parkinson-Krankheit und Multiple Sklerose in den Zuständigkeitsbereich der Neurologie. Wird in der klassischen Sichtweise die Ursache einer

---

1 | Werbeslogan (1996) für das Antidepressivum Zoloft im Journal of Clinical Psychiatry.
2 | Insel TR, Quirion R (2005) Journal of the American Medical Association, S. 2221.

Befindlichkeitsstörung allerdings in der Domäne des Psychischen vermutet, ist dies ein klarer Fall für den Psychiater.

Zwar zieht schon seit der zweiten Hälfte des 19. Jahrhunderts kaum mehr jemand in Zweifel, dass biologische Prozesse des Gehirns auch für psychische Erkrankungen bedeutsam sind. Dennoch spielen in der traditionellen Weltsicht psychopathologische Vorgänge in erster Linie auf einer immateriellen Bühne. Diese wird wahlweise als Psyche, Seele, Geist oder ganz allgemein als »das Mentale« bezeichnet. Auch wurde allen psychischen Störungen – von Depression und Manie über die Zwangserkrankung bis hin zur Schizophrenie – immer auch eine gewichtige soziale Komponente zugesprochen.

Therapiert wird im synaptischen Spalt

In der modernen Psychiatrie der letzten Jahre wurden sowohl die mentalen als auch die psychosozialen Faktoren psychischer Störungen zunehmend abgewertet und durch eine radikal auf die Biologie reduzierte Sichtweise ersetzt. Der Psychologe Hennric Jokeit und die Journalistin Ewa Hess haben es in ihrem Essay »Neurokapitalismus« auf den Punkt gebracht: »Depression und Angst werden jetzt im synaptischen Spalt zwischen Neuronen verortet und genau dort behandelt.«[3] Auch wenn der Ursprung einer psychischen Malaise im Sozialen liegt – trostlose Kindheit, verkorkste Beziehungen, Mobbing am Arbeitsplatz – therapiert wird vor allem die Biologie. Früher waren Familie oder Umwelt an allem Schuld. Heute ist es das Gehirn.

Zugegebenermaßen ist es einfacher und vor allem praktikabler, Medikamente zu verabreichen, als eine unbefriedigende Arbeitssituation aufzulösen oder einen zermürbenden Scheidungskrieg zu befrieden. Abstriche im Bereich der Sozialpsychiatrie werden aber auch wegen des zunehmenden Spardrucks im Gesundheitswesen gemacht. Ein Umstand, den viele Ärzte bitter beklagen.

Um das »Verschwinden des Sozialen« ging es unlängst auch beim sechsten Kongress der *Gesellschaft für Philosophie und Wissenschaften der Psyche* in der Berliner *Heinrich Böll Stiftung*. Man diagnostizierte, dass »das Soziale im Wissenschaftsbetrieb nicht angesagt ist« (Hans Pfefferer-Wolf) und beklagte, die Sozialpsychiatrie – beziehungsweise was davon übrig ist – sei zu einer »Sozialtechnokratie« verkommen, weit entfernt von der gesellschaftsutopischen Sozialpsychiatrie früherer Zeiten (Martin Heinze). Vor vierzig Jahren noch konstatierte Klaus Dörner: »Psychiatrie ist soziale Psychiatrie oder sie ist keine Psychiatrie«.[4] Die wütende Post-68-Forderung des großen deutschen Psychia-

---

3 | Hess E, Jokeit H (2009) Eurozine.

4 | Dörner K (1972) »Was ist Sozialpsychiatrie?« In den 1960er Jahren sah man psychische Störungen als Pathologien des sozialen Kontaktes: »Weil die gesamte Psychiatrie als ›Pathologie des sozialen Kontaktes‹ zu begreifen sei, müsse sie völlig von der

trie-Reformers wird heute nur noch als naiver Idealismus belächelt. Es besteht kein Zweifel: die Bedeutung der Sozialpsychiatrie befindet sich im verschärften Sinkflug.

Molekularpsychiater im Aufwind

Stattdessen ist die Psychiatrie dabei, endgültig zu einer klinischen Disziplin der Neurowissenschaften zu werden. Es gibt kaum mehr einen Psychiatriekongress, an dem man nicht schon in der Eröffnungsrede die Begriffe »Neuro-Psychiatrie« und »neuro-psychiatrische Erkrankung« zu hören bekommt. »Die Sichtweise, dass psychische Störungen Erkrankungen des Gehirns sind, legt nahe, dass die Psychiater der Zukunft als Neurowissenschaftler ausgebildet werden müssen«, so die logische Schlussfolgerung von *National Institute of Mental Health*-Direktor Thomas Insel.[5]

Ganz groß im Trend ist gerade die »molekulare Psychiatrie«. Diese hat es sich zur Aufgabe gemacht, psychische Erkrankungen auf zellulärer und subzellulärer Ebene zu untersuchen. In *Molecular Psychiatry*, der wichtigsten Fachzeitschrift der Molekularpsychiater, lauten Artikelüberschriften etwa »Das Risiko-Allel für Bipolare Störung auf [dem Gen] CACNA1C trägt auch ein Risiko für rezidivierende Depression und Schizophrenie«[6] oder auch »Keine Verbindung zwischen Serotonin 5-HT(1A) Rezeptoren und Spiritualität bei Patienten mit Depressionen und gesunden Versuchspersonen«.[7]

Offensichtlich sind in der Fachwelt molekulargenetische und zellbiologische Ansätze zum Verständnis psychischer Störungen höchst angesehen, anders ist der astronomisch hohe »Impact Factor« von *Molecular Psychiatry* nicht zu erklären.[8] Bezogen auf den »Impact Factor« hat das Blatt 2009 sogar *Archives of General Psychiatry* überholt – die bislang unangefochten führende Zeitschrift;

Medizin losgelöst werden [...] Der Psychiater solle zukünftig als Soziater seine ganze Aufmerksamkeit auf die soziale Situation und vor allem auf das Kernproblem, die durch unser Gesellschaftssystem bedingte Entfremdung, richten« (Huber G [2005] »Psychiatrie«, S. 369).

5 | Insel TR, Quirion R (2005) Journal of the American Medical Association, S. 2223.

6 | Green EK, Grozeva D et al. (2010) Molecular Psychiatry.

7 | Karlsson H, Hirvonen J et al. (2011) Molecular Psychiatry.

8 | 15.05 gemäß Journal Citation Report 2009. Der »Journal Impact Factor« (JIF) einer Zeitschrift gibt an, wie häufig ein Artikel dieses Journals in einer anderen Zeitschrift zitiert wird, relativ zur Gesamtzahl der im eigenen Blatt erschienenen Artikel. Je höher der JIF, desto renommierter ist eine Fachzeitschrift. Wissenschaftler geben in ihren Publikationslisten häufig einen »persönlichen kumulativen Impact Factor« an und suggerieren, damit die Qualität der eigenen Forschung in einer einzigen Zahl ausdrücken zu können.

das ehrwürdige Flaggschiff unter den Psychiatrieblättern. Damit ist *Molecular Psychiatry* neuerdings die renommierteste aller Psychiatrie-Fachzeitschriften.

Die Psychiatrie unserer Tage basiert letzten Endes auf der radikal reduktionistischen Sichtweise, dass Bewusstsein in all seinen Erscheinungsformen ausschließlich auf elektrische und chemische Aktivitäten unserer Neuronen zurückzuführen sei. Und sollte einmal etwas schief laufen, zum Beispiel bei einer psychischen Störung, dann ist das Gehirn zu reparieren. Die Psyche gesundet damit ganz automatisch, so die implizite Annahme der Neuro-Psychiatrie.[9]

Biopsychiatrie, die neue Medizin des Geistes

Das »Diagnostic and Statistical Manual of Mental Disorders« (DSM) der *American Psychiatric Association* (APA) ist die Diagnostik-Bibel der amerikanischen Psychiatrie und stellt neben dem international gebräuchlichen ICD[10] das wichtigste Klassifikationssystem für psychische Störungen dar. Erklärtes Ziel des einflussreichen DSM war und ist es, psychiatrische Diagnosen einheitlich zu gestalten und damit auch die Vergleichbarkeit von Befunden zu gewährleisten und weltweite Standards zu setzen.

Mit Erscheinen der dritten Edition (DSM-III) im Jahr 1980 landete die vormals höchst angesehene Psychoanalyse im Abseits, das Konzept der Neurose wurde über Bord geworfen und die Psychiatrie den Spielregeln des biomedizinischen Modells unterstellt. Ein paar Jahre nach Erscheinen des DSM-III hat *Yale*-Psychiater Mark Gold die neue Sichtweise in seinem Buch »The Good News About Depression« in einem griffigen Ausdruck zusammengefasst: »Wir [...] nennen unsere Wissenschaft ›Biopsychiatrie‹, die neue Medizin des Geistes.«[11] Die Psychiatrie hatte sich den weißen Kittel der Mediziner angezogen und wurde von nun an auch in der Öffentlichkeit als wissenschaftliche Disziplin wahrgenommen.

---

9 | Die Naturalisierung des menschlichen Geistes ist natürlich nichts Neues, sondern schon seit dem 18. Jahrhundert ein Dauerthema. Nur ein Beispiel zur Illustration: Einer der ersten Vertreter eines konsequenten Physikalismus war der französische Arzt und Philosoph Julien Offray de la Mettrie. Schon in seinem 1745 erschienenen Buch »Naturgeschichte der Seele« hat La Mettrie die damals äußerst unpopuläre Position vertreten, dass psychische Phänomene direkt mit Hirnzuständen und dem Nervensystem zu tun hätten. Dem Zeitgeist entsprechend kam das Buch aber schlecht an und wurde per Gerichtsbeschluss auf den Treppen des Pariser Parlaments verbrannt. Zur Verhaftung ausgeschrieben flüchtete La Mettrie ins tolerantere Holland, wo er 1748 sein berühmtestes Werk, das materialistische Manifest »Die Mensch-Maschine« verfasste. Von da an war La Mettrie »Monsieur machine«.

10 | »International Classification of Diseases«.

11 | Gold M (1987) »The good news about depression«, S.vii.

Aber schon damals wurde über Willkürlichkeit von Krankheitsdefinitionen und Diagnosekriterien heftig gestritten. So hielt Theodore Blau, damaliger Präsident der amerikanischen Psychologenvereinigung, das DSM-III mehr für ein »politisches Positionspapier der American Psychiatric Association als für ein wissenschaftlich fundiertes Klassifikationssystem«.[12] Wohl nicht ganz zu Unrecht, schließlich war es mit der Wissenschaftlichkeit wirklich nicht weit her. Über die einzelnen psychischen Krankheiten und ihre Symptome haben die APA-Psychiater nämlich ganz einfach abgestimmt: Heben Sie die Hand, liebe Kollegen, wenn Sie der Meinung sind, das Symptom AB gehört zur Krankheit XY. Schwer vorstellbar, dass bei einer Versammlung von Diabetologen darüber abgestimmt wird, ob man einen neuen Typ von Zuckerkrankheit einführen soll, oder dass Astronomen darüber abstimmen, ob es schwarze Löcher gibt.

Dürftige Evidenzen, Übertreibungen und unproduktive Ergebnisse

Die Psychiatrie als biomedizinische Disziplin anzuerkennen war auch ganz im Sinn der Patienteninteressen-Verbände, wie der *National Alliance for the Mentally Ill* (NAMI)[13]. Diese Patienten- und Angehörigenorganisation hatte sich 1979 unter anderem aus Protest gegen tiefenpsychologische Theorien gebildet, namentlich gegen die Sichtweise, distanzierte und gefühllose Mütter seien Schuld an der schizophrenen Störung ihrer Kinder.[14] Die neue Ideologie, psychische Störungen nicht länger als mentale, sondern als biologische Erkrankungen zu behandeln, wurde begeistert aufgenommen. Nicht zuletzt deshalb, weil man sich durch die Krankheitsmetapher eine Entstigmatisierung der psychiatrischen Patienten erhoffte. Eine Hoffnung, die sich nur bedingt erfüllt hat.[15]

Für eine weite Verbreitung des biologischen Konzepts der Psychiatrie sorgte 1984 Nancy Andreasens Bestsellerbuch »Das zerbrochene Gehirn«.[16] Angeprie-

---

12 | Kirk S (1992) »The selling of DSM«, S. 115. Die Tatsache, dass Homosexualität bis 1973 im DSM als psychiatrische Krankheit aufgeführt wurde, zeigt, dass Diagnosekriterien mindestens so sehr von kulturellen Normen und politischen Absichten wie von wissenschaftlichen Kriterien abhängen.

13 | Heute heißt die Organisation »National Alliance on Mental Illness«.

14 | Konzept der »schizophrenogenen Mutter« nach Frieda Fromm-Reichmann.

15 | Zwar wurde ein psychiatrischer Patient nun eher von einer persönlichen Schwäche oder einem charakterlichen Versagen entbunden. Es ist ja nicht seine Schuld – sein Gehirn ist Schuld. Allerdings scheint in den Augen vieler Menschen eine psychische Störung fundamentaler abnorm zu sein, wenn diese auf einer Störung der Gene oder des Gehirns beruht, als auf krank machenden Lebensumständen. Der Mensch scheint grundlegender gestört zu sein, wenn sein Gehirn krank ist und nicht nur die »Seele« leidet.

16 | Andreasen N (1984) »The broken brain«.

sen wurde das Buch der amerikanischen Star-Psychiaterin als die »erste umfassende Darstellung der biomedizinischen Revolution in der Diagnose und Behandlung von psychischen Krankheiten«. »Das zerbrochene Gehirn« verkündete die neue Marschrichtung der Psychiatrie geradezu programmatisch: »Die
wichtigsten psychiatrischen Störungen sind Krankheiten. Sie sollten als medizinische Krankheiten betrachtet werden, genauso wie Diabetes, Herzkrankheiten
und Krebs.«[17]

Schon in Andreasens Buch zeigte sich allerdings das Grundproblem, das
auch heute, fast 30 Jahre später, nicht gelöst ist. Nämlich, dass die Hirnforschung mit all ihren hoch technisierten Untersuchungsmethoden gar nicht
zeigen konnte, ob – und vor allem nicht *wo* – das Gehirn denn bei psychischen
Störungen überhaupt »zerbrochen« ist. Es war und ist noch immer eine Behauptung und allenfalls eine Hoffnung für die Zukunft. Es sei nur eine Frage
der Zeit, bis die modernen Verfahren der Hirnforschung alle Rätsel geistiger
Störungen auf biologischer Ebene lösen können, hiess es damals. Doch Andreasens Versprechen ist bis heute uneingelöst geblieben. Die spezifischen biologischen Charakteristika psychiatrischer Störungen liegen noch immer völlig
im Dunkeln.

Schon vor Jahren haben der klinische Psychologe Alvin Pam und der Psychiater Colin Ross die biologische Psychiatrie als »Pseudowissenschaft« bezeichnet und mit harscher Kritik überzogen: »Die Geschichte der biologischen Psychiatrie kann nachgezeichnet werden als Geschichte von ›viel versprechenden‹
Fährten, abschließenden Schlussfolgerungen aufgrund dürftiger Evidenzen,
Übertreibungen als Antwort auf neue Ansätze und letztendlich unproduktiven
Ergebnissen.«[18] Es gäbe immer noch »keinen Beleg dafür, dass es die Biologie
sei, die Schizophrenie, bipolare Störung oder irgendeine andere funktionelle
psychische Störung verursache«, so die Autoren in ihrem Buch von 1995 weiter.[19] Ihr Fazit ist dementsprechend ernüchternd: »Die biologische Psychiatrie
hat in den letzten zehn Jahren keine einzige klinisch relevante Entdeckung gemacht, trotz Hunderten von Millionen an investierten Forschungsgeldern.«[20]

Auch nicht besser sieht es aus, wenn man die allgemein anerkannten Prüf-
kriterien für wissenschaftliche Modelle anlegt: Voraussagekraft, Widerspruchs-
freiheit, Stichhaltigkeit und Relevanz.[21] In allen vier Punkten schneiden die
neurobiologischen Modelle psychischer Erkrankungen jämmerlich schlecht ab.
Bezeichnenderweise gibt es bis auf den heutigen Tag auch kein einziges biologisches Diagnoseverfahren – für keine einzige psychische Störung.

---

17 | Ebd., S. 29.
18 | Ross CA, Pam A (1995) »Pseudoscience in Biological Psychiatry«, S. 42.
19 | Ebd..
20 | Ebd., S. 116.
21 | Z.B. Mitchel S (2008) »Komplexitäten«.

Biologische Marker in die für 2013 geplante fünfte Version des *Diagnostic and Statistic Manual* (DSM-V) aufzunehmen, war eigentlich eines der Hauptziele der *American Psychiatric Association*. Doch die damit beauftragte »Task Force Biologische Marker« des *Weltverbands der Gesellschaften für biologische Psychiatrie* musste schließlich eingestehen, dass dies nicht möglich sein wird.[22] Weder mit Gentests, noch mit klinisch-chemischen Untersuchungen, noch mit bildgebenden Verfahren gelingt es, Normalität von Depression, Manie oder Schizophrenie zu unterscheiden. Mit diesen Untersuchungsmethoden können nur hirnorganische Ursachen erkannt werden – beispielsweise ein Hirntumor, der möglicherweise einer Persönlichkeitsveränderung zugrunde liegt. Wie eh und je werden heute psychiatrische Diagnosen durch klinische Beobachtung, Gespräche mit Patienten und Angehörigen und dem Ausfüllen von Fragebögen gestellt.

Erzwungene Naturalisierung der Psychiatrie

Ein geradezu existenzielles Interesse an der Biologisierung psychischer Störungen hat naturgemäß die pharmazeutische Industrie. Nur wenn Erkrankungen der Psyche als Erkrankungen des Gehirns und somit als biologisches Problem verstanden werden, ist es überhaupt sinnvoll, Medikamente einzusetzen. Durch die forcierte Naturalisierung der Psychiatrie konnte ein riesiger neuer Markt erschlossen werden. Die Biologisierung psychischer Störungen hat aber auch damit zu tun, dass die Psychiater ihrer Zeit sowohl punkto Renommee als auch bezüglich ihrer therapeutischen Möglichkeiten mit den Kollegen aus den nichtpsychiatrischen Fächern gleichziehen wollten. Und das soeben anbrechende Zeitalter der Psychopharmakologie, so die Hoffnung in den späten 1950er Jahren, sollte dies möglich machen.

Während die ärztlichen Kollegen aus der Inneren Medizin längst über eine Reihe spezifischer und effektiver Therapien verfügten[23], haftete den Behandlungsversuchen psychiatrischer Störungen in der Mitte des 20. Jahrhunderts noch etwas vergleichsweise Hilfloses an. Zwar genossen psychodynamisch orientierte Therapieverfahren wie die klassische Psychoanalyse zur Behandlung neurotischer, nicht allzu schwer erkrankter Patienten ein gutes Ansehen. Dennoch – die »talking cures« waren eben keine »magic bullets«,[24] die Patienten

22 | Z.B. Mössner R, Mikova O et al. (2007) World Journal of Biological Psychiatry, S. 141.

23 | Beispielsweise Penicillin und Sulfonamide zur Bekämpfung von Infektionskrankheiten oder die Insulin-Substitutionstherapie bei Diabetes.

24 | Auf den Arzt und Chemiker Paul Ehrlich zurückgehendes Konzept, Medikamente zu entwickeln, die selektiv nur den krankheitsverursachenden Erreger, nicht aber den zu behandelnden Organismus treffen.

in kurzer Zeit nachhaltig heilen konnten. Und für die schwer gestörten stationären Patienten in den Nervenheilanstalten hatte man nur grobschlächtige und aus heutiger Sicht geradezu barbarisch anmutende Therapieverfahren anzubieten. Lassen Sie uns an dieser Stelle einen historischen Blick zurückwerfen auf eine schaurige Therapiewelt aus Schockbehandlung und Psychochirurgie.

Insulinschock macht den Auftakt

Bis zum Jahr 1953, als mit dem Chlorpromazin das erste wirksame Antipsychotikum zur Behandlung schizophrener Störungen zur Verfügung stand, probierte man in den Asylen für Geisteskranke bereits eine ganze Reihe von biologischen Therapieverfahren aus. Den Auftakt machte die Insulinschock-Therapie in den 1930er Jahren – die erste biologische Behandlungsmethode der Schizophrenie überhaupt. Durch Injektion einer hohen Insulindosis wurden Patienten in ein hypoglykämisches Koma versetzt und nach einigen Minuten durch Zufuhr eine Glukoselösung wieder zum Leben erweckt. Diese Prozedur wurde oftmals über mehrere Wochen täglich wiederholt, wobei es aufgrund der Unterzuckerung des Gehirns häufig zu Krampfanfällen kam.

Und so erklärte die *New York Times* im Mai 1937 ihren Lesern die Wirkungsweise der Insulin-Koma Therapie: »Kurzschlüsse des Gehirns verschwinden, die normalen Schaltkreise sind wiederhergestellt und bringen somit gesunden Verstand und Realität zurück.«[25] Weil Insulin-Koma Therapien gefährlich und schwierig durchzuführen waren, galt es für die renommierten Kliniken jener Zeit als Statussymbol, dieses Verfahren anbieten zu können. In mehreren wissenschaftlichen Studien zwischen 1939 und 1942 wurde von beachtlichen Therapieerfolgen mit Besserungsraten von über sechzig Prozent berichtet.[26] Wie so oft in der Medizingeschichte folgte der anfänglichen Euphorie bald Ernüchterung, als sich herausstellte, dass per Insulinschock keine wirklichen Heilungen erzielt werden konnten und die Symptomverbesserungen nur vorübergehender Natur waren.

Mitte der 1930er Jahre wurden auch die »Konvulsionstherapien« entwickelt und als weiterer biologischer Heilansatz in die Schizophreniebehandlung eingeführt. Dieser Therapieansatz war sogar theoriegestützt: In der Annahme, es bestehe zwischen Epilepsie und Schizophrenie ein »biologischer Antagonismus«, hat der ungarische Psychiater Ladislas Meduna bei seinen psychotischen Patienten durch Injektion von *Metrazol* oder *Cardiazol*[27] Krampfanfälle

---

25 | New York Times (1937) Ausgabe vom 15.5.

26 | Ross JR, Malzberg B (1939) American Journal of Psychiatry; Bond ED, Rivers TD (1942) American Journal of Psychiatry.

27 | Kreislaufstimulanzien, die in hohen Dosen Krämpfe auslösen.

ausgelöst. In seinem Buch »Die Konvulsionstherapie der Schizophrenie«[28] berichtet er 1938 von einer »Heilung« bei mehr als der Hälfte seiner Psychotiker. Allerdings waren die Nebenwirkungen drastisch. Nicht nur mussten die Patienten den Horror ertragen, bei vollem Bewusstsein schwere und schmerzhafte Krampfanfälle zu erleiden.[29] Die *Metrazol*-induzierten Krampfanfälle waren oft derart stark, dass es bei einer Vielzahl von Patienten zu Frakturen im Rückenbereich kam. Kein Wunder, dass die Krampfbehandlung unter den Patienten gefürchtet war.

Aufstieg und Fall der Elektrokrampftherapie

Da die italienischen Psychiater Ugo Cerletti und Lucio Bini etwa zur gleichen Zeit die Elektrokonvulsionstherapie entwickelt hatten, wurden die noch nebenwirkungsreicheren pharmakologisch ausgelösten Krampftherapien bereits in den 1940er Jahren wieder aufgegeben. Cerlettis Elektrokrampfbehandlungen wurden hingegen eine echte Erfolgsgeschichte. Nach tausenden von Experimenten mit Stromstößen an Tieren und Patienten glaubte der Psychiater die Wirksamkeit und Sicherheit seines Verfahrens in der klinischen Praxis zeigen zu können.

Bald schon wurde die Elektrokonvulsionstherapie weltweit zur Therapie von Schizophrenie, Manie, depressiven Episoden oder auch von Zwangsstörungen eingesetzt. Trotz unbestreitbarer therapeutischer Erfolge, besonders in der Behandlung schwerster Depressionen,[30] hat die »Elektroschocktherapie« wie kaum etwas anderes dazu beigetragen, das Bild einer menschenverachtenden, missbräuchlichen und geradezu folternden Psychiatrie zu zeichnen. Tatsächlich wurde die Elektrokonvulsionstherapie im Klinikalltag auch dazu missbraucht, schwierige Patienten zu disziplinieren. Ken Keseys Roman »Einer flog über's Kuckucksnest« basiert auf entsprechenden Erfahrungen, die der Autor als Aushilfskraft in einer Psychiatrieabteilung gemacht hat.

»Lobotomie bringt sie zurück nach Hause«

Die radikalste Form einer frühen biologischen Behandlung psychischer Störungen war freilich die Lobotomie. In diesen berüchtigten neurochirurgischen

---

28 | Meduna LJ (1938) »Die Konvulsionstherapie der Schizophrenie«.

29 | Später wurden die Patienten vor der Krampfprozedur mit Scopolamin sediert und die Muskulatur mit Curare entspannt.

30 | Wegen seiner Wirksamkeit bei Depressionen wird die Elektrokonvulsionstherapie (EKT) noch heute in vielen Kliniken angewendet. Die Patienten sind dabei anästhesiert und mit Muskelrelaxantien vorbehandelt. Viele Therapeuten halten die EKT bei schweren Depressionen sogar für die effektivste aller Behandlungsmethoden.

Eingriffen wurden Nervenbahnen im Stirnhirn mit dem Skalpell (»Leukotom«) durchtrennt, beispielsweise solche, die den *Frontalcortex* mit dem *Thalamus*, einer zentralen Schaltstelle im Gehirn, verbinden. Diese »Chirurgie der Seele«, so die *New York Times* vom 7. Juni 1937, »verwandelt in ein paar Stunden wilde Tiere in sanftmütige Wesen.«[31] Der Begründer der Psychochirurgie, der portugiesische Neurologe Antonio Egas Moniz, wurde für seine Erfindung 1949 mit dem Nobelpreis für Medizin geehrt. Viele halten diese Würdigung für die am wenigsten Verdiente der gesamten Medizingeschichte.

Der amerikanische Psychiater Walter J. Freeman hat später Moniz' Operationstechnik zur alltagstauglichen »transorbitalen Methode« weiterentwickelt. Bei Freemans Prozedur wird die Spitze eines Eispickel-ähnlichen Werkzeugs am Auge vorbei in die Augenhöhle eingeführt, mit einem Schlag das *Orbita-Dach* durchtrennt und das dahinter liegende Gewebe durch kreisende Bewegung mechanisch zerstört. Zur Durchführung des Eingriffs war nicht einmal besonderes neurochirurgisches Fachwissen notwendig. Freemans Werbespruch für seine Therapie war übrigens »Lobotomie bringt sie zurück nach Hause«.[32] Ähnlich eingängige Slogans verwendet die Pharmawerbung bis heute.

Die Lobotomie ist keineswegs nur eine medizinhistorische Barbarei aus vergangenen Zeiten. Noch bis vor wenigen Jahren wurden psychochirurgische Eingriffe im Rahmen radikaler Suchttherapien durchgeführt. So wurde in chinesischen Kliniken bis zum Verbot 2004 an mehr als fünfhundert heroinabhängigen Patienten kurzerhand der *Nucleus accumbens* beidseitig mittels chirurgisch gesetzten Läsionen ausgeschaltet. In Russland war man ebenfalls nicht zimperlich. Durch stereotaktische Operation am *Gyrus cinguli* sollte das zwanghafte Denken an die Drogen unterbunden werden. Die russische Gesundheitsbehörde hat diese Eingriffe bereits 2002 ebenfalls verboten. Die intervenierenden Behörden taten dies aus gutem Grund. Selbst wenn die Gier nach Heroin durch solche Radikalkuren tatsächlich verschwinden sollte – niemand kann abschätzen, was eine irreversible Schädigung von Hirnarealen bewirkt, die auch für den Genuss von Essen, Sex oder anderweitig Erfreulichem unabdingbar sind.[33]

Psychopharmaka-Entwicklung ist Glückssache

Mitte der 1950er Jahre wurde ein neues Kapitel der Psychiatriegeschichte aufgeschlagen. Die Ära der Psychopharmakologie, in der wir uns heute mehr denn je befinden, erlebte seine Morgendämmerung. In jener Zeit war die Entwick-

---

31 | New York Times (1937) Ausgabe vom 7.6.

32 | Breggin P (1972) American Journal of Psychiatry, S. 98.

33 | Auch mag man sich fragen, wie »freiwillig« die Einverständniserklärung der Betroffenen war, wenn als Alternative Zwangsentzug und Gefängnis angeboten wurden.

lung von Medikamenten zur Behandlung somatischer Erkrankungen schon halbwegs von einer Vorgehensweise charakterisiert, die man heute als »rational drug design« bezeichnet. Auf der Suche nach »magic bullets« im Sinne Paul Ehrlichs studierten die Forscher Ursachen und Wesen einer Krankheit und suchten aufgrund ihrer Befunde nach einer sinnvollen Behandlungsmethode. Durch diese Vorgehensweise – und dem notwendigen Glück – wurde eine ganze Reihe neuer Antibiotika entdeckt, Mittel gegen Tropenkrankheiten gefunden, die Insulinsubstitution als Standardtherapie der Zuckerkrankheit etabliert und neue Impfstoffe entwickelt.

Bei den Medikamenten gegen psychische Störungen sah es dagegen ganz anders aus. Im Nachhinein hat die Pharmaindustrie zwar den Eindruck erweckt, ihre Psychopharmaka seien auf der Grundlage evidenzbasierten Wissens um die biologischen Vorgänge im Gehirn entwickelt worden. In Tat und Wahrheit ist die Geschichte der Psychopharmakologie nichts anderes als eine Geschichte glücklicher Zufälle.[34] Und das Verdienst einiger aufmerksamer Kliniker, die beispielsweise bemerkten, dass ein vermeintliches Tuberkulosemittel zwar nicht gegen Tuberkulose hilft, dafür aber gut gegen Depressionen sein könnte. Zur Dekonstruktion des Mythos, die Pharmaforschung wüsste genau, was sie tut, nun eine kurze Geschichte der Psychopharmakologie.[35]

Eine Zufallsentdeckung revolutioniert die Psychiatrie

Dem Wirkstoff Chlorpromazin (Markennamen *Largactil* und *Thorazin*) wird heute zugeschrieben, als erstes wirksames Antipsychotikum die psychopharmakologische Revolution der 1950er Jahre ausgelöst zu haben. Die Entwicklung des Chlorpromazins war aber alles andere als planvoll und die Entdeckung seiner antipsychotischen Wirkung einer Reihe von Zufällen zu verdanken. Die Herstellerfirma *Rhône-Poulenc* dachte nämlich anfänglich, mit dem *Thorazin*-Wirkstoff Chlorpromazin ein neues Antihistaminikum[36] gefunden zu haben. Weil die Histaminfreisetzung auch bei chirurgischen Eingriffen ein Problem ist, wurde die Testsubstanz auf einen möglichen Nutzen zur Verringerung von Komplikationen bei Operationen getestet. Henry Laborit, ein junger Chirurg

---

34 | Ban TA (2006) Dialogues in Clinical Neuroscience. Glückliche Zufälle in der Medikamententwicklung gab es natürlich nicht nur bei den Psychopharmaka. Man schätzt, dass etwa bei einem Viertel aller gegenwärtig zugelassenen Medikamente der Zufall im Spiel war (Hargrave-Thomas E, Yu B et al. [2012] World Journal of Clinical Oncology).

35 | Die hier aufgeführte Geschichte der Psychopharmakologie basiert wesentlich auf Healy D (2002) »The Creation of Psychopharmacology« und Whitaker R (2010) »Anatomy of an Epidemic«.

36 | Medikament gegen Allergien, welches die Freisetzung des Botenstoffs Histamin unterdrückt.

der französischen Marine, hat Chlorpromazin als neuen Bestandteil eines »lyti-
schen Cocktails«[37] angewendet und festgestellt, dass seine Testsubstanz bei den
Patienten eine »euphorische Ruhe [...] mit entspanntem und gelöstem Gesichts-
ausdruck« bewirkt.[38] An einer Konferenz in Brüssel im Dezember 1951 berichtete Laborit seinen Fachkollegen, dass Chlorpromazin seine Patienten zuverlässig
in einen Dämmerzustand versetze, eine »veritable medizinische Lobotomie«
mache und deshalb auch in der Psychiatrie von Nutzen sein könnte.[39]

Über einige Umwege erreichte die Neuigkeit auch die französischen Psychiater Jean Delay und Pierre Deniker, die ab 1952 begannen, ihre psychotischen
Patienten am *Hôpital Sainte-Anne* in Paris mit dem neuen Medikament zu behandeln. Ursprünglich noch in Kombination mit anderen Medikamenten und
physikalischen Interventionen wie dem »künstlichen Winterschlaf«.[40] Nachdem die Forscher festgestellt hatten, dass weder andere Medikamente, noch
die Abkühlung der Patienten für die Besserung der Symptome notwendig war,
wurde damit begonnen, Chlorpromazin als Monotherapie bei allen möglichen
Patienten einzusetzen. Schließlich hatte man noch überhaupt keine Ahnung,
für welche Indikation das neue Medikament geeignet sein könnte.

Die Erfolge der neuen Behandlung waren außerordentlich. Agitierte und
manisch-hyperaktive Psychotiker sprachen auf die neue Therapie ebenso an wie
verwirrte und delirante Patienten. Viele Kranke sind nach Jahren der psychotischen Versunkenheit aus ihrer Erstarrung erwacht und begannen, sich mitzu-
teilen. Trotz einer Vielzahl enthusiastischer wissenschaftlicher Publikationen
stieß das neue Medikament bei der Fachwelt anfänglich auf Skepsis. Viele Psychiater waren der Meinung, eine Schizophrenie sei aus prinzipiellen Gründen
nicht heilbar. Andere wiederum dachten, Chlorpromazin sei einfach ein neues
Beruhigungsmittel, wenn auch ein besonders wirksames. Man hat deshalb für
diese neue Klasse von Medikamenten die Bezeichnung »Major Tranquilizer«
eingeführt.[41]

Weil die später so effizient funktionierende Vermarktungsmaschinerie der
Pharmaindustrie damals erst im Aufbau war, zeigte sich Patentinhaber *Rhône-
Poulenc* zunächst mit seiner psychopharmakologischen Entwicklung überfor-
dert. Eine Anwendung ihrer Testsubstanz in der Psychiatrie war ursprünglich

---

37 | Zur Operationsvorbereitung eingesetzte Mischung von Arzneimitteln mit sedieren-
den, schmerzlindernden und angstlösenden Eigenschaften.

38 | Swazey J (1974) »Chlorpromazine in Psychiatry«, S. 79.

39 | Ebd.

40 | Beim Verfahren der »artifiziellen Hibernation« wurden die medikamentös sedier-
ten Patienten mit Eispackungen abgekühlt, wovon man sich einen therapeutischen Effekt versprach.

41 | Die von Delay und Deniker vorgeschlagene Bezeichnung »Neuroleptikum« hat sich
erst später durchgesetzt.

nicht vorgesehen und man wusste auch gar nicht, ob mit Chlorpromazin überhaupt Geld zu verdienen war. Zudem hatte man bei *Rhône-Poulenc* weder Erfahrung mit klinischen Studien in der Psychiatrie noch mit Marketing im Umfeld
von Psychiatern. Und konnte man sich als anständige Firma überhaupt in ein
Gebiet wagen, das andere Ärzte gar nicht als »richtige« Medizin betrachteten?[42]
Trotz aller Skepsis und trotz der Verunsicherung bei *Rhône-Poulenc* hat das
Chlorpromazin Ende der 1950er Jahre von Frankreich, der Schweiz und Kanada
ausgehend einen weltweiten Siegeszug angetreten. Und damit die Psychiatrie
nachhaltig verändert.

Aspirin für die Gefühle

Etwa zur selben Zeit hat der Chemiker Frank Berger bei *Wallace Laboratories* in
New Jersey einen neuartigen Wirkstoff entwickelt, der als Prototyp der »Minor
Tranquilizer« Karriere machen sollte. Wiederum keine Spur von »rational drug
design«, wiederum eine pure Zufallsentdeckung. Berger war ursprünglich auf
der Suche nach einem Antibiotikum, das aber breiter als Penicillin wirken sollte. Dazu synthetisierte er Abwandlungen eines in England gebräuchlichen Des-
infektionsmittels. In den Tierversuchen zur Toxizitätsabschätzung entdeckte
der Chemiker, dass eine seiner Testsubstanzen wirksam die Skelettmuskulatur
entspannte.

Und nicht nur das. Seine sonst durch das Herumexperimentieren gestressten Versuchstiere machten einen ungewöhnlich entspannten Eindruck. Berger
erkannte schon früh das Potenzial, einen angstlösenden Wirkstoff zu entwickeln. Nachdem mit einer weiteren chemischen Abwandlung das Problem der
kurzen Wirkdauer gelöst werden konnte, hatte Berger zwar nicht das erhoffte
neue Antibiotikum gefunden. Dafür aber den zweiten bedeutenden Wirkstoff
im gerade anbrechenden Zeitalter der Psychopharmakologie entwickelt. Mepro-
bamat, so der Name von Bergers Beruhigungsmittel, wurde 1955 unter dem
Namen *Miltown* auf den Markt gebracht.

In den späten 1950er Jahren war *Miltown* in den USA das meist verwendete verschreibungspflichtige Medikament. Schilder mit der Aufschrift »Miltown
ausgegangen« oder »Miltown morgen wieder erhältlich« waren in den Schau-
fenstern amerikanischer Apotheken häufig zu sehen.[43] *Miltowns* Großerfolg lag
nicht nur an den Ärzten, die das Medikament großzügig an alle Patienten verschrieben. Vor allem verlangten die gestressten und ängstlichen Amerikaner
selbst vehement nach der neuen »Ruhepille«, dem »Aspirin für die Gefühle«.[44]
Dies ist bemerkenswert, wenn man bedenkt, dass *Wallace Laboratories* sich an-

---

42 | Healy D (2002) »The Creation of Psychopharmacology«, S. 92-93.

43 | Ban TA (2006) Dialogues in Clinical Neuroscience, S. 340.

44 | Tone A (2009) »The age of anxiety«.

fänglich gar nicht sicher war, ob es überhaupt einen nennenswerten Markt für ein angstlösendes Medikament gibt. Natürlich nicht, weil Amerikaner in den 1950er Jahren Angst, Stress und Panik nicht gekannt hätten. Sondern, weil Amerika in jener Zeit noch ganz und gar im Zeichen der Neurosenlehre Sigmund Freuds stand. Bei Angstzuständen hatte man sich auf die Analysecouch zu legen, so die unbestrittene Lehrmeinung noch wenige Jahre vor *Miltown*.

Aus *Ro 5-0690* wird *Librium*

Die Gepflogenheit, alle paar Jahre eine große Putz- und Entrümpelungsaktion im Labor zu machen, brachte auch einer Schweizer Firma einen unerwarteten Innovationsschub. Leo Sternbach, Pharmazeut bei einem *Hoffmann-La Roche* Forschungsinstitut in New Jersey hoffte zu Beginn der 1950er Jahre, durch Abwandlung von synthetischen Farbstoffen eine irgendwie therapeutisch interessante Substanz zu finden. Obwohl seine ersten Kandidaten pharmakologisch allesamt unwirksam waren, entschied sich Sternbach dazu, eine neue, abweichende Synthesevariante zu realisieren.

Das Fläschchen mit dem neuen Produkt erhielt dann die Etikette *Ro 5-0690* und verschwand erst einmal ungetestet in einem Chemikalienschrank. 1957, Jahre nach der Synthese, wurde das *Ro 5-0690-* Fläschchen bei einer Aufräumaktion wiederentdeckt und den Tierpharmakologen zur Evaluation überlassen. Dort entdeckte man, dass die neue Testsubstanz mit dem Namen Chlordiazepoxid die Versuchstiere mindestens so wirksam beruhigte wie *Miltown*. Wenn die Wissenschaftler ihre Mäuse mit *Ro 5-0690* vorbehandelt hatten, blieben diese nämlich cool, selbst wenn ihnen Stromschläge verabreicht wurden. Dies ganz im Gegensatz zum Flucht- und Aggressionsverhalten, das die Tiere sonst zeigten. *Hoffmann-La Roche* brachte ihren neuen Tranquilizer 1960 unter dem Namen *Librium* auf den Markt. Als erstes Benzodiazepin wurde *Librium* zur Modellsubstanz für die Entwicklung einer ganzen Reihe von Anxiolytika, Muskelrelaxantien und Schlafmitteln, die in den späten 1960er Jahren als »mother's little helpers« Berühmtheit erlangten.

Librium, *Valium* und Co. waren für die Herstellerfirmen zugleich die ersten weltweiten Blockbuster unter den Psychopharmaka. Weil Nervosität, Angst und Schlafstörungen zur condition humaine gehören und in der Bevölkerung weit verbreitet sind, stießen die Benzodiazepine, wie vorher schon *Miltown*, auf einen riesigen Kundenkreis. Diese neue Klasse von Beruhigungspillen schien auch wenig Nebenwirkungen zu haben und im Gegensatz zu den früher gebräuchlichen Barbituraten bei Überdosierung nur selten tödlich zu wirken. Dass auch Benzodiazepine Abhängigkeitsprobleme machen und eine lang andauernde medikamentöse Symptom-Maskierung psychische Störungen sogar chronifizieren kann, wurde erst Jahre später klar. Bis dahin hatte sich das Ge-

schäft mit sedierenden Psychopharmaka schon zu einem blühenden Geschäfts-
zweig mit jährlichem Milliardenumsatz entwickelt. Benzodiazepine werden bis
in unsere Zeit großzügig und vor allem langfristig verschrieben. In einer 2005
publizierten Längsschnitt-Studie mit 530 Angstpatienten haben amerikanische
Wissenschaftler berichtet, dass auch zwölf Jahre nach Diagnosestellung noch
56 Prozent der Patienten mit einer »generalisierten Angststörung« regelmäßig
Benzodiazepine einnehmen. Bei Patienten mit sozialer Phobie ist es etwas weniger als die Hälfte.[45]

Das erste Antidepressivum

Ganz in der Tradition früher pharmazeutischer Innovation wurde auch das erste
Antidepressivum durch puren Zufall entdeckt. Ebenfalls bei *Hoffmann-La Roche*
suchte man etwa zur Zeit, als Sternbach mit Benzodiazepinen hantierte, nach
einem Mittel gegen Tuberkulose. Als man den Wirkstoffkandidaten Iproniazid
an Patienten in Tuberkulosekliniken ausprobierte, stellten die behandelnden
Ärzte fest, dass die Patienten seltsam »energetisiert« und offensichtlich guter
Laune waren. Aufgrund der vermuteten stimmungsaufhellenden Wirkung wurde Iproniazid schon bald auch bei depressiven Patienten getestet. Trotz unzu-
verlässiger Wirkung und einer Reihe von Nebenwirkungen hat Nathan Kline,
Psychiater am *Rockland State Hospital* bei New York, das Medikament mit einer
wohlwollenden Fachpublikation gerettet.[46] Kline und Kollegen berichteten
nämlich, dass das Medikament bei depressiven Patienten sehr wohl Wirkung
zeigt, wenn man es nur lange genug, mindestens während fünf Wochen, verabreicht.[47] 1958 wurde Iproniazid als erstes Antidepressivum zugelassen und
unter dem Namen *Marsilid* vermarktet.

Damit bekamen alt bewährte Drogen Konkurrenz. Wie etwa die klassischen
Amphetamine. Oder auch die gute alte Opiumtinktur, die in den 1950er Jahren
noch gerne gegen Depressionen verschrieben wurde. Glaubt man dem britischen Psychiater Ian Skottowe, sollen mit Opium bei Depressionen durchaus
therapeutische Erfolge zu erzielen sein: »Ich glaube, dies [Opium] ist immer
noch ein nützliches Medikament zur Behandlung von leichten depressiven
Symptomen, auch in Kombination mit Angst, was in der Behandlung ambulan-
ter Patienten so häufig vorkommt«, lässt der Engländer im Mai 1955 das Fach-
blatt *Lancet* wissen.[48] Probleme, so der Psychiater in seinem Brief an *Lancet*

---

45 | Vasile RG, Bruce SE et al. (2005) Depression and Anxiety, S. 63.

46 | Loomer HP, Saunders JC et al. (1957) Psychiatric Research Report of the APA.

47 | Klines Beobachtung aus den 1950er Jahren hat bis heute Gültigkeit. Alle Anti-
depressiva entfalten (wenn überhaupt) ihre volle Wirkung erst im Verlauf mehrerer
Wochen.

48 | Skottowe I (1955) Lancet, S. 1129.

weiter, sehe er keine: »Ich sah nie, dass ein Patient davon süchtig wurde [...]
und meines Wissens kam es nur einmal vor, dass ein Patient [Opiumtinktur] offensichtlich für einen Selbstmordversuch verwendete. Er schluckte schätzungs-
weise sechs Unzen der Mixtur und schlief für etwa vierzehn Stunden. Nach
dem Aufwachen ging es ihm so gut wie seit Monaten nicht.«[49] Doch nicht nur
für das Opium waren die Tage in der Depressionsbehandlung gezählt. Auch
Marsilid war nur ein kurzes Medikamentenleben beschieden. Nachdem es zu
Fällen von Hepatitis gekommen war, wurde *Marsilid* bereits 1961 wieder vom
Markt genommen. Praktisch zur selben Zeit, als Nathan Kline in den USA an
seinen Patienten Iproniazid testete, entdeckte der Schweizer Psychiater Roland
Kuhn die antidepressive Wirkung von Imipramin, einer Neuentwicklung aus
den Labors des Pharmaherstellers *Geigy*. Immerhin, bei dieser Substanz war
der Abstand zwischen eigentlich gesuchter und tatsächlicher Wirkung noch am
kleinsten. Augrund der strukturellen Ähnlichkeit zu Chlorpromazin vermutete
Geigy nämlich eine antipsychotische Wirkung. Die Wahnsymptome verschwan-
den bei Kuhns schizophrenen Patienten zwar nicht, dafür schien sich deren
Stimmung zu bessern.[50] 1958 wurde Imipramin unter dem Markennamen *Tofranil* eingeführt.

Die Pharmaindustrie macht ihre erste Milliarde

Bis 1953 hatten die Psychiater gerade einmal zwei grundlegende Handlungs-
optionen. Bei nicht allzu schwer kranken Patienten konnte man versuchen,
mittels Psychoanalyse die unbewussten Gründe des Leidens zu erkunden und
in einem langwierigen, aber stetigen Prozess aufzulösen.[51] Oder man konnte
mit brachialen Methoden von Insulin-Schocktherapie bis Psychochirurgie am
Wahnsinn herumdoktern. Auch wenn kein einziges Medikament aufgrund
wissenschaftlicher Erkenntnisse über verursachende Krankheitsprozesse oder
Gehirnabnormalitäten entwickelt wurde, hatte sich das therapeutische Arsenal
der Psychiatrie in der kurzen Zeitspanne von 1953 bis 1960 massiv erweitert.
　　Plötzlich standen ein Medikament gegen Psychosen, zwei gegen Angstzustände und zwei gegen Depressionen zur Verfügung. Mit dem Anbruch des psychopharmakologischen Zeitalters schaffte die Psychiatrie endlich den Sprung
in die therapeutische Moderne. Die Psychiater waren dem Ziel, ihre Fachrichtung als »richtige« medizinische Disziplin zu etablieren, einen großen Schritt

---

49 | Ebd.

50 | Heute würde man wohl davon reden, dass sich die »Negativ-Symptomatik« der
schizophrenen Patienten gebessert hat.

51 | Selbstverständlich ist auch heute noch eine Psychoanalyse in vielen Fällen sinn-
voll und kann Befinden und Lebensqualität eines Patienten nachhaltig verbessern (z.B.
Shedler J [2010] The American Psychologist).

näher gekommen. »Magic bullets« wie die Antibiotika hatte man zwar immer noch nicht, aber immerhin war es nun möglich, psychische Störungen auch mit Medikamenten halbwegs gezielt anzugehen. Nun galt es für die Pharmaindustrie, die neuen Psychopharmaka effektiv zu vermarkten.

In den USA konnte sie dazu auf eine Allianz zurückgreifen, die bereits ein paar Jahre früher im Zusammenhang mit Medikamenten gegen somatische Krankheiten geschmiedet wurde. Der Ärzteverband *American Medical Association (AMA)* war eine Art Vorläufer der späteren amerikanischen Zulassungsbehörde *FDA*.[52] In den jährlich erscheinenden »Useful Drugs«-Kompendien wurden alle Medikamente aufgelistet, von denen die Ärzte der *AMA* der Ansicht waren, sie seien nützlich und sicher. Aber statt ihre unabhängige Kontrollfunktion weiterhin wahrzunehmen, wurde die *AMA* ab Mitte der 1950er Jahre zunehmend zu einer gut bezahlten Werbeplattform der pharmazeutischen Industrie. So begann der Pharmahersteller *Smith Kline & French* zusammen mit der *AMA* ein Fernsehprogramm mit dem Titel »The March of Medicine« zu produzieren. In dieser TV-Serie wurden auch die neuen »Wunderdrogen« vorgestellt, die auf den Markt kamen. Ärzte der *AMA* gaben Zeitungsreportern Interviews zu neuen Medikamenten und wiederholten dabei mehr oder weniger das, was ihnen von den PR-Abteilungen der Pharmafirmen gesagt wurde.[53]

Die pharmazeutische Industrie hatte damals noch eine hervorragende Presse und dieser erste groß aufgezogene mediale Marketingfeldzug zeigte Wirkung. Schon 1957 wurden Pharmafirmen zu den Lieblingen von Wall Street, weil sie in den USA erstmals Verkaufserträge von mehr als einer Milliarde Dollar machten. Im Vergleich zu den gegenwärtigen und prognostizierten Umsätzen der Pharmaindustrie ein Taschengeld. IMS, eine Beratungsfirma für Pharma-Marketing schätzt, dass der weltweite Markt für pharmazeutische Produkte bis 2014 auf ein jährliches Volumen von 1,1 Billionen Dollar ansteigen wird.[54]

Passgenauigkeit durch Umbenennung

Dass der Zeitgeist in der Psychiatrie in den 1950er Jahren noch keineswegs auf eine biologische Sichtweise fixiert war, zeigt der betont diplomatische Umgang von *Smith Kline & French* mit den Psychoanalytikern. Damals waren die meisten Psychiater an den medizinischen Fakultäten Freudianer, die hinter psychischen Störungen unaufgelöste Konflikte sahen. Um die Psychoanalytiker mit ihren neuen Medikamenten nicht zu vergraulen, haben die Pharmaproduzenten in der ersten Kampagne noch explizit darauf hingewiesen, dass ihre Arzneien

---

52 | »Food and Drug Administration«.

53 | Mintz M (1965) »The Therapeutic Nightmare«, S. 481.

54 | Besondere Hoffnung setzt die Pharmaindustrie auf das Entwicklungspotenzial der »pharmerging markets« wie China, Indien oder Brasilien, vgl. www.imshealth.com

Geisteskrankheiten zwar nicht von sich aus heilen, Patienten aber soweit entspannen könnten, dass sie einer Behandlung durch den Therapeuten zugänglich werden. *Thorazine* und *Miltown* seien lediglich »Hilfsmittel für die Psychotherapie, keine Heilmittel«, berichtete auch die *New York Times*.[55] Wie sich die Zeiten doch geändert haben. Heutzutage gelten Psychopharmaka vielen Befürwortern der biologischen Psychiatrie sehr wohl als authentische Heilmittel. Im Gegenzug mag die Psychotherapie mitunter nur noch, wie der Analytiker Joachim Küchenhoff nicht ganz frei von Sarkasmus befindet, »[b]iologisch denkenden Psychiatern als Complianceförderung zur besseren Medikamentenverordnung gelten.«[56]

Aber schon Mitte der 1960er Jahre hatte sich das Image der neuen Psychopharmaka deutlich gewandelt. Schritt für Schritt wurden neue therapeutische Klassen eingeführt und die alten »Beruhigungs- und Aufbaumittel« im Nachhinein per Umbenennung aufgewertet. Aus den »Major Tranquilizern« wurden »Antipsychotika«, aus den »Minor Tranquilizern« wurden »Anxiolytika« und aus allgemeinen »psychischen Energiespendern« wurden »Antidepressiva«. Da war sie nun plötzlich, diese scheinbare Spezifität, diese vermeintlich passgenaue medikamentöse Antwort auf alle psychischen Leiden.

Die zunehmend pharmakozentrische Sichtweise der Psychiatrie hatte in den 1970er und 1980er Jahren weitere Gebietsgewinne zu verzeichnen. Durch Abwandlung bereits etablierter Wirkstoffe wurden dem therapeutischen Arsenal in rascher Folge immer neue Varianten von Anxiolytika, Antidepressiva und Antipsychotika hinzugefügt. Der ganz große kommerzielle Erfolg kam für die Pharmaindustrie aber erst mit der Entwicklung und Vermarktung einer neuen Klasse von Psychopharmaka, den »Selektiven Serotonin-Wiederaufnahme-Hemmern« (abgekürzt SSRIs). Deren Prototyp *Prozac* ist zu einem Symbol der 1990er Jahre geworden: »Prozac wurde ein Alltagswort, ein Inbegriff der modernen Pharmakologie, mit jährlich Millionen von Verschreibungen und zahlreichen darauf Bezug nehmenden Kultromanen, Filmen und Memoiren. Wie etwa Lauren Slaters ›Prozac Diary‹ oder der Film ›Prozac Nation‹«.[57] Ärzte verschrieben *Prozac* nicht nur bei Depressionen, sondern auch bei weit verbreiteten persönlichen Problemen wie Empfindlichkeit auf Kritik, Angst vor Zurückweisung oder mangelndem Selbstvertrauen.[58] Die bis heute andauernde Erfolgsgeschichte von *Prozac* und Co. ist allerdings mehr als nur erstaunlich, wenn man die bewegte und wechselhafte Geschichte dieser zweiten psychopharmakologischen Revolution betrachtet. Eine Revolution, die letzten Endes

55 | New York Times (1957) Ausgabe vom 7.4.
56 | Küchenhoff J (2010) Psyche, S. 893.
57 | Frazzetto G, Anker S (2009) Nature Reviews Neuroscience, S. 819.
58 | Barondes SH (1994) Science.

auf dem Sieg des pharmazeutischen Marketings über die wissenschaftlichen Fakten beruht.

Prozac mit Startschwierigkeiten

Am Anfang lief es in den Versuchslabors von *Eli Lilly* gar nicht rund mit ihrer neuen Testsubstanz. In den späten 1970er Jahren war aus mechanistischen Rezeptor-Studien gerade einmal bekannt, dass der *Prozac*-Wirkstoff Fluoxetin die Serotonin-Konzentration in den Synapsen von Nervenzellen erhöht. Weil man keine Ahnung hatte, was dies für physiologische Auswirkungen hat, machte man eine Reihe von Tierversuchen. Die Ergebnisse waren wenig ermutigend: Versuchsratten fielen in Verhaltens-Stereotypien, Hunde und Katzen entwickelten aggressives Verhalten.[59]

Nach weiteren präklinischen Abklärungen führte der Pharmakonzern 1977 seine erste kleine Studie an Patienten durch, aber »keiner der acht Patienten, die die vierwöchige Behandlung durchhielten, zeigten eine klare medikamentös bedingte Verbesserung« ließ *Prozac*-Entwickler Ray Fuller seine Kollegen wissen.[60] Die Testsubstanz hatte laut internem Bericht des Pharmakologen auch eine »beträchtliche Zahl von Berichten über Nebenwirkungen« verursacht. Ein Patient wurde psychotisch, ein anderer litt an schwerer psychomotorischer Unruhe.[61] Die klinischen Studien hatten kaum begonnen, schon war klar, dass *Eli Lilly* ein Problem mit ihrer neuen Substanz hatte. Gegen Depressionen schien es nicht besonders wirksam zu sein und verursachte zudem schwere Nebenwirkungen wie Akathisie.[62] Wie es gelang, die problematische Testsubstanz trotz aller faktischen Widrigkeiten durch die klinischen Studien und zuletzt auch noch durch die Kontrolle der Zulassungsbehörden zu bringen, wurde erst Jahre später im Zusammenhang mit einem blutigen Amoklauf bekannt.

Ein Drucker läuft Amok

Joseph Wesbecker ging es schon lange schlecht. Am 14. September 1989 hatte er genug. Ausgerüstet mit halbautomatischen Waffen und einer *SIG Sauer* 9mm Pistole betrat der 47-jährige Drucker seinen früheren Arbeitsort *Standard Gravure* in Louisville, Kentucky. Innerhalb einer halben Stunde erschoss Wesbe-

---

59 | Breggin PR (2008) »Brain-disabling Treatments in Psychiatry«, S. 390.

60 | Aus dem »Fluoxetine Project Team Meeting« vom 31.7.1978, www.healyprozac. com

61 | Ebd.

62 | Akathisie (»Sitzunruhe«) ist eine schwere psychomotorische Unruhe, die sich in einer quälenden inneren Getriebenheit und einem nicht kontrollierbaren Bewegungsbedürfnis äußert.

cker acht seiner ehemaligen Arbeitskollegen, verletzte zwölf weitere und nahm sich danach das Leben.[63] Jener 14. September 1989 war nicht nur für *Standard Gravure* ein schlechter Tag, sondern auch für *Eli Lilly*. Wesbecker hatte nämlich weniger als vier Wochen vor dem Massaker von seinem Psychiater *Prozac* gegen seine Depressionen verschrieben bekommen. Der *Prozac*-Hersteller, der im Jahr zuvor in den USA die Zulassung für seinen »Selektiven Serotonin-Wiederaufnahmehemmer« bekommen hatte, sah sich einem zivilrechtlichen Gerichtsverfahren ausgesetzt. Die Anwälte der Hinterbliebenen der Wesbecker-Opfer klagten *Eli Lilly* nämlich an, ihr Antidepressivum sei der Auslöser für die Bluttat des unglücklichen Druckers gewesen.[64]

Nach jahrelanger Prozessvorbereitung standen sich im Herbst 1994 Vertreter von *Eli Lilly* und die Anwälte von 27 Überlebenden und Familienangehörigen der Wesbecker-Opfer in einem Gerichtssaal in Louisville gegenüber. Zuerst einmal machten sich die Anwälte der Verteidigung daran, Lee Coleman auf ihre Seite zu ziehen, der als behandelnder Psychiater Wesbeckers ein wichtiger Zeuge der Anklage war.[65] Wie Notizen in Wesbeckers Krankengeschichte und Aussagen in der Vorverhandlung belegen, war Coleman nämlich der erste, der die dramatischen Veränderungen seines Patienten mit *Prozac* in Verbindung brachte. Wenige Wochen nachdem Wesbecker auf *Prozac* umgestellt wurde, sah Psychiater Coleman einen psychomotorisch schwer agitierten, schlafgestörten Patienten mit zerfahrenem Denken und Tränenausbrüchen in den Therapiesitzungen – was vorher nie vorgekommen war. In einer Krankenakten-Notiz äußerte Coleman den Verdacht, *Prozac* könnte Auslöser der Verhaltensänderung seines Patienten sein. Wesbecker verweigerte den Rat seines Psychiaters, *Prozac* sofort abzusetzen. Er begründete dies damit, das Medikament würde ihm helfen »sich an einen Vorfall von sexuellem Missbrauch am Arbeitsplatz zu erinnern«.[66] Joseph Wesbecker gab an, vor allen Mitarbeitern zu oralem Sex mit einem Vorarbeiter gezwungen worden zu sein. Es scheint außer Zweifel, dass Wesbecker den Bezug zur Realität verloren hatte und in einen agitierten, psychotischen Zustand geraten war. Drei Tage später eröffnete Wesbecker das Feuer auf seine Kollegen bei *Standard Gravure*.

---

63 | Ausführlich beschrieben ist der Fall Wesbecker in Breggin PR (1995) »Talking back to Prozac«, S. 129ff, Glenmullen J (2000) »Prozac Backlash« S. 165ff und Healy D (2004) »Let them eat Prozac«, S. 64ff .

64 | Vgl. dazu auch Cornwell J (1996) »The Power to Harm: Mind, Murder and Drugs on Trial«.

65 | Die »Behandlung« beschränkte sich im Wesentlichen auf monatliche Sitzungen von zwanzig Minuten Dauer, in denen Medikamente angepasst und grundlegende Probleme besprochen wurden. Wesbecker erhielt keinerlei supportive Psychotherapie.

66 | Glenmullen J (2000) »Prozac Backlash«, S. 180.

Was denn nun: Biologie oder Biographie?

Lillys Armada von Anwälten entfachte vor Gericht eine Diskussion darüber, ob es überhaupt grundsätzlich möglich sei, zu beweisen, dass *Prozac* den blutigen Amoklauf des Druckers ausgelöst habe. In *Lillys* Werbekampagnen zu *Prozac* wird menschliches Erleben und Verhalten auf ein chemisches Ungleichgewicht im Gehirn reduziert, das per Medikamentengabe ausgeglichen werden kann. In dieser Logik ist das Schicksal des Menschen durch seine Hirnchemie und nicht durch seine Biographie bestimmt. Vor Gericht tönte es von Seiten der *Lilly* An-wälte nun plötzlich ganz anders. Diese beharrten nämlich darauf, Wesbeckers persönliche Geschichte, seine tragische Kindheit und der Stress am Arbeits-platz hätten zur Bluttat bei *Standard Gravure* geführt. Ihr Medikament und sei-ne Wirkung auf die Hirnchemie hätten damit rein gar nichts zu tun.[67] Letzten Endes wird nie zu klären sein, was für eine Rolle *Prozac* in der verhängnisvollen Verhaltensänderung Wesbeckers gespielt hat. Es ist natürlich nicht auszuschlie-ßen, dass der Drucker seinen Amoklauf auch unmediziert durchgeführt hätte. Interessant am »Fall Wesbecker« ist denn auch weniger die Frage nach der tat-sächlichen Rolle von *Prozac*, als vielmehr die Einsicht in die internen Gepflo-genheiten von *Eli Lilly*, die dieser Prozess erst möglich gemacht hat.

Eli Lilly manipulierte klinische Studien

Im Rahmen von Gerichtsverfahren können Firmenangestellte, Gutachter und Studienleiter zur Aussage unter Eid verpflichtet werden. Zudem erhalten An-wälte und Experten Einsicht in interne Firmendokumente.[68] Im Fall der Wesbe-cker-Verhandlung hat dies zu Enthüllungen über die Firmenpolitik von *Eli Lilly* und deren Umgang mit Suizidalität im Zusammenhang mit *Prozac* geführt. So wurde bekannt, dass bereits in den ersten klinischen Tests in den 1970er Jahren einige depressive Patienten mit akuter Angst und Agitiertheit auf die Verabrei-chung von *Prozac* reagierten. Bereits 1979 schrieb *Prozac*-Entwickler Ray Fuller: »Einige Patienten wechselten innerhalb weniger Tage von schwerer Depression zu Agitiertheit [...] In zukünftigen Studien wird die Verwendung von Benzodi-azepinen[69] zur Kontrolle der Agitiertheit gestattet sein.«[70] Dieses abgeänderte Versuchsprotokoll führte dazu, dass in den groß angelegten klinischen Tests

---

67 | Glenmullen J (2000) »Prozac Backlash«, S. 183-184.
68 | Die Psychiater Peter Breggin und David Healy waren ebenfalls Gutachter im Wes-becker Case. Deren detaillierte Protokolle des Verfahrens sind in Breggin PR (1995) und Healy D (2004) nachzulesen.
69 | Sedierende Medikamente vom Valium Typ.
70 | »Fluoxetine Project Team Meeting« vom 23.7.1979, vgl. Transkript der Wesbecker Verhandlung in Cornwell J (1996), S. 182.

mit *Prozac* alle Patienten, die Angstzustände erlebten, psychomotorisch erregt waren oder über Schlafstörungen klagten, zusätzlich ein Beruhigungsmittel verabreicht werden durfte. *Valium*-ähnliche Sedativa wurden großzügig eingesetzt, um die unerwünschten Nebeneffekte zu maskieren.

Nicht nur ist ein derart verfälschendes Studienprotokoll ganz und gar unwissenschaftlich. Man mag sich auch fragen, warum denn die offenbar notwendige zusätzliche Verabreichung von Beruhigungsmitteln später nicht auch in den offiziellen Verschreibungsrichtlinien vorgeschlagen wurde. Ganz offensichtlich wollte man dem Ruf des neuen Medikaments nicht schaden. Nancy Lord, Ärztin und Sachverständige der amerikanischen Arzneimittel-Zulassungsbehörde *FDA* fand deutliche Worte:»Sie [die Patienten] einfach zu sedieren um diese Vorkommnisse [Angst, Agitiertheit und Schlaflosigkeit] zu einem kleineren Problem zu machen und dies dann nicht offen zu legen war missbräuchlich.« Diese Praxis hätte zu einer »völligen Verschleierung dessen geführt, was dieses Produkt [*Prozac*] mit der Psyche der Leute macht.«[71]

Martin Teicher, Direktor des *Developmental Biopsychiatry Research Program* am *McLean Hospital* in Belmont war einer der ersten Wissenschaftler, der auf einen möglichen Zusammenhang von Antidepressiva-Gabe und Suizidhäufung aufmerksam gemacht hat. Bereits 1991, Jahre vor der Wesbecker Gerichtsverhandlung, gab Teicher bei einer *FDA* Anhörung zur Sicherheit von *Prozac* zu Protokoll: »Wir wissen, dass einige dieser Medikamente vor allem zu Beginn eine Verschlimmerung der Angst bewirken und manchmal Panikattacken auslösen können. Wenn bei einem Patienten, der bereits depressiv ist, eine Panikattacke hinzukommt, kann dies der Tropfen sein, der das Fass zum überlaufen bringt. In diesen Fällen kann es vorkommen, dass Patienten Selbstmord begehen, die sich sonst nicht das Leben genommen hätten.«[72]

Für das Problem akut auftretender Suizidalität während den klinischen Tests fanden die *Lilly* Studienleiter ebenfalls eine elegante Lösung. Nach Aussage der *FDA*-Expertin Lord wurden Suizidgedanken in den Studienunterlagen routinemäßig als »Depressionssymptome« gekennzeichnet und in den Datenbanken entsprechend kodiert.[73] Anstatt dem Problem die gebotene Aufmerksamkeit zu widmen, wurden solche Äußerungen einfach der depressiven Grunderkrankung des Patienten zugeschrieben. Es liege halt im Wesen der Depression, dass sich Patienten suizidieren wollten. Ein frühes Beispiel für eine Strategie, die bis

---

71 | Aus dem Transkript der Wesbecker Verhandlung, vgl. Cornwell J (1996), S. 199-200.

72 | Teicher M (1991) Transcript of the FDA, Psychopharmacological Drugs Advisory Committee, S. 285.

73 | Cornwell J (1996), S. 198. Eine ähnliche Strategie wurde später bei klinischen Studien mit dem SSRI Paroxetin verfolgt. Was in den Unterlagen als »emotionale Labilität« vermerkt wurde, war in Wirklichkeit suizidales Verhalten.

heute verfolgt wird, wenn es zu Problemen mit Arzneimittel-Nebenwirkungen kommt: Die Krankheit ist schuld, nicht die Behandlung.[74]

Suizid unter klinisch kontrollierten Bedingungen

Ein Selbstmord ist in aller Regel der tragische Endpunkt einer ganzen Kette von auslösenden Faktoren. Und einer dieser Faktoren kann die Einnahme von Antidepressiva sein. Dass man gar nicht depressiv sein muss, um sich unter der Akutwirkung bestimmter Psychopharmaka das Leben zu nehmen, wurde 2004 in dramatischer Weise deutlich. Die 19-jährige Studentin Traci Johnson hatte sich während einer klinischen Studie mit dem *Prozac*-verwandten Antidepressivum *Cymbalta*[75] in einem *Lilly* Labor in Indianapolis im Badezimmer erhängt. Ein Selbstmord unter klinisch kontrollierten Bedingungen. Die junge Frau, die sich mit dem Medikamententest etwas Geld für ihr Studium dazu verdienen wollte, war gemäß medizinischer Voruntersuchung physisch und psychisch völlig gesund. Dies war nämlich Voraussetzung für die Studienteilnahme. Hätte die Studentin Anzeichen von Depressionen oder anderen psychischen Problemen gezeigt, wäre sie als Probandin gar nicht genommen worden.

Auch hier sprachen die *Eli Lilly* Verantwortlichen von einem »tragischen Einzelfall« und konnten keinerlei Zusammenhang mit der Testsubstanz Duloxetin erkennen. Alan Breier, *Lillys* leitender medizinischer Direktor, erläuterte im Interview mit der *New York Times*, dass sein Unternehmen wahrscheinlich nie werde beantworten können, warum sich die Probandin umgebracht hat: »Die meisten Menschen, die [...] Selbstmord begehen, lassen Hinterbliebene zurück, die sich diese Art von Fragen stellen. Und nur weil dies passiert, während jemand ein Medikament nimmt, bedeutet nicht, dass das Medikament dies verursacht hat.«[76]

Und wie endete damals die Wesbecker-Verhandlung? Nachdem es den Anwälten der Anklage nach langen Verhandlungen gelungen war, Richter John Potter davon zu überzeugen, *Lillys* frühere Täuschungsmanöver im Zusammenhang mit anderen Medikamenten[77] als Beweismittel vor Gericht zuzulassen,

---

74 | Die Strategie, Medikamenten-Nebenwirkungen als Symptome der Grundkrankheit zu interpretieren hat eine lange Tradition. So wurden frühe Fälle von »extrapyramidal-motorischen Nebenwirkungen« unter Neuroleptika-Behandlung gerne als »hysterische Reaktion« der Patienten abgetan.

75 | Cymbalta enthält den Wirkstoff Duloxetin. Dieser »Selektive Serotonin-Noradrenalin-Wiederaufnahmehemmer« ist in der EU seit Dezember 2004 zur Behandlung von depressiven Erkrankungen und Angststörung zugelassen.

76 | Harris G (2004) New York Times vom 12.2.

77 | Die Verteidigung wollte unter anderem Lillys Prozessakten zu den Verhandlungen über das Schmerzmittel Oraflex einbringen. Aufgrund schwerer Nebenwirkungen mit To-

machten die genau gleichen Anwälte unvermittelt einen Rückzieher und gaben Umkehrschub. Unter dem sehr überraschenden Vorwand, die Verhandlungen zu einem möglichst schnellen Ende bringen zu wollen, verzichtete die Anklage auf die gerade vorher noch vehement eingeforderten Beweismittel. Das Verfahren wurde wenig später geschlossen und endete formell mit einem Freispruch für *Prozac* und *Lilly*.

Dessen Vorstandsvorsitzender Randall L. Tobias verkündete triumphierend in der *New York Times*, dass sein Unternehmen nun »im Gerichtssaal, wie früher schon bei mehr als siebzig Wissenschafts- und Zulassungsbehörden auf der ganzen Welt bewiesen habe«, dass *Prozac* »sicher und wirksam ist.«[78] In Wahrheit war das Ende des Wesbecker Prozesses eine reine Farce. Wie erst Jahre später bekannt wurde, hatten sich die Anwälte in geheimer Absprache hinter den Kulissen geeinigt. *Eli Lilly* hat den Hinterbliebenen eine Menge Geld dafür bezahlt, einen für *Prozac* günstigen Prozessausgang nicht zu behindern. Weil *Lillys* Anwälte eine Stillschweige-Vereinbarung getroffen hatten, ist bis heute nicht bekannt, wie viel Geld geflossen ist. Die spätere Aussage eines Anwalts lässt allerdings erahnen, wie viel Geld im Spiel war: »Es ist ein unglaublicher Betrag. Es übersteigt das Vorstellungsvermögen.«[79] So gewaltig die Abfindungen im »Wesbecker Case« für *Eli Lilly* auch gewesen sein mögen, für den Pharmakonzern war es gut investiertes Geld. Damit konnte nämlich eine drohende Flut weiterer Prozessklagen im Zusammenhang mit *Prozac* abgewendet werden. Und der formelle Freispruch führte, da medienwirksam verkündet, sogar zu weiter ansteigenden Verschreibungs- und Umsatzzahlen.

Scientologys Imageproblem hilft *Eli Lilly*

Unbeabsichtigte Schützenhilfe bekam *Prozac* in jener Zeit auch von anderer Seite – von der *Scientology* Kirche. Mit radikalen Kampagnen opponierten die Scientologen schon seit langem gegen jede Art von pharmakologischer Intervention in der Psychiatrie.[80] Dass sich *Scientology* nun auch des Themas an-

---

desfällen wurde Oraflex im August 1982, nur drei Monate nach Einführung in den USA, wieder vom Markt genommen. In einer Untersuchung kam das Justizdepartement damals zum Schluss, *Lilly* hätte die FDA in die Irre geführt, indem sie in klinischen Studien aufgetretene Nebenwirkungen unterschlagen hätte.

78 | New York Times (1994) Ausgabe vom 13.12.

79 | Glenmullen J (2000) »Prozac Backlash« S. 173.

80 | Radikale Psychiatriekritik ist noch heute auf den Internetseiten von Scientology zu finden:»In seiner langen und tragischen Geschichte hat die Psychiatrie die verschiedensten ›Heilmethoden‹ erfunden, die sich irgendwann als höchst schädlich herausgestellt haben. Im 18. und 19. Jahrhundert wurden geistig verwirrte Patienten im wahrsten Sinne des Wortes gefoltert. Als nächstes kamen Eisbäder und Insulinschock. Dann hat

nahm, *Prozac* könnte Gewaltausbrüche und Suizide auslösen, war für *Eli Lilly* eine willkommene Steilvorlage. Die polemisch vorgetragenen und wissenschaftlich miserabel untermauerten Attacken der Scientologen konnten von *Lillys* Marketingprofis problemlos zerpflückt werden. Zudem konnte mit dem Verweis auf *Scientology* nun gleich jede Form unliebsamer Pharmakritik als verquere Ansicht einiger weniger religiöser Sektierer dargestellt werden. Natürlich war die Öffentlichkeit geneigt, im Zweifelsfall den seriös auftretenden Pharmafirmen zu glauben. Bis zum heutigen Tag trägt das Imageproblem von *Scientology* zur Diskreditierung eigentlich berechtigter Kritik an den unethischen Praktiken und den risikobehafteten Produkten der pharmazeutischen Industrie bei.

Eine Zulassung auf Bewährung

In Deutschland wurde der *Prozac* Wirkstoff Fluoxetin erst 1990 zugelassen. Noch fünf Jahre früher hatte das *Bundesgesundheitsamt* dem *Fluctin*[81] die Zulassung verweigert. Aus dem gleichen Grund, der später zum Wesbecker-Verfahren geführt hat: Die mit der Arzneimittelprüfung betrauten Beamten sahen ein erhöhtes Suizidrisiko gegeben. »Sie [die deutsche Zulassungsbehörde] sagte, dass Leute agitiert wurden bevor die antidepressive Wirkung einsetzte und dies das Selbstmordrisiko erhöhte« gab die Sachverständige Nancy Lord beim »Wesbecker Case« zu Protokoll.[82]

Alarmiert durch die Zulassungs-Verweigerung der deutschen Behörden haben *Lilly*-Mitarbeiter die deutschen Studiendaten noch einmal massiert und »Fälle von Selbstmord herausgenommen, von denen sie dachten, es seien keine Suizide gewesen.«[83] Aber selbst nach all diesen Manipulationen konnte *Eli Lilly* keine wirklich überzeugenden Studiendaten liefern. In vier der acht durchgeführten Placebo kontrollierten Studien schnitt Fluoxetin nicht besser ab als unter der Kontrollbedingung und in den vier anderen Untersuchungen war die Testsubstanz »gerade mal so« besser als Placebo.[84] Psychiater Peter Breggin, der *Lilly* Dokumente für die *FDA* sichtete, fand heraus, dass das alte Standard-Antidepressivum Imipramin in sechs von sieben Untersuchungen besser wirksam war als Fluoxetin.[85] Trotz der spärlichen Datenlage zur Wirksamkeit und

---

die Elektroschock-Therapie gebrochene Zähne und Knochen sowie Gedächtnisverlust und Koma verursacht. Als nächstes kamen präfrontale Lobotomien mit einem Eispickel durch die Augenhöhle. Heute sind Medikamente an der Reihe.« (www.scientology.org/faq/scientology-in-society/why-is-scientology-opposed-to-psychiatric-abuses.html).

81 | In Deutschland wird Fluoxetin unter diesem Handelsnamen vertrieben.

82 | Aus dem Transkript der Wesbecker Verhandlung, vgl. Cornwell J (1996), S. 199.

83 | Ebd.

84 | Healy D (2004) »Let them eat Prozac«.

85 | Breggin P (1995) »Talking back to Prozac« S. 41.

trotz massiver Sicherheitsbedenken verschiedener *FDA* Gutachter hat *Prozac* am 29. Dezember 1987 in den USA die Zulassung für die Indikation »Depression« bekommen.

In den medizinischen Fachzeitschriften allerdings wurde ein völlig anderes Bild von *Prozac* vermittelt. Der erste wissenschaftliche Artikel zur klinischen Anwendung von Fluoxetin erschien 1984 im *Journal of Clinical Psychiatry*. Aus den Daten einer fünfwöchigen Vergleichsstudie mit dem damals am häufigsten verwendeten Antidepressivum folgerte Autor James Bremner, dass Fluoxetin »eine effektive antidepressive Wirkung mit geringeren und weniger schweren Nebenwirkungen als Imipramin zeigt.«[86] Außerdem sei Fluoxetin wirksamer als die Vergleichssubstanz. Ähnliches berichteten der Psychiater John Feighner und auch sein französischer Kollege Guy Chouinard: Fluoxetin sei mindestens gleich gut wirksam wie Amitriptylin[87], hätte aber ein besseres Nebenwirkungsprofil.[88] Die Liste mit positiven bis überschwänglichen Berichten über *Prozac* liesse sich beliebig fortsetzen. In der medizinischen Fachwelt ist über lange Zeit der kaum getrübte Eindruck entstanden, *Prozac* sei ein sehr sicheres und wirksames modernes Psychopharmakon.

Publikationsverzerrung: »Evidence biased medicine«

Wie ist dies möglich, wenn doch die deutsche Gesundheitsbehörde *Prozac* bei der ersten Prüfung der Studiendaten als »völlig ungeeignet für die Depressionsbehandlung« bezeichnet hat[89] und auch die *FDA* nur nach langwierigen Diskussionen ihre Zustimmung gegeben hat? Eine mögliche Antwort lautet »Publikations-Verzerrung«.[90] Während die Zulassungsbehörden aufgrund ihrer Einsicht in sämtliche Studiendaten allen Grund zur Skepsis hatten, erschien auf dem Radar der Fachwelt nur eine sehr selektive Auswahl daraus.

Weil die pharmazeutische Industrie ihre klinischen Studien selbst in Auftrag gibt und selbst finanziert, hat sie auch die uneingeschränkten Rechte über die Verwendung der erhobenen Daten. Diese sind geistiges Eigentum des Auftraggebers. So wird in Kooperationsverträgen mit Partnern, beispielsweise mit universitären Instituten, vertraglich festgelegt, dass ohne Zustimmung des Auftraggebers keine Studiendaten publiziert werden dürfen. Jeder Verstoß würde juristisch geahndet werden. Da ein Pharmaunternehmen natürlich kein Inter-

---

86 | Bremner JD (1984) Journal of Clinical Psychiatry, S. 414.

87 | Ein anderes trizyklisches Antidepressivum.

88 | Feighner JP (1985) Journal of Clinical Psychiatry; Chouinard G (1985) Journal of Clinical Psychiatry.

89 | Healy D (2004) »Let them eat Prozac« S. 39.

90 | »Publication bias«; Verzerrung durch selektive Auswahl der zu veröffentlichenden Studien.

esse daran hat, Studien mit negativem Ausgang für seine Medikamente zu veröffentlichen, bleiben diese typischerweise unter Verschluss. Der Mechanismus der selektiven Veröffentlichung von Studiendaten hat ohne Zweifel wesentlich dazu beigetragen, *Prozac* in der Fachwelt als effektives und sicheres Medikament zu etablieren.

Amerikanische Forscher haben unlängst das Ausmaß der Publikationsverzerrung bei klinischen Studien mit Antidepressiva unter die Lupe genommen.[91] Erick Turner und seine Kollegen von der *Oregon Health and Science University* haben von der *FDA* alle eingereichten Studiendaten zu zwölf verschiedenen Antidepressiva erhalten. Mittels systematischer Literaturrecherche haben die Wissenschaftler verglichen, welche der *FDA*-registrierten Studien tatsächlich auch publiziert wurden. Und ob die in den Fachzeitschriften berichteten Untersuchungsergebnisse überhaupt mit den Ergebnissen der bei der *FDA* eingereichten Studien übereinstimmen. Das Fazit der Forscher in ihrem 2008 veröffentlichten Artikel: 94 Prozent der in der Fachliteratur publizierten Studien erwecken den Eindruck, die klinischen Studien hätten ein positives Resultat ergeben. Die *FDA*-interne Analyse ergab aber nur bei 51 Prozent der Studien einen positiven Ausgang. Die Autoren konnten auch zeigen, dass das Ausmaß der Veröffentlichung vom Ergebnis der Studien abhing. Nur eine einzige von 38 Studien mit positivem Ausgang für die Testsubstanz wurde *nicht* veröffentlicht. Von den 36 Studien, welche die *FDA* als negativ oder fragwürdig beurteilte, wurden genau drei veröffentlicht. 22 Studien wurden nicht publiziert und elf Studien mit negativem Ergebnis wurden in einer Art und Weise veröffentlicht, dass der Leser sie trotz der eigentlich gegenteiligen Befunde als *positiv* werten muss. Bei den Antidepressiva scheint es sich also um einen besonders offensichtlichen Fall von »evidence biased medicine« zu handeln.

Die Meinungsmanipulation hat System

Eigentlich gibt es verbindliche Richtlinien, in welcher Form wissenschaftliche Daten in Fachpublikationen dargestellt werden müssen. Beispielsweise von der *Society for Neuroscience*. In ihrem Leitfaden für Verfasser steht, dass »Autoren verpflichtet sind, ihre Daten in einer Art zu präsentieren, die die Wahrscheinlichkeit minimiert, Leser bezüglich dessen in die Irre zu führen, was tatsächlich festgestellt wurde.«[92] Draußen in der realen Welt der Wissenschaft halten sich Forscher allerdings häufig nicht an diese Vorgaben. Wie selektiv, verzerrt oder übertrieben Forschungsdaten in wissenschaftlichen Publikationen bisweilen dargestellt werden, haben vor kurzem französische Forscher am Beispiel

---

91 | Turner EH, Matthews AM et al. (2008) New England Journal of Medicine.

92 | Society for Neuroscience, Handbuch »Responsible conduct regarding scientific communication«, Paragraph 1.13.1.

des »Aufmerksamkeitsdefizit-Hyperaktivitäts-Syndroms« (ADHS) gezeigt.[93] So behaupten beispielsweise Autoren des amerikanischen *Mayo Clinic College of Medicine* in einer Untersuchung zu den schulischen Leistungen von ADHS-diagnostizierten Kindern, dass ihre Studie »die Hypothese unterstützt, dass die Behandlung mit stimulierenden Medikamenten bei Kindern mit ADHS mit besserem langfristigem Schulerfolg assoziiert ist.«[94] Eine sehr gewagte Aussage. Zuvor, im »Resultate«-Abschnitt des gleichen Fachaufsatzes, wird nämlich berichtet, dass der »Anteil an Schulabbrechern bei behandelten und nicht-behandelten [ADHS] Fällen gleich war« und auch dass »zum Zeitpunkt der letzten Erfassung die durchschnittliche Lesekompetenz bei den mit Stimulanzien behandelten und den nicht-behandelten Fallgruppen ähnlich war.« Einzig und allein etwas weniger Schulabsenzen hatten die medikamentös behandelten ADHS-Kinder gehabt.

Ganz offensichtlich haben die Reviewer bei der Begutachtung des Manuskripts geschlafen. Die dünne Datenlage scheint aber auch die Medien nicht gestört zu haben, die über die Studie berichtet haben. Journalistisch wurde im Wesentlichen die überzogene Schlussfolgerung der Wissenschaftler wiederholt. Bei der *Washington Post* hieß es dann beispielsweise »ADHS-Medikamente kurbeln Schulnoten der Kinder an.«[95] Der Artikel beginnt mit einem Zitat des Erstautors der Studie: »›Dies ist die erste Studie, die zeigt, dass die Einnahme von Stimulanzien bei ADHS den langfristigen Schulerfolg verbessert‹ sagte der Studienleiter, Dr. William Barbaresi.«[96] Falsche Interpretationen wissenschaftlicher Daten sind nicht nur unethisch und akademisch unstatthaft. Wie das vorliegende Beispiel zeigt, kann dies auch sehr reale lebensweltliche Auswirkungen haben. Besorgte Eltern hyperaktiver Kinder müssen nach der Lektüre des *Washington Post* Artikels zum Schluss kommen, dass es trotz eigener Bedenken wohl besser für ihren Junior ist, *Ritalin* zu nehmen. Schließlich will man ihm ja keinesfalls den Schulerfolg verbauen. Auch das selektive Zitieren – oder Unterschlagen – der Studien anderer Forscher kann zu grotesken Verzerrungen eines Sachverhalts führen.

Bleiben wir zur Illustration beim ADHS. In wissenschaftlichen Reviews wird immer wieder darauf verwiesen, dass die Wirksamkeit von Stimulanzien belege, dass die Neurotransmitter-Abweichungen dieser Erkrankung auf einer Störung der Katecholamine[97] beruht. Ein Hauptargument für die Dopamin-

---

93 | Gonon F, Bezard E et al. (2011) Public Library of Science One.

94 | Barbesi WJ, Katusic SK et al. (2007) Journal of Developmental & Behavioral Pediatrics; zitiert in Gonon F, Bezard E et al. (2011) Public Library of Science One.

95 | Reinberg S (2007) Washington Post vom 21.9.

96 | Ebd.

97 | Zu dieser Gruppe gehören auch die Botenstoffe Norardenalin und Dopamin, deren Konzentration im synaptischen Spalt durch Stimulanzien wie Ritalin erhöht wird.

defizit-Hypothese des ADHS. Was in dieser ohnehin problematischen »ex-ju-vantibus«-Argumentation aber stets unterschlagen wird, ist die Tatsache, dass Stimulanzien die Aufmerksamkeit von gesunden Kindern und ADHS-Kindern in gleichem Ausmaß verbessert.[98] Ein anderer Klassiker in der verzerrten Darstellung von Forschungsergebnissen ist die Strategie, in der Zusammenfassung zwar eine Schlussfolgerung zu präsentieren, nicht aber die dazugehörigen Messdaten zu zeigen. Diese Originaldaten, welche die Relevanz der Schlussfolgerung häufig stark limitieren, werden lediglich im »Resultate«-Absatz erwähnt. Weil Wissenschaftler grundsätzlich keine Zeit haben und häufig nur die Zusammenfassungen eines Artikels lesen, bleibt eine kaum beweiskräftige Datengrundlage meist unbemerkt.

Ghostwriting – Marketingabteilungen machen Meinungsbildung

Ein guter Moment für einen Ausflug ins Grundsätzliche. Kann man als Wissenschaftler den Studien eigentlich vertrauen, die den Sprung in die Fachzeitschriften geschafft haben? Dass Fachpublikationen Studiendaten einigermaßen objektiv und ausgewogen wiedergeben, ist leider eine naive und idealistische Annahme. Eine ansehnliche Zahl von wissenschaftlichen Aufsätzen ist nämlich noch nicht einmal von den auf der Publikation vermerkten Autoren selbst verfasst worden. Sondern von Ghostwritern im Auftrag von Pharmafirmen. Und das geht in etwa so: Pharma-gesponserte Wissenschaftler führen an einem universitären Institut unter der Regie des Auftraggebers Studien zu einem Medikament durch. Häufig wird ein neuer Wirkstoff gleichzeitig an mehreren Kliniken an Patienten getestet, man spricht dann von multizentrischen Studien, die in der Wissenschaftswelt einen besonders hohen Stellenwert genießen. Weil dem Auftraggeber die erhobenen Studiendaten gehören, gehen diese am Ende der Untersuchung zur beauftragenden Pharmaunternehmung zurück. Die Datenaufbereitung, statistische Auswertung und Interpretation der Ergebnisse wird in der Regel »in-house« von den eigenen Fachleuten durchgeführt.

In Absprache mit der Marketingabteilung erteilt die Pharmafirma nun einer externen Unternehmung, die sich auf das Schreiben von wissenschaftlichen Publikationen spezialisiert hat,[99] den Auftrag, aus den gelieferten Daten eine Fachpublikation zu verfassen. In einem von vorn herein genau festgelegten Reviewing-Prozess geht das Manuskript hin und her und wird so lange inhaltlich angepasst, bis der Auftraggeber mit dem Aufsatz zufrieden ist. Nun wird den Wissenschaftlern, welche die Studie ursprünglich durchgeführt hatten (aber häufig noch nicht einmal wussten, was dabei heraus gekommen ist), angebo-

---

98 | Gonon F, Bezard E et al. (2011) Public Library of Science One.

99 | So genannte »medical writing companies«.

ten, die Publikation unter ihrem Namen in einer angesehenen medizinischen Fachzeitschrift zu veröffentlichen.

Es winken wissenschaftliches Renommee und nicht selten eine großzügige finanzielle »Aufwandsentschädigung«. Etwaige Bedenken bezüglich der eigenen Urheberschaft werden mit dem Hinweis entkräftet, die »Autoren« hätten selbstverständlich das Recht, den Aufsatz nach eigenem Gutdünken abzuändern. Viel mehr als Textkosmetik und marginale Korrekturen werden aber in aller Regel vom Auftraggeber nicht akzeptiert oder sind zumindest Gegenstand zäher Verhandlungen. Bei der Einreichung des Aufsatzes bei der Fachzeitschrift sind die tatsächlichen Verfasser dann auf wundersame Weise aus der Autorenliste verschwunden. Im besten Fall werden diese noch ganz am Ende des Aufsatzes unter der Rubrik »Verdankungen« als »editorial assistance« vermerkt. In dieser Weise getäuscht, hat der unbedarfte Leser kaum eine Chance, die wahre Urheberschaft des Artikels zu erkennen. Die Pharmaunternehmung aber hat ihr Ziel erreicht, die Vorzüge ihres neuen Medikaments als unabhängige und objektive Wissenschaft verpackt in die Fachwelt einzuschleusen. Einmal dort angekommen, verbreitet sich die Botschaft durch Zitierung anderer, nichts ahnender Wissenschaftler ganz von selbst. Zudem verteilt die Herstellerfirma großzügig Sonderdrucke des vorteilhaften Artikels bei wissenschaftlichen Konferenzen.

Eine Geschichte der Verwirrung, der Manipulation und des institutionellen Versagens

Ein berühmter Fall von nachgewiesenem Ghostwriting im Zusammenhang mit SSRI-Antidepressiva ist eine Abhandlung über »Studie 329«, einer von *Smith-Kline Beecham* finanzierten klinischen Untersuchung zum Einsatz von Paroxetin[100] bei depressiven Jugendlichen.[101] Veröffentlicht wurden die Daten unter der Autorenschaft von Martin B. Keller und Kollegen im *Journal of the American Academy of Child and Adolescent Psychiatry*.[102] Tatsächlich verfasst wurde der Artikel allerdings von Sally Laden, einer Angestellten der PR-Agentur *Scientific Therapeutics Information*. Den Auftrag dazu hat sie direkt von *SmithKline Beecham* erhalten.

Dieser Fachaufsatz wurde zu einer der meist zitierten Publikationen im Zusammenhang mit der Anwendung von Antidepressiva bei depressiven Kindern und Jugendlichen.[103] In der Publikation wird festgestellt, Paroxetin sei »gemein-

---

100 | Handelsnamen Paxil, Deroxat, Seroxat.

101 | McHenry LB, Jureidini JN (2008) Accountability in Research.

102 | Keller MB, Ryan ND et al. (2001) Journal of the American Academy of Child and Adolescent Psychiatry.

103 | Journal Citation Reports, http://thomsonscientific.com/products/jcr

hin gut verträglich und wirksam bei klinischer Depression bei Jugendlichen«,[104] obwohl die Originaldaten, die im Rahmen eines Gerichtsverfahrens zugänglich wurden, klar zeigten, dass in »Studie 329« keine Wirksamkeit[105] nachgewiesen werden konnte, wohl aber deutliche Hinweise auf Sicherheitsrisiken gefunden wurden.[106] So kam es, wie im Schlussbericht von *SmithKline Beecham* ersichtlich ist, in der Paroxetin-Gruppe zu 38 schweren Nebenwirkungen[107], mehr als doppelt so viele wie in der Placebo-Gruppe.[108]

Dass die unliebsamen Studiendaten manipuliert bzw. selektiv zurückgehalten werden sollten, wurde spätestens im April 2004 durch die Veröffentlichung eines firmeninternen Schreibens im *Canadian Medical Association Journal* klar. In einem vertraulichen Dokument des *Central Medical Affairs Team*, einer Unterabteilung von *SmithKline Beecham*, wurde explizit empfohlen, »die Verbreitung dieser Daten effektiv zu steuern, um mögliche wirtschaftliche Folgen zu minimieren.«[109] Das Dokument führt weiter aus: »Es wäre wirtschaftlich inakzeptabel, [in der späteren Publikation] eine Aussage einzufügen, dass die Wirksamkeit nicht gezeigt worden war, da dies das Profil von Paroxetin untergraben könnte.«[110] Hat *SmithKline Beecham* eventualvorsätzlich die Gesundheitsgefährdung von Kindern in Kauf genommen? Der Verdacht besteht angesichts der Tatsache, dass in »Studie 329« bei der Paroxetin-Gruppe fünf Fälle von »schwerer emotionaler Labilität« (Suizidgedanken, Selbstverletzung etc.) auftraten, in den beiden Vergleichsgruppen mit Kontrollantidepressivum und Placebo aber nur je ein Fall. Tatsächlich sind seit 2004 wegen erhöhter Gefährdung von Kindern und Jugendlichen für suizidale Impulse sowie Selbst- und Fremdverletzung in vielen Ländern SSRI-Packungsbeilagen mit einer »Black Box Warnung« versehen – der stärksten Warnmaßnahme, die die Gesundheitsbehörden kennen.

Faltet man heute den Beipackzettel einer Packung *Paxil* auf, so trifft man zuoberst auf folgenden Hinweis, fett gedruckt, grau unterlegt und schwarz eingerahmt: »In Kurzzeitstudien bei Depression und anderen psychiatrischen Störungen haben Antidepressiva bei Kindern, Jugendlichen und jungen Erwach-

---

104 | Keller MB, Ryan ND et al. (2001) Journal of the American Academy of Child and Adolescent Psychiatry, S. 762.

105 | Anhand keiner der acht vor Studienbeginn festgelegten Outcome-Kriterien konnte eine Wirksamkeit gezeigt werden.

106 | Jureidini JN, McHenry LB et al. (2008) International Journal of Risk and Safety in Medicine, S. 73.

107 | Z.B. hospitalisationsbedürftige Zustände, Suizidgedanken und Suizidversuche, Selbstverletzungen.

108 | Jureidini JN, McHenry LB et al. (2008) International Journal of Risk and Safety in Medicine, S. 77.

109 | Kondro W, Sibbald B (2004) Canadian Medical Association Journal, S. 783.

110 | Ebd.

senen im Vergleich zu Placebo das Risiko für Suizidgedanken und Suizidalität
erhöht [...].« Sowohl der *Paxil*-Hersteller wie auch die Zulassungsbehörde *FDA*
haben später eingestanden, dass die Erkenntnis eines Zusammenhangs zwischen SSRI-Einnahme und erhöhtem Suizidrisiko bei Jugendlichen nicht auf
neuen wissenschaftlichen Erkenntnissen, sondern lediglich auf einer »Neube-
wertung bestehender Daten« beruhe.[111] In einem Editorial mit dem aufschluss-
reichen Titel »Deprimierende Forschung« bringt im April 2004 auch das Fach-
blatt *Lancet* seinen Unmut zum Ausdruck: »Die Geschichte der Erforschung
des SSRI-Einsatzes bei Kindheits-Depressionen ist eine Geschichte der Verwir-
rung, der Manipulation und des institutionellen Versagens.«[112]

Sündenregister der Pharmaindustrie

Aufgrund eines amerikanischen Bundesgerichtsbeschlusses vom Juli 2009
wurde es der online-Fachzeitschrift *PLoS Medicine*[113] erlaubt, ein »Ghostwriting
Archive« zu erstellen. Auf der Webseite »Drug Industry Documents Archive«[114]
sind 1500 meist als vertraulich eingestufte Dokumente zugänglich, welche die
Praxis des Ghostwritings mit Gerichtsakten, firmeninternen Memos und Korre-
spondenz mit Ärzten belegen. *PLoS Medicine* Chefredaktor Ginny Barbour hat
die Intervention zur Veröffentlichung der brisanten Dokumente so begründet:
»Ghostwriting gibt der Industrie-Forschung eine Fassade von Unabhängigkeit
und Glaubwürdigkeit [...] und stellt eine Bedrohung für den Wahrheitsgehalt
und die Glaubhaftigkeit des medizinischen Fachwissens dar.«[115]
    In einem gemeinsam verfassten Editorial konstatieren die *PLoS Medicine*
Herausgeber, dass »Pharmafirmen und Unternehmen für Kommunikation und
Aufklärung im Medizinbereich eine weit reichende und profitable Ghostwri-
ting-Industrie aufgebaut haben.«[116] Die um sich greifende Ghostwriting-Praktik

111 | Leo J, Lacasse JR (2008) Society, S. 42. GlaxoSmithKline (wie das Unternehmen
seit dem Zusammenschluss mit Glaxo Wellcome heißt) hat seine Verfehlungen im Zusammenhang mit den Antidepressiva Paxil und Wellbutrin auch offiziell eingestanden. Wie
die Financial Times Deutschland im Juli 2012 meldete, hat sich das Unternehmen »im
größten Medizin-Betrugsskandal der US-Geschichte« schuldig bekannt und einer Straf-
zahlung von drei Milliarden Dollar an die US-Regierung zugestimmt, um das Verfahren
beizulegen [http://www.ftd.de/unternehmen/handel-dienstleister/:einigung-mit-us-
regierung-glaxo-smith-kline-zahlt-3-mrd-dollar-wegen-betrugsskandal/70058068.
html].

112 | Editorial in Lancet (2004) Ausgabe vom 24.4., S. 1335.

113 | Public Library of Science, www.plosmedicine.org

114 | http://dida.library.ucsf.edu

115 | www.plosmedicine.org/static/ghostwriting.action

116 | The PLoS Medicine Editors (2009) Public Library of Science Medicine.

könne zu »bleibenden Schäden und sogar Todesfällen führen, weil verschreibende Ärzte und Patienten über Risiken falsch informiert werden.«[117] Gewissermaßen als Warnschuss schlagen die PLoS Herausgeber vor, dass alle Artikel, bei denen Ghostwriting zweifelsfrei nachgewiesen wurde, offiziell zurückgezogen werden sollten. Das könnte tatsächlich Wirkung zeigen, schließlich ist der Rückzug einer Publikation für einen Wissenschaftler eine echte Image-Katastrophe. Die Herausgeber medizinischer Fachzeitschriften ihrerseits sollten sich »doch entscheiden, ob sie nicht gleich überlaufen und den Marketingabteilungen von Pharmafirmen beitreten wollen.«

Marcia Angell, Ärztin und ehemalige Chefredakteurin des *New England Journal of Medicine* reagierte angesichts des Ausmaßes von Interessenkonflikten und Manipulation der Fachliteratur nicht mit Sarkasmus, sondern mit Resignation und echter Betroffenheit: »Es ist einfach nicht länger möglich, viel von der publizierten klinischen Forschung zu glauben. Oder sich auf das Urteil von vertrauenswürdigen Ärzten oder verbindlichen medizinischen Richtlinien zu verlassen. Ich habe kein Behagen an dieser Schlussfolgerung, zu der ich langsam und widerstrebend während meiner zwei Jahrzehnte als Redakteurin des *New England Journal of Medicine* gelangt bin.«[118]

Ist die akademische Medizin zu verkaufen?

Wenn ein ehemaliger Chefredakteur einer bedeutenden medizinischen Fachzeitschrift die Glaubwürdigkeit der ganzen klinischen Forschungsliteratur in Zweifel zieht, sollte eigentlich ein Beben durch die Fachwelt gehen. Tatsächlich geschehen ist aber erstaunlich wenig. Immerhin verlangen einige Fachzeitschriften heute genaue Angaben darüber, welcher Autor welchen Beitrag an einem eingereichten Manuskript geleistet hat. Auch soll es künftig verboten sein, Autoren in der Verfasserliste wegzulassen, die am Manuskript aktiv mitgearbeitet haben. Schon seit ein paar Jahren verpflichten die meisten Fachzeitschriften zudem ihre Autoren, in der Rubrik »Interessenkonflikte« die geschäftlichen Beziehungen mit der Industrie offen zu legen.

Allerdings sind die Geschäftsverbindungen zur Pharmaindustrie bisweilen derart umfangreich, dass die Offenlegungen nur online auf der Webseite des Journals einsehbar sind. In der gedruckten Ausgabe der Fachzeitschrift würden diese nämlich unverhältnismäßig viel Platz einnehmen.[119] Bleiben wir zur Illustration bei Martin B. Keller, dem Erstautor der oben erwähnten »Studie 329«. In einer großen Depressionsstudie, veröffentlicht im Mai 2000 im *New England Journal of Medicine*, firmiert Martin B. Keller wiederum als Erstautor.

117 | Ebd.

118 | Angell M (2009) New York Review of Books vom 15.1.

119 | Angell M (2000) New England Journal of Medicine.

Zusammen mit 28 weiteren Autoren präsentiert Keller darin klinische Daten zum Vergleich des Antidepressivums Nefazone mit Psychotherapie.[120]

Im Kleingedruckten legt schon Psychiater Keller allein Geschäftsbeziehungen zu 14 Pharmaherstellern offen. Gemeinsam decken die Autoren das Spektrum der Psychopharmaka-Hersteller fast lückenlos ab: von A wie *Abbot* bis Z wie *Zeneca*.[121] Ein Umstand, der die Chefredaktorin Marcia Angell zu einem begleitenden Editorial mit suggestivem Titel veranlasste: »Ist die akademische Medizin zu verkaufen?«[122] Wie der *Boston Globe* 1999 berichtete, verdiente Martin B. Keller allein im Jahr 1998 als Vorsteher des Psychiatrie-Departements der *Brown University* mehr als 842 000 Dollar. Mehr als die Hälfte davon (556 000 Dollar) kam von der Pharmaindustrie. Hauptsächlich von Antidepressiva-Herstellern wie *Bristol-Myers Squibb, Wyeth-Ayerst* und *Eli Lilly*.[123]

Das großzügige Investieren in »key opinion leaders« lohnt sich für die Pharmaindustrie zweifelsohne. Schließlich sind Meinungsmacher auch Vorsteher von Berufsverbänden, Berater von Gesundheits- und Zulassungsbehörden, Verfasser von Therapierichtlinien und Lehrbüchern sowie Autoren viel beachteter Fachaufsätze. Anerkannte Fachautoritäten wie Martin B. Keller sind auch beliebte Interviewpartner der Medien. Und besonders halten sie unzählige Vorträge. Vom kleinen Uni-Seminar bis zum Plenarvortrag an internationalen Kongressen mit Tausenden von Zuhörern. Ideale Gelegenheiten um die Botschaft der Pharmaindustrie als Wissenschaft verpackt unter den verschreibenden Kollegen und in der Öffentlichkeit zu verbreiten. Und weil Pharmafirmen schließlich keine Wohltätigkeitsvereine sind, werden Konsultationshonorare einfach den Medikamentenpreisen zugeschlagen. Meinungsmacher zu kaufen ist traditionell ein Geschäftsmodell mit durchschlagendem Erfolg.

Loren Moshers großer Abgang

Offensichtlich wurde die fragwürdige Allianz aus wissenschaftlichen Institutionen, Pharmaindustrie und Berufsverbänden in dieser Zeit auch dem prominenten Schizophrenie-Experten Loren Mosher zu viel. Am 4. Dezember 1998 eröffnete der Gründer des alternativen *Soteria*-Behandlungskonzepts der *American Psychiatric Association* seinen Austritt aus der Berufsvereinigung, der er fast 30 Jahre lang angehörte. In einem offenen Brief an die *APA* sind die Gründe für den Austritt aufgeführt.[124] Daraus ein paar Auszüge: »Der Hauptgrund für

---

120 | Keller MB, McCullough JP et al. (2000) New England Journal of Medicine.

121 | www.nejm.org/doi/full/10.1056/NEJM200005183422001#t=articleBackground

122 | Angell M (2000) New England Journal of Medicine.

123 | Bass A (1999) Boston Globe vom 4.10.

124 | Mosher L (1998) Letter of resignation from the American Psychiatric Association.

diesen Schritt [meinen Rücktritt] ist meine Ansicht, dass ich tatsächlich von der ›Amerikanischen Psychopharmakologischen Vereinigung‹ zurücktrete. Glücklicherweise bedarf die wahre Natur der Organisation keiner Änderung ihres Akronyms. [...] An diesem Punkt in der Geschichte ist die Psychiatrie meiner Meinung nach fast gänzlich von den Pharmafirmen übernommen worden. [...] Wir versuchen nicht länger, Menschen ganzheitlich in ihren sozialen Umständen zu verstehen. Wir sind viel eher dazu da, die Neutrotransmitter unserer Patienten neu auszurichten. Das Problem ist, dass es sehr schwierig ist, mit Neurotransmittern eine Beziehung zu haben – in welcher Konfiguration auch immer. [...] Ich kann nicht an das gegenwärtige biomedizinisch-reduktionistische Modell glauben, das von der psychiatrischen Führerschaft verkündet wird und uns einmal mehr mit der somatischen Medizin verheiratet. Es geht hier um modische Sitten, Politik und – wie im Fall der Pharma-Verbindungen zu unserem Haus – um Geld.« Moshers Analyse ist nichts hinzuzufügen.

Kaum zu glauben: Depression war einst eine seltene Krankheit

Zur Zeit, als die ersten Antidepressiva eingeführt wurden, sah man affektive Störungen als seltene Erkrankungen an. In der Fachwelt ging man in den 1960er Jahren davon aus, dass in einer Population von einer Million Menschen gerade einmal 50 bis 100 an einer schweren Depression leiden – in Form einer »Melancholia« oder depressiven Persönlichkeitsstörung.[125] *Hoffmann-La Roche* und *Geigy*, die Patentinhaber von *Marsilid* und *Tofranil* waren denn auch nicht sonderlich begeistert, als sich herausstellte, dass ihre Testsubstanzen »nur« antidepressive Wirkung haben. Man mag es heute kaum glauben, aber *Tofranil* wurde erst mehrere Jahre, nachdem die antidepressive Wirkung bekannt war, überhaupt auf den Markt gebracht. Man zögerte, weil man der Ansicht war, es gäbe für Antidepressiva keinen lohnenswerten Markt.[126]

Mitte der 1960er Jahre war man auch von offizieller Seite aus optimistisch über den Langzeitverlauf depressiver Erkrankungen: »Depression ist im Großen und Ganzen eine der psychiatrischen Störungen mit den besten Prognosen für eine Genesung. Die meisten Depressionen sind selbstlimitierend«, schrieb Jonathan Cole, Psychopharmakologie-Pionier am *National Institute of Mental Health*.[127] Im selben Jahr, 1964, wies *Rockland State Hospital* Psychiater Nathan Kline darauf hin, dass man »bei der Behandlung der Depression immer einen Verbündeten darin hat, dass die meisten Depressionen in Spontanremission

---

125 | Healy D, Michael P et al. (2001) Psychological Medicine.

126 | Healy D (1997) »The Antidepressant Era«.

127 | Cole J (1964) Journal of the American Medical Association; zitiert in Whitaker R (2010) »Anatomy of an Epidemic«, S. 153.

enden.«[128] Selbst zehn Jahre später erklärte Dean Schuyler, Leiter der Depres-
sions-Abteilung am *NIMH*, dass die Spontangenesungs-Raten so hoch seien
– über fünfzig Prozent innerhalb weniger Monate – dass es »schwierig sei, die
Wirksamkeit eines Medikaments, einer Behandlung oder einer Psychotherapie
bei depressiven Patienten zu beurteilen.«[129] »Die meisten depressiven Episoden«, so Schuyler in seinem Buch weiter, »werden ihren Lauf nehmen und
ohne spezifische Intervention mit praktisch vollständiger Erholung enden.«[130]

Depression – die Epidemie unserer Zeit

Aus einer seltenen und episodischen Krankheit ist innerhalb weniger Jahrzehnte eine häufige und chronische geworden. Die Weltgesundheitsorganisation
WHO beziffert die weltweite Anzahl depressiver Menschen gegenwärtig mit
121 Millionen.[131] Und bereits 2001 konstatierte die *WHO* in ihrem Gesundheitsreport, dass depressive Störungen weltweit die mit Abstand wichtigste Ursache für Lebensjahre sind, die in Invalidität zugebracht werden.[132] Gegenwärtige
Schätzungen gehen davon aus, dass mindestens zehn Prozent der Menschen irgendwann in ihrem Leben an einer klinischen Depression erkranken und etwa
ein Viertel der Bevölkerung deutliche depressive Symptome zeigt.[133]

Dabei scheinen in Hochlohn-Ländern Depressionen häufiger vorzukom-
men als in Ländern mit niedrigem bis mittlerem Einkommen. Dies ist das Ergebnis einer repräsentativen Studie zur weltweiten Prävalenz von Depressionen
im Erhebungszeitraum 2001-2007.[134] Die Auswertung von 89.000 Einzelinter-
views ergab für Hochlohnländer ein Depressions-Lebenszeitrisiko von 14,6 Prozent. Für Einwohner von Staaten mit niedrigem bis mittleren Einkommen betrug das entsprechende Risiko im Mittel 11,1 Prozent.

Nicht wenige Fachleute sehen Burnout und Depression sogar als die Leit-
krankheiten des 21. Jahrhunderts. Auch *Der Spiegel* hat sich im Winter 2011 zum
wiederholten Mal des Themas Depression angenommen. In ihrer Titelgeschichte »Volk der Erschöpften« stellen die Autoren fest, dass »psychische Volksleiden
auf dem Vormarsch sind« und bereits »rund 4 Millionen Bundesbürger unter

---

128 | Kline N (1964) Journal of the American Medical Association; zitiert in Whitaker R
(2010)»Anatomy of an Epidemic«, S. 153.

129 | Schuyler D (1974) »The Depressive Spectrum«; zitiert in Whitaker R (2010)
»Anatomy of an Epidemic«, S. 153.

130 | Ebd.

131 | www.who.int/mental_health/management/depression/definition/en

132 | »Years of life lived with disability« (YLDs); WHO World Health Report (2001)
»Mental Health: New Understanding, New Hope«, S. 28.

133 | Healy D (2002) »The Creation of Psychopharmacology«, S. 57.

134 | Bromet E, Andrade LH et al. (2011) BMC Medicine.

behandlungsbedürftigen Depressionen leiden«.[135] Wie ist diese Epidemie der Depression, ein Anstieg der diagnostizierten Fälle um das mindestens hundertfache in gerade mal fünfzig Jahren zu erklären? Zum einen gelten heute sicher andere Diagnosekriterien als 1960. Bei den damaligen Patienten handelt es sich nach heutigen Maßstäben sicher um schwer bis schwerst depressiv Kranke. Könnte es an der Art liegen, wie wir heute leben? Erkranken wir am eigenen freiheitlichen Lebensstil, an der überfordernden Lebenswelt des Informationszeitalters? Ist das depressive, das »erschöpfte Selbst«[136] ein Selbst, das am »neuen Imperativ der Selbstverwirklichung«[137] gescheitert ist? In diese Richtung zielt eine Vielzahl gleichermaßen nachvollziehbarer wie diffuser gesellschaftlicher Gründe. So wird ein zunehmender Verlust verbindlicher Werte beklagt. Familie, Kirche, Vereine – viele Halt gebende Strukturen würden sich zusehends auflösen. Im Gegenzug formiere sich egoistisches Einzelkämpfertum, getragen vom materialistischen Geist unserer neoliberalen Multioptionsgesellschaft. Depressionen seien der Preis für unsere scheinbar grenzenlose Freiheit und die unvermeidliche Nebenwirkung einer durch Wissenschaft und Technik entzauberten Welt.

Erklärungsversuche

Als Klassiker unter den Krankheitsmodellen gilt die »Gratifikationskrise« des Medizinsoziologen Johannes Siegrist.[138] Nach dem Modell des Gesundheitsexperten erkrankt jemand im Arbeitsprozess, wenn sein Einsatz nicht in angemessener Weise durch entsprechende Belohnung (in Form von Lohngerechtigkeit, Arbeitsplatzsicherheit, Einflussmöglichkeiten, Wertschätzung etc.) gewürdigt wird. Je länger das empfundene Missverhältnis zwischen Bemühung und Entschädigung bestehen bleibt, desto größer wird das Risiko, eine (Burnout-)Depression, Angsterkrankung oder psychosomatische Störung zu entwickeln. Isabella Heuser, Direktorin der *Klinik für Psychiatrie und Psychotherapie* an der Berliner *Charité* sieht den Hauptgrund für die Zunahme depressiver Störungen darin, dass die moderne Welt Leistung in immer kürzeren Taktfrequenzen verlange. Aber »Multitasking funktioniert nicht«, so die Psychiaterin. »Es ist bloß ein enormer Stress fürs Gehirn.«[139] Sind wir also aufgrund äußerer Umstände zu einer hoch depressiven Gesellschaft geworden, überfordert

---

135 | Dettmer M, Shafy S et al. (2011) Der Spiegel vom 24.1.

136 | Ehrenberg A (1998) »La Fatigue d'être soi«.

137 | Hess E, Jokeit H (2009) Eurozine.

138 | Z.B. Siegrist J (2009) Arbeitsmedizin Sozialmedizin Umweltmedizin.

139 | Dettmer M, Shafy S et al. (2011) Der Spiegel vom 24.1., S. 116. Interessanterweise ist sich die Biopsychiaterin Heuser in diesem Punkt mit dem Soziologen Alain Ehrenberg einig. Hier konvergieren Biopsychiatrie und linke Sozialkritik.

von Internet, iPhones, Blackberries und hundert Fernsehkanälen, zermürbt von Globalisierung, Multioptionsgesellschaft und der zunehmenden Erosion sozialer Bindungen?

Ein reichlich dürftiger Erklärungsversuch. Ausbeuterische Arbeitsbedingungen, Armut, Hungersnöte und Seuchen, zwei traumatisierende Weltkriege (und die realistische Aussicht auf einen jederzeit eintretenden dritten) sowie eine Weltwirtschaftskrise inklusive Massenarbeitslosigkeit hätten auch schon früher mehr als genug Anlass gegeben, depressiv zu werden. Überzeugender ist schon das Argument, dass die steigende gesellschaftliche Akzeptanz psychischer Störungen zu mehr Diagnosen führt, weil sich Patienten eher und vor allem früher in medizinische Behandlung begeben.

Ein Teil der Erklärung könnte aber auch sein, dass die Schwelle, sich selbst als depressiv wahrzunehmen, seit den 1980er Jahren kontinuierlich gesunken ist. Während es für viele Menschen früher einfach zum normalen Leben gehörte, gelegentlich Phasen der Traurigkeit, Energiearmut und Hoffnungslosigkeit zu durchleben, schreiben wir einem solchen Zustand heute schon sehr schnell einen Krankheitswert zu. Mit dazu beigetragen haben ohne Zweifel die zahlreichen Krankheitsaufklärungs-Kampagnen der pharmazeutischen Industrie.[140]

Seit Beginn des *Prozac*-Zeitalters wird in den Massenmedien im Wesentlichen die immer gleiche Botschaft verbreitet: Depression ist eine gefährliche und stark unterdiagnostizierte Krankheit. Zudem ist diese Krankheit biologischen Ursprungs – etwa so wie Diabetes. Und so wie Diabetes mit Insulin kann eine Depression mit modernen Medikamenten sicher, gezielt und wirksam behandelt werden. In der verschärften Version wird zusätzlich noch davor gewarnt, die Therapie hinauszuzögern, da sich die Krankheit sonst zwangsläufig chronifiziere und es sogar zu hirnmorphologischen Veränderungen kommen könne. Nicht nur die Öffentlichkeit, auch die Ärzteschaft mussten allerdings erst dazu angeleitet werden, Depressionen – besonders in ihren leichteren Verlaufsformen – zu erkennen. Und nach erfolgter Diagnose schnell und entschieden zu behandeln – bevorzugt mit Medikamenten, selbstverständlich. Die Pharmaindustrie hat diese Aufgabe gerne übernommen und war mit ihren Aufklärungsoffensiven offensichtlich sehr erfolgreich. Noch 1977 beinhalteten 64 Prozent der psychiatrischen Konsultationen keine Medikamenten-Verschrei-

---

140 | Besonders die Patientenorganisationen wurden für diesen Zweck instrumentalisiert und im Gegenzug großzügig gesponsert. So hat die amerikanische Patienten- und Angehörigenorganisation »National Alliance for the Mentally Ill« zwischen 1996 und 1999 Zuwendungen von mehr als elf Millionen Dollar von 18 Pharmafirmen erhalten (Medawar D, Hardon A [2004] »Medicines Out of Control?«; zitiert in Timimi S [2008] Advances in Psychiatric Treatment, S. 5).

bung und dienten ausschließlich dem Zweck der Psychotherapie. Im Jahr 2002 ist diese Quote in den USA bereits unter zehn Prozent gefallen.[141]

»Allergisch auf Menschen«

Dass die Strategie des Verkaufens von Medikamenten per Verkaufen der Krankheit weitgehend unabhängig von der Erkrankung ist, zeigt das Beispiel *Paxil*. Für diesen »Selektiven Serotonin-Wiederaufnahme-Hemmer« hat *SmithKline Beecham*[142] 1999 eine auf die Indikation »soziale Phobie«[143] erweiterte Zulassungsbewilligung erhalten. Bis in die 1990er Jahre war das Problem der »sozialen Phobie« nahezu unbekannt in der westlichen Welt.[144] In einem vertraulichen *SmithKline Beecham* Strategiepapier von 1999 wird als »kritischer Erfolgsfaktor« für *Paxil* erachtet, ob es gelingt, den »Markt für soziale Angststörungen auszudehnen« und ob die soziale Angststörung als »bedeutende psychiatrische Erkrankung wahrgenommen wird.«[145]

Um dies sicherzustellen, haben die *Paxil* Vertreiber unter anderem die »ISAAC« Initiative lanciert.[146] Mit diesem Aufklärungsprogramm sollte die Ärzteschaft darauf sensibilisiert werden, Fälle von »sozialer Phobie« unter ihren Patienten zu erkennen. Mittels einer Reihe von Fragebögen wurden Symptome und Ausprägung erfasst. Aus dem Befund sollte sich gemäß Vorstellung der *SmithKline Beecham* Strategen mit dem Patienten eine Diskussion über »soziale Phobie« als gut behandelbare Krankheit entwickeln. Mit *Paxil*, selbstverständlich.

Bereits in einer Vorstudie zum »ISAAC« Programm wurde eine Steigerung der Verschreibung von Medikamenten um bis zu 20 Prozent in Aussicht gestellt.[147] Außerdem sollte gemäß Strategiepapier von 1999 die *Paxil*-Nachfrage im darauf folgenden Jahr durch »direct-to-consumer« Werbung um 50 Prozent gesteigert werden.[148] Wenig später wurde im amerikanischen Fernsehen in Werbespots darauf hingewiesen, dass »ein Achtel der Bevölkerung an einer

141 | Eisenberg L, Guttmacher LB (2010) Acta Psychiatrica Scandinavica, S. 89.

142 | Seit der Fusion mit Glaxo Wellcome im Jahr 2000 heisst der Pharmakonzern GlaxoSmithKline.

143 | »Social anxiety disorder«.

144 | Im Gegensatz beispielsweise zu Japan und Korea.

145 | Dokument zugänglich im »Drug Industry Documents Archive«, http://dida.library. ucsf.edu/pdf/zwb37b10 (siehe »5. Key issues and critical success factors«).

146 | »Initiative for Social Anxiety Assessment and Care«.

147 | Dokument zugänglich im »Drug Industry Documents Archive«, http://dida.library. ucsf.edu/pdf/zwb37b10 (vgl. »ISAAC«).

148 | Ebd., vgl. »4. Vision and three-year strategic objectives«.

›sozialen Phobie‹ leidet«.[149] Eine maßlos übertriebene Zahl, für die es keinerlei epidemiologische Belege gibt. Wer die Krankheit habe, so wurde der Öffentlichkeit mitgeteilt, sei in mancher Hinsicht biologisch bedingt »allergisch auf Menschen«.[150] Selbstverständlich gibt es Menschen, die vor öffentlichen Auftritten mehr Lampenfieber haben als andere. Die bei gesellschaftlichen Anlässen gehemmt sind und sich auf Parties unwohl fühlen. Doch nur für einen verschwindend kleinen Teil der Bevölkerung dürfte die Schüchternheit ein krankhaftes und somit auch behandlungsbedürftiges Ausmaß annehmen. Beispielsweise, wenn jemand aufgrund seiner Gehemmtheit allen sozialen Aktivitäten aus dem Weg gehen will.

Wie generell bei Phobien und Ängsten wäre in solchen Fällen sinnvollerweise – und mit guten Erfolgsaussichten – viel eher eine kognitive Verhaltenstherapie zu empfehlen. Die von *SmithKline Beecham* als Gesundheitsaufklärung getarnte Marketingkampagne für die zwar neu in DSM-IV aufgeführte, aber noch kaum bekannte Krankheit war äußerst erfolgreich. *Paxil* wurde ein Renner und ist es bis heute. Allein im Jahr 2009 hat der Pharmakonzern mit *Paxil* Einnahmen von fast 800 Millionen Dollar erzielt.[151] Wie das Beispiel *Paxil* zeigt, muss man nicht unbedingt ein Medikament entwickeln, um eine bestehende Störung zu behandeln. Man kann auch eine psychische Krankheit propagieren, die zu einem bereits vorhandenen Medikament passt. In den Worten von Barry Brand, dem ehemaligen Produktverantwortlichen für Paxil: »Es ist der Traum jedes Vermarkters, einen unerkannten Markt zu finden und ihn zu entwickeln. Genau das ist uns mit der »social anxiety disorder« gelungen.«[152]

Condition branding: Die Kunst, eine Krankheit zu verkaufen

In der Werbebranche heißt das Popularisieren und Vermarkten einer Krankheit »condition branding«. Einige Marketingfirmen wie *Y brand*[153] haben sich sogar auf das »condition branding« spezialisiert.[154] In seinem Essay »The Art of Branding a Condition« erklärt *Y brand* Präsident und »Chief Branding Officer« Vince Parry das Konzept in etwa so: Man versucht, eine bestimmte Störung und die dazu gehörigen Symptome in den Köpfen von Ärzten und Patienten zu etablieren und bietet dazu gleich auch die bestmögliche Behandlungsmethode an.

149 | Allder M (2004) »Selling Sickness«, Newsworld Reportage »The Nature of Things«. CBC.

150 | Koerner B (2002) Guardian vom 30.7.2002.

151 | Alle therapeutischen Indikationen zusammen genommen.

152 | Zitiert in Angell M (2009) New York Review of Books.

153 | www.ybrand.com

154 | Allder M (2004) »Selling Sickness«, Newsworld Reportage »The Nature of Things«. CBC.

Problem und Lösung werden zu einem Gesamtpaket verschnürt und gemeinsam vermarktet.[155] Von einem »re-branding« spricht man dann, wenn einem bereits bestehenden Krankheitssyndrom ein neues Image gegeben werden soll, typischerweise durch Entstigmatisierung. Klassisches Beispiel: *Pfizer* gelang es, sein *Viagra* eng an den Begriff der »erektilen Dysfunktion« zu koppeln. Und damit auf größtmögliche Distanz zum belasteten Begriff der Impotenz zu gehen. Aus dem sozial inakzeptablen Verlust männlicher Standfestigkeit wurde eine körperliche Funktionsstörung, jederzeit behebbar durch Einnahme eines Lifestyle-Medikaments.

Die besten Chancen für »condition branding« sieht *Y brand* Chef-Stratege Parry aber in der Psychiatrie gegeben: »In keiner therapeutischen Kategorie wird condition branding bereitwilliger akzeptiert als auf den Gebieten Angst und Depression. Hier basiert die Krankheit selten auf messbaren körperlichen Symptomen und ist deshalb offen für konzeptuelle Definitionen. Wenn man sieht, wie das Diagnosemanual DSM über die letzten Dekaden zum gegenwärtigen Telefonbuch-Umfang zugenommen hat, könnte man meinen, die Welt in der wir leben, sei instabiler als je zuvor. In Wahrheit resultierte die zunehmende Zahl identifizierter emotionaler Störungen daraus, dass Probleme in ihre Bestandteile zerlegt wurden. Damit sollten bessere Behandlungsoptionen festgelegt werden. Es ist nicht überraschend, dass viele dieser neu geprägten Störungen über direkte Finanzierung durch Pharmaunternehmen ans Licht gebracht wurden. Dies gilt für Forschung, Öffentlichkeitsarbeit oder beides.«[156]

Andere Länder, andere Sitten. Glaubt man den Ausführungen der Anthropologin Emily Martin, musste in Japan erst ein aktives »re-branding« des ganzen Depressionskonzepts durchgeführt werden, damit Depression und damit Antidepressiva überhaupt gesellschaftlich akzeptiert wurden.[157] Lange Zeit hatten Antidepressiva einen schweren Stand in Japan. *Eli Lilly* zum Beispiel hat in den 1990er Jahren noch nicht einmal versucht, ihr *Prozac* im Land der aufgehenden Sonne zu vermarkten. Man dachte, die Verkaufszahlen wären viel zu niedrig. Vordringlich müsse am Sprachbegriff gearbeitet werden, hatten deshalb *Solvay Pharmaceuticals* und ihre Japanischen Geschäftspartner entschieden, die Ende der 1990er Jahre das Antidepressivum *Luvox* vertreiben wollten. »Utsubyo«, der in Japan gebräuchliche Begriff für Depression, war gemäß Emily Martin nämlich mit schwerer psychiatrischer Erkrankung assoziiert. Mit so etwas wollte man als Japaner möglichst gar nichts zu tun haben. *Solvay* und Partner begannen nun, den Ausdruck »kokoro no kaze« für mildere Depressionsformen zu popularisieren. Die Übersetzung dieser neuen Bezeichnung ist in etwa »die

---

155 | Parry V (2003) Medical Marketing and Media.

156 | Ebd., S. 46.

157 | Martin E (2007) »Bipolar Expeditions. Mania and Depression in American Culture«.

Seele, die eine Erkältung hat«.[158] Die strategische Umbenennung führte wie beabsichtigt zu einer Verbreitung der Ansicht, Depression sei eine ganz normale, lästige Malaise, deren Symptome mit Medikamenten wie *Luvox* oder anderen Antidepressiva behandelt werden könnten.

Bald wird es schwierig sein, keine Diagnose zu haben

Glaubt man Allen Frances, dem Vorsitzenden des Komitees zur Ausarbeitung der vierten Ausgabe des *Diagnostischen und Statistischen Manuals* (DSM-IV), wird das gegenwärtig in Bearbeitung befindliche DSM-V zu einem wahren Eldorado für die pharmazeutische Industrie. Mindestens acht neue falsch positive Epidemien von psychischen Störungen könnten seiner Meinung nach ausgelöst werden, wenn die gegenwärtigen Vorschläge des DSM-V-Ausschusses umgesetzt werden.[159]

Was also gibt es Neues im DSM-V? Zum einen sollen bereits bestehende Diagnosekategorien ausgeweitet werden. Dazu wird der Begriff des »Formenkreises« eingeführt. Aus »Autismus« wird der »Autismus-Formenkreis«,[160] aus Schizophrenie wird das »Schizophrenie-Spektrum« und aus den Zwangsstörungen der »Formenkreis der Zwangsstörung«. Dazu kommen neue Diagnosen wie die »Hypersexualitäts-Störung«, die »Gemischte Angst-Depression«,[161] das »Aufmerksamkeitsdefizit-Hyperaktivitäts-Syndrom bei Erwachsenen« oder die »Stimmungsregulations-Störung mit Dysphorie« bei Kindern.[162]

Zudem werden die Kriterien zum Stellen einer Diagnose erweitert. Im Extremfall soweit, dass selbst eine Trauerreaktion, beispielsweise aufgrund eines Todesfalls in der Familie, als Depression diagnostiziert werden kann. Was heute noch als normale Trauer gilt, könnte schon bald als affektive Störung behandlungsbedürftig sein.[163] Am umstrittensten aber ist die Einführung einer ganzen Reihe von »Risiko-Syndromen«. So soll es zukünftig möglich sein, lediglich vermutete Vorstufen von Krankheiten mit einer psychiatrischen Diagnose zu belegen, beispielsweise dem »Risiko-für-Psychose-Syndrom«. Psychiater Frances rechnet mit mindestens 70 bis 75 Prozent falsch positiven Diagnosen. Dies würde ganz besonders Jugendliche betreffen, die dann entsprechend früh und »konsequent« behandelt werden. Mit der bereits jetzt absehbaren Folge, dass »Hunderttausende Teenager und junge Erwachsene unnötigerweise antipsy-

---

158 | Ebd., S. 15.

159 | Frances A (2010) British Medical Journal.

160 | »Autism spectrum disorder«.

161 | »Mixed anxiety depression«.

162 | »Temper dysregulation with dysphoria«.

163 | Frances A (2010a) Psychology Today.

chotische Medikamente verschrieben bekommen.«[164] Das alte Hippokratische *Primum non nocere* Prinzip scheint in der Psychiatrie unserer Tage außer Kraft gesetzt zu sein.

Die Sensibilisierung für das DSM-V läuft bereits auf Hochtouren. So appellierte der DSM-V Vorsitzende David Kupfer bereits höchst persönlich an die amerikanische Ärzteschaft, dem neuen psychiatrischen Diagnosemanual die gebührende Beachtung zu schenken: »Im Umfeld der medizinischen Grundversorgung haben 30 bis 50 Prozent der Patienten deutliche psychische Probleme oder diagnostizierbare psychische Störungen. Nicht behandelt hat dies beträchtliche negative Konsequenzen.«[165] Kupfers Vorgänger Frances sieht die jüngste Edition des Diagnosemanuals bereits als »Goldgrube für die pharmazeutische Industrie, aber zum hohen Preis der neuen falsch positiven Patienten, die im maßlos erweiterten DSM-V Netz hängen bleiben werden.«[166] Dass die Pharmainteressen bei der DSM-V Ausarbeitung erneut gut vertreten werden, lässt sich aus dem Kleingedruckten am Ende des *JAMA*-Artikels von Psychiater Kupfer vermuten. In der Selbstauskunft über Interessenkonflikte gibt Kupfer an, dass er in den Jahren vor seinem Amt als Leiter der DSM-V Task Force unter anderem Berater von *Eli Lilly, Forest Pharmaceuticals, Solvay Wyeth, Johnson & Johnson, Servier* und *Lundbeck* war.[167] Die Namen von weiteren 16 Pharmafirmen, für die Kupfer von 2003 bis 2007 Beraterhonorare erhalten hat, sind auf der Website der *American Psychiatric Association* nachzulesen.[168]

»Paxil macht nicht abhängig«

Keine Frage, Antidepressiva können sehr wirksam sein – kurzfristig zumindest. Davon zeugen Internet-Blogeinträge gebesserter Patienten genauso wie die klinische Erfahrung verschreibender Ärzte. Auch *Paxil* kann die Befindlichkeit depressiver und ängstlicher Patienten in einer Vielzahl von Fällen lindern. Hässlich allerdings kann es werden, wenn Patienten nach einigen Wochen oder Monaten versuchen, *Paxil* wieder abzusetzen. Besonders der (dringend zu vermeidende) abrupte Therapieabbruch führt oftmals zum »SSRI Absetz-Syn-

164 | Frances A (2010b) Psychology Today.

165 | Kupfer DJ, Regier DA (2010) Journal of the American Medical Association.

166 | Frances A (2009) Psychiatric Times.

167 | Zitiert in Angell M (2011b) New York Review of Books.

168 | www.psych.org/MainMenu/Research/DSMIV/DSMV/MeettheTaskForce/David-JKupferMD.aspx Auch Allen Frances' DSM-IV Task Force der 1990er Jahre war schon eng mit der pharmazeutischen Industrie verbunden. So unterhielten 56 Prozent der Experten geschäftliche Beziehungen zu Pharmaherstellern. In den Arbeitsgruppen »affektive Störungen« und »Schizophrenie« waren es sogar 100 Prozent (vgl. Cosgrove L, Krimsky S et al. [2006] Psychotherapy and Psychosomatics).

drom«.[169] Aufgrund seiner kurzen Halbwertszeit im Körper scheint besonders *Paxil* zu Entzugserscheinungen zu führen. Dazu Psychiater David Healys beunruhigender Kommentar im amerikanischen Fernsehen: »Paxil ist das Medikament, von dem die [Weltgesundheitsorganisation] *WHO* die größte Zahl von Berichten über Entzugserscheinungen erhalten hat. Mehr als von irgendeinem anderen Medikament *jemals zuvor.*«[170]

Der Begriff »Absetz-Syndrom« wurde mit Bedacht gewählt, um den belasteten Begriff »Entzugserscheinungen« zu vermeiden. Die SSRI-Hersteller, denen spätestens seit Beginn der 1990er Jahre bekannt war, dass das Absetzen ihrer Medikamente zu Problemen führen kann, haben diesen Begriff eingeführt, um mit illegalen Drogen auf Distanz zu gehen, die traditionell mit dem Begriff »Entzug« in Zusammenhang gebracht werden.[171] Zugleich kommt es zu einer Schuldverschiebung – vom Entzugserscheinungen verursachenden Medikament hin zum Patienten, der aufhört, diese zu nehmen.

Gemäß Jerrold Rosenbaum und Maurizio Fava vom *Massachusetts General Hospital* haben zwischen 20 und 80 Prozent der über einen längeren Zeitraum mit SSRI behandelten Patienten Probleme beim Absetzen. Je kürzer die Halbwertszeit im Körper, desto wahrscheinlicher werden Probleme beim Absetzen.[172] In der Schweiz wird der gleiche Wirkstoff unter dem Handelsnamen *Deroxat* vertrieben. Die entsprechende Fachinformation listet eine ganze Reihe möglicher Probleme bei Therapieabbruch auf: »Es wurde über Schwindel, Sensibilitätsstörungen (einschließlich Parästhesie, Stromschlaggefühl und Tinnitus), Schlafstörungen (einschließlich intensiver Träume), Agitiertheit oder Angst, Übelkeit, Tremor, Konfusion, Schwitzen, Kopfschmerzen, Durchfall, Herzklopfen, emotionale Instabilität, Reizbarkeit und Sehstörungen berichtet.«[173]

Schon vor Jahren haben sich *Paxil*-Entzugswillige auf der Internetseite »Paxilprogress.org« ein Diskussionsforum eingerichtet. Offensichtlich entspricht die Seite einem echten Bedürfnis. Gemäß Webseiten-Statistik hat die Seite über zehntausend registrierte Mitglieder und wird pro Monat über zwei Millionen Mal angeklickt. In den persönlichen Signaturen teilen die »Paxilprogress«-Mitglieder auch gleich ihren gegenwärtigen Entzugsstatus mit. Das sieht dann beispielsweise so aus: »Laurie C. Paxil 20 mg seit 1997. Zwei erfolglose Absetz-Versuche. Stufenweiser Entzug seit dem 27.11.06. Seit dem 29.12.07 Paxil-frei.«

---

169 | Sog. »SSRI discontinuation syndrome«.

170 | Allder M (2004) »Selling Sickness«, Newsworld Reportage »The Nature of Things«. CBC.

171 | Der Begriff »SSRI discontinuation syndrome« wurde 1996 im Anschluss an eine von Eli Lilly gesponserten Konferenz eingeführt.

172 | Stutz B (2007) New York Times vom 6.5.

173 | Fachinformation zu Deroxat Filmtabletten, www.kompendium.ch

Der menschliche Geist, ein Backteig von Chemikalien[174]

Ganz entscheidend für den überwältigenden Erfolg der SSRIs war die von Anfang an verfolgte Strategie, depressive Erkrankungen auf einen einfachen biologischen Mechanismus zu reduzieren. In aufwändigen Aufklärungskampagnen
verbreitete die pharmazeutische Industrie noch bis vor kurzem eine simple und
eingängige Botschaft: Depression ist eine Störung der Neurotransmitter-Sys-
teme, insbesondere ein Serotoninmangel im Gehirn. Und Medikamente wie
Prozac, Zoloft oder *Paxil* könnten aufgrund ihrer spezifischen Wirkungsweise
genau diesen Serotoninmangel beheben. Dabei ist noch nicht einmal die im
Namen enthaltene Behauptung einer biochemischen Selektivität richtig. Längst
ist klar, dass SSRIs alles andere als »selektiv« in den Serotoninhaushalt eingreifen, sondern – über direkte und indirekte Mechanismen – auch das Dopamin-,
Noradrenalin- und eine ganze Reihe weiterer Neurotransmittersysteme beeinflussen.[175]

Tipper Gore, die Ehefrau des amerikanischen Fast-Präsidenten von 2004
hat die weit verbreitete Sichtweise der »Serotoninmangel-Depression« in einem
Interview mit *USA Today* auf den Punkt gebracht: »Es war ohne Zweifel eine
klinische Depression und ich brauchte Hilfe, um diese zu überwinden. Was ich
darüber erfahren habe, ist, dass das Gehirn eine bestimmte Menge Serotonin
braucht. Wenn dieses fehlt, ist es, wie wenn das Benzin ausgeht.«[176]

Der britische Psychologe Oliver James ging noch einen Schritt weiter und
erklärte gleich ganz Großbritannien zur deprimierten »Niedrig-Serotonin-Ge-
sellschaft«.[177] Hartnäckig hält sich die Legende vom »Glückshormon Serotonin«. Früher war die Umgangssprache mit Entlehnungen aus Psychologie und
Psychoanalyse durchsetzt. Im »Psycho-babble« sprach man gerne von Komplexen, Neurosen, Projektion und Übertragung. In den 1990er Jahren aber hat
der »Bio-Jargon« den »Psycho-Jargon« abgelöst. Die neuro-reduktionistische
Maximalvariante jener Jahre ist wohl Werbetextern für *Paxil* eingefallen: »So
wie sie für ein Kuchenrezept Mehl, Zucker und Backpulver in den richtigen
Mengen brauchen, benötigt ihr Gehirn eine feine chemische Balance um op-
timal zu funktionieren.«[178] Der menschliche Geist, endlos durchanalysiert von
Generationen von Theoretikern und Forschern, wurde nun reduziert auf einen

174 | Die nachfolgende Abhandlung zur Serotoninhypothese der Depression wurde
auszugsweise publiziert in Hasler F (2011) Der Beobachter.

175 | Sanchez C, Hyttel J (1999) Cellular and Molecular Neurobiology; Kitaichi Y, Inoue
T et al. (2010) European Journal of Pharmacology.

176 | Hall M (1999) USA Today vom 7.5.; zitiert in Healy D (2004) »Let them eat Pro-
zac«, S. 263.

177 | James O (1998) »Britain on the Couch – Treating a Low Serotonin Society«.

178 | Watters E (2010) »Crazy like Us«, S. 254.

Backteig von Chemikalien, den wir in der Teigschüssel unseres Schädels herumtragen.[179]

Antidepressiva à la carte

Marcia Angell, Ärztin und ehemalige Chefredakteurin des *New England Journal of Medicine*, resummiert in einem Essay für die *New York Review of Books*, dass »heutzutage eine medizinische Behandlung [psychischer Störungen] fast immer Psychopharmaka bedeutet«.[180] Und stellt fest, dass der Wechsel von Gesprächstherapien zu Medikamenten mit dem Aufkommen der Theorie zusammenfällt, dass psychische Störungen durch chemische Ungleichgewichte im Gehirn verursacht werden, die durch spezifische Medikamente ausgeglichen werden können. Medien, Öffentlichkeit und vor allem auch die Zunft der Ärzte hätten diese neue Sichtweise bereitwillig anerkannt, nachdem *Prozac* auf den Markt kam und intensiv als Gegenmittel gegen den Serotoninmangel im Gehirn beworben wurde.

Wie die Anthropologin Emily Martin beschreibt, war es in einer Psychiatriesprechstunde am *Massachusetts General Hospital* in Boston durchaus üblich, Patienten eine Art kommentierte Menüliste mit Antidepressiva zur Auswahl vorzulegen.[181] Ein Katalog mit allen verschreibbaren Antidepressiva, aufgelistet mit Wirkprofilen und möglichen Nebenwirkungen. Antidepressiva aussuchen, so normal wie ein Abendessen im Restaurant auswählen.

In Europa dürfen verschreibungspflichtige Medikamente nur in medizinischen Fachzeitschriften beworben werden. In den USA und in Neuseeland hingegen werden rezeptpflichtige Medikamente auch direkt beim Endverbraucher angepriesen (»Direct-to-consumer-marketing«).[182] In den Pharma-Fernsehspots treten sympathische Menschen auf, die lachend mit kleinen Hunden spielen, ihre Kinder knuddeln und mit Freunden scherzen. Nachdem sie durch *Zoloft*, *Paxil*, *Prozac* oder *Effexor* geheilt wurden. »Ich habe meine Mami zurück« steht in Kinderschrift auf einem Post-it Zettel geschrieben – seit Mami *Effexor* nimmt, so die implizite Botschaft eines *Wyeth*-Werbeinserats in einer Medizinzeitschrift.

Interessanterweise sieht man in der Pharmawerbung stets nur glückliche, geheilte Menschen – niemals leidende Patienten oder ihre Krankheit. Fühlt sich ein Zuschauer durch die Werbebotschaft angesprochen, soll er zu seinem Arzt gehen und sich das entsprechende Medikament verschreiben lassen.[183] Wie ef-

---

179 | Ebd.
180 | Angell M (2011a) New York Review of Books vom 23.6.
181 | Martin E (2006) BioSocieties.
182 | Mintzes B (2002) British Medical Journal.
183 | So genannte »Fragen-Sie-Ihren-Arzt-nach-XY«-Kampagnen.

fektiv diese Marketingstrategie ist, zeigt eine Studie der Gesundheitsforscherin Barbara Mintzes von der *University of British Columbia*: »Ich habe eine Untersuchung bei Hausärzten durchgeführt. Dabei zeigte sich, dass drei Viertel der Patienten, die ihren Arzt nach einem bestimmten Medikament aus der Werbung fragten, auch tatsächlich mit einem Rezept für dieses Medikament aus der Praxis kamen.«[184] Man muss auch gar nicht depressiv sein, um ein Antidepressivum verschrieben zu bekommen. Eine pharma-ökonomische Studie kam zum Schluss, dass ganze 94 Prozent der Patienten, die durch Pharma-Direktwerbung motiviert zum Arzt gehen und eine Antidepressiva-Verschreibung erhalten, gar keine behandlungsbedürftige Depression haben.[185]

Serotonin ist an allem Schuld

Bis heute kommunizieren die Pharmahersteller die Botschaft, die auch Tipper Gore verinnerlicht hat: Depression ist eine ernste biologische Krankheit, die auf einem Ungleichgewicht von Neurotransmittern im Gehirn beruht. Und SSRI-Antidepressiva würden genau diesen gestörten Neurotransmitter-Haushalt normalisieren. Und zwar nicht nur bei Depressionen. Auch generalisierte Angststörung, Panikattacken, Zwangsstörungen, soziale Phobie, posttraumatische Belastungsstörung, Essstörungen aller Art und selbst die umstrittene »prämenstruelle dysphorische Störung« sollen auf einem Serotoninmangel beruhen. Dies folgt zwangsläufig aus der Tatsache, dass verschiedene SSRIs die behördliche Zulassung zur Behandlung all dieser Störungen erhalten haben und in der Praxis als Pharmaka erster Wahl eingesetzt werden. So lässt uns *Sarafem* Hersteller *Warner Chilcott* auf seiner Webseite zur Behandlung der »prämenstruellen dysphorischen Störung« (PMDD) wissen: »*Sarafem* ist ein FDA-bewilligtes verschreibungspflichtiges Medikament, das sowohl die stimmungsbedingten wie auch körperlichen Symptome von PMDD (Premenstrual Dysphoric Disorder) lindert. Viele Ärzte glauben, dass *Sarafem* einen Beitrag dazu leistet, das Serotonin-Ungleichgewicht zu korrigieren, das zu PMDD beitragen könnte.«[186]

---

184 | Allder M (2004) »Selling Sickness«, Newsworld Reportage »The Nature of Things«. CBC.

185 | Block AE (2007) Pharmacoeconomics. Der Autor der Studie hält die durch Direktwerbung bedingte Antidepressiva-(Über-)Verschreibung trotzdem für volkswirtschaftlich günstig – räumt aber ein, unerwünschte Nebenwirkungen nicht in die Rechnung mit einbezogen zu haben.

186 | www.wcrx.com/products/sarafem.jsp Sarafem enthält den Wirkstoff Fluoxetin und ist somit nichts anderes als Prozac in neuer Verpackung. Ein weiteres Paradebeispiel für »condition branding«. Der Hersteller wollte vermeiden, dass Frauen das Gefühl

Mythos Serotoninhypothese

Erstaunlicherweise gibt es aber überhaupt keine wissenschaftlichen Studien, die diese Hypothese auch nur halbwegs überzeugend belegen könnten. In keiner einzigen Untersuchung wurde bis heute nachgewiesen, dass Veränderungen im Serotoninsystem bei *irgendeiner* psychischen Störung ätiopathogenetisch bedeutsam sind, während eine ganze Reihe von Studien das Gegenteil gezeigt hat.[187] Stanford Psychiater David Burns[188] hat von der *Gesellschaft für biologische Psychiatrie* einen Preis für seine Grundlagenforschung zum Metabolismus von Serotonin bekommen. Nach dem wissenschaftlichen Status der »Serotoninhypothese« befragt, sagte Burns: »Ich habe mehrere Jahre meiner Laufbahn mit Forschung zum Serotonin-Metabolismus im Gehirn zugebracht. Ich sah nie einen überzeugenden Beweis dafür, dass irgendeine psychiatrische Erkrankung – Depression eingeschlossen – auf eine Serotonin-Mangelfunktion des Gehirns zurückzuführen ist.«[189] Auch Elliot Valenstein, emeritierter Professor für Neurowissenschaften an der *Universität von Michigan*, zweifelt an der Neurotransmittermangel-Theorie: »Obwohl oft mit großer Überzeugung erklärt wird, dass depressive Menschen einen Serotonin- oder Noradrenalinmagel haben, widerspricht die wissenschaftliche Beweislage diesen Behauptungen.«[190]

Immer wieder hatte man versucht, reproduzierbar neurochemische Veränderungen bei depressiven Patienten nachzuweisen. So hat man die Konzentration von Serotonin-Metaboliten in der Rückenmarksflüssigkeit bestimmt, bei gesunden Kontrollpersonen bis hin zu suizidal depressiven Patienten. Die Ergebnisse waren höchst widersprüchlich und alles andere als überzeugend für die Serotoninhypothese.[191] Auch die Experimente in den 1990er Jahren, durch forciertes Absenken des Serotoninspiegels depressive Zustände auszulösen, blieben ohne Erfolg. Einzig bei depressiven Patienten, die sich unter Medikation mit SSRI-Antidepressiva im Zustand der Besserung befanden, schien durch Absenkung des Serotoninspiegels ein Rückfall in die Depression erzeugt werden zu können.[192] Nach Veröffentlichung der entsprechenden Studie von Forschern

haben, ein Antidepressivum zu nehmen und hat sich deshalb zu einem »re-branding« mit lavendelfarbenen Tabletten und einem neuen Produktimage entschlossen.

187 | Lacasse JR, Leo J (2005) Public Library of Science Medicine, S. 1211-1212.

188 | David Burns wurde später als Psychotherapeut zu einer zentralen Figur in der Entwicklung der kognitiven Therapie.

189 | Zitiert in Lacasse JR, Leo J (2005) Public Library of Science Medicine, S. 1212.

190 | Valenstein ES (1998) »Blaming the brain: The truth about drugs and mental health«, S. 100.

191 | Siehe z.B. Roggenbach J, Müller-Örlinghausen B et al. (2002) Psychiatry Research.

192 | Delgado PL, Charney DS et al. (1990) Archives of General Psychiatry.

aus *Yale* schien klar, dass zumindest bei der Untergruppe von Depressiven, die auf eine SSRI-Therapie ansprechen, dem Serotonin eine wesentliche Beteiligung zukommt. Einmal mehr konnte aber auch dieser Befund in späteren Studien nicht repliziert werden.[193] Gut möglich, dass in der ersten Studie einfach eine SSRI-Absetzreaktion provoziert wurde.[194]

Auch die hoch technisierte Hirnforschung unserer Tage konnte bislang mit keiner Methode schlüssig eine Läsion des Serotoninsystems zeigen – weder bei Depressionen noch bei irgendeiner anderen psychischen Störung. Der Blick in die neuesten Neuroimaging-Übersichtsarbeiten zur Depression macht dies mehr als deutlich. 2009 haben dänische Forscher eine Zusammenfassung über alle Positronen-Emissions-Tomographie-Studien veröffentlicht, welche die Neurotransmission bei Gesunden und Depressiven verglichen haben.[195] So wurde in zehn PET-Studien versucht, Unterschiede in der Dichte oder Verteilung des Serotonin-Transporters[196] im Gehirn aufzuzeigen. Das Ergebnis – ein glattes Patt. Vier Studien fanden eine verringerte Serotonintransporter-Dichte bei Depressiven, vier Studien zeigten eine höhere Dichte und zwei Untersuchungen fanden gar keinen Unterschied. Das Fazit der dänischen Forscher am Ende ihres Reviews: »Unserer Meinung nach konnten PET-Studien [...] keine überzeugenden Belege für abweichende Mechanismen des Serotoninsystems bei depressiven Erkrankungen liefern.«[197] Zum genau gleichen Schluss kommt man, wenn man die entsprechenden Studien mit einem anderen Bildgebungs-Verfahren, der SPECT-Technologie, anschaut.[198] Immerhin, seit kurzem gibt es einen neuen Bildgebungs-Ansatz zur Messung der Serotonin-Ausschüttungs-kapazität in vivo.[199] Möglicherweise lassen sich damit neue Erkenntnisse zur Funktionalität des Serotoninsystems gewinnen.

---

193 | Moore P, Gillin C et al. (1998) Archives of General Psychiatry.

194 | Delgado PL (2006) Journal of Clinical Psychiatry.

195 | Smith DF, Jakobsen S (2009) European Neuropsychopharmacology.

196 | Der Serotonintransporter pumpt überschüssiges Serotonin aktiv aus dem synaptischen Spalt zurück in die Nervenzelle. Diese funktionelle Einheit der Neuronen ist der primäre Angriffsort von SSRI-Antidepressiva.

197 | Smith DF, Jakobsen S (2009) European Neuropsychopharmacology, S. 625.

198 | Catafau AM, Perez V et al. (2006) Psychopharmacology, S. 151.

199 | In der Arbeitsgruppe »Neuropsychopharmacology & Brain imaging« an der Psychiatrischen Universitätsklinik Zürich haben wir eine Messmethode entwickelt, welche die Serotonin-Ausschüttungskapazität bestimmen kann. Dabei wird durch einmalige Gabe des Medikaments Dexfenfluramin eine Serotoninausschüttung provoziert und die Menge des freigesetzten Serotonins indirekt mittels Positronen-Emissions-Tomographie bestimmt (Quednow BB, Treyer V, Hasler F et al. [2012] NeuroImage).

Von der medizinischen Tatsache zur nützlichen Metapher

Auch die Medien haben viel dazu beigetragen, dass sich die Meinung etablieren konnte, bei der Neurotransmitterhypothese der Depression handle es sich um eine eindeutig bewiesene medizinische Tatsache. Die amerikanischen Wissenschaftler Jonathan Leo und Jeffrey Lacasse haben sich dieses Phänomen genauer angeschaut. Wann immer sie einer entsprechenden Medienmitteilung begegnet sind, haben Leo und Lacasse den Verfasser des Berichts sowie den verantwortlichen Redakteur der Zeitung kontaktiert und gebeten, doch bitte die wissenschaftlichen Evidenzen zu nennen, auf die sie sich in ihrem Artikel beziehen. Zurück kam – nichts. Keiner der Autoren konnte auch nur eine einzige wissenschaftliche Studie oder einen Expertenkonsens zitieren, welche ihre Behauptung belegt, psychische Störungen seien Störungen des Neurotransmittergleichgewichts.[200] Bisweilen rettete man sich gar in die Formulierung, es handle sich dabei lediglich um eine »nützliche Metapher«.[201]

Immerhin, Teilen der Fachwelt ist die dürre wissenschaftliche Beweislage zu den Neurotransmitter-Hypothesen affektiver Störungen nicht verborgen geblieben. So hat beispielsweise das britische *Royal College of Psychiatrists* bereits 2006 alle Hinweise zu einem »chemischen Ungleichgewicht« als mögliche Ursache für Depressionen von seiner Webseite genommen.[202] Dagegen dürfte auch der einflussreiche amerikanische Psychiater Allen Frances nichts einzuwenden gehabt haben. Der Vorsitzende der Arbeitskommission zur Erstellung der vierten Version des Diagnosemanuals DSM (erschienen 1994) hat unlängst an einer Konferenz in Berlin ein ernüchterndes Fazit zu den biochemischen Hypothesen psychischer Störungen gezogen: »Unsere Neurotransmitter-Theorien sind nicht viel weiter als die Säftelehre der Griechen.«[203]

Letzte Zuflucht Neuroplastizität

Dass Antidepressiva zumindest kurzfristig wirksam sind, ist kaum bestritten. Tatsächlich lassen sich in einigen Fällen mit *Prozac* und Co. beeindruckende Besserungen erzielen. Dass es dazu aber überhaupt keine Erhöhung der Serotonin-Verfügbarkeit braucht, zeigt das Beispiel *Stablon*. Dieses erst seit kurzem zugelassene Antidepressivum mit dem Wirkstoff Tianeptin hat sich in klini-

---

200 | Leo J, Lacasse JR (2008) Society.

201 | Ebd., S. 38.

202 | Vgl. www.rcpsych.ac.uk/mentalhealthinformation/mentalhealthproblems/depression/depression.aspx

203 | Frances A (2011) »Gebrauch und Missbrauch psychiatrischer Diagnosen«. Vortrag an der Konferenz »Situating Mental Illness« am Institute for Cultural Inquiry, Berlin, 28.4.

schen Studien als genau so wirksam (oder, je nach Sichtweise, unwirksam) erwiesen wie die SSRIs oder die alten trizyklischen Antidepressiva. *Stablon* ist aber ein »Selektiver Serotonin-Wiederaufnahme-*Verstärker*«. Anstatt die Serotonin-Konzentration an den Nervenendigungen zu erhöhen, reduziert Tianeptin die Verfügbarkeit von Serotonin. Wäre die Serotonin-Hypothese der Depression richtig, müsste *Stablon* eine Depression auslösen – und nicht lindern.[204] Ungeachtet all dieser Fakten ließ uns beispielsweise *Forest Laboratories*, der Hersteller des Antidepressivums *Lexapro*, auch noch Ende 2010 auf seiner Webseite wissen: »[...] man nimmt an, dass Botenstoff-Ungleichgewichte eine wichtige Rolle bei der Entstehung von Depression und Angst spielen. Serotonin ist ein Botenstoff, der klar mit den meisten, wenn nicht allen Formen von Depression in Zusammenhang gebracht wurde«.[205]

In der Fachwelt wird die Wirkungsweise von Antidepressiva längst differenzierter betrachtet. Man diskutiert eine Veränderung der Rezeptor-Regulationsmechanismen, eine günstige Beeinflussung der »Stressachse« oder auch eine Modulation der Gen-Expression. Ganz besonders aber werden heutzutage neuroplastische Veränderungen in verschiedenen Hirnregionen als biologisches Substrat der SSRI-Wirkung angesehen. Neben dem *Hippocampus* steht die *Amygdala* im Zentrum des Interesses.

Amerikanische Psychologen haben sich alle Studien zur Morphologie der *Amygdala* bei depressiven Patienten angeschaut.[206] Und sind in ihrer Metaanalyse auf bemerkenswerte Zusammenhänge gestoßen. Nicht mit Medikamenten behandelte Patienten haben im Durchschnitt eine etwas kleinere *Amygdala* als Gesunde. Mit Antidepressiva behandelte Patienten haben aber eine *vergrößerte Amygdala*. Die Autoren argumentieren, dass die Antidepressiva die Neubildung von Nervenzellen anregen und so eine Vergrößerung der *Mandelkerne* bewirkt hätten. Ist also in einer Anregung der Neuroplastizität die biologische Grundlage der SSRI-Wirkung zu suchen? Bemerkenswert ist schon einmal, dass sich die *Amygdala* in ihrer Größe offenbar nicht nur normalisiert, sondern über die Normwerte hinaus wächst. Was aber eine *vergrößerte Amygdala* für physiologische Konsequenzen hat, ist völlig unklar. Bei schizophrenen Patienten wurde postuliert, eine vergrößerte *Amygdala* sei ein Risikofaktor für Suizidversuche.[207] Da Teile der *Amygdala* auch bei Frauen in der prämenstruellen Phase vergrößert sind, wurde ein Zusammenhang mit größerer Stressanfälligkeit suggeriert.[208] Vergrößerungen der *Mandelkerne* wurden aber auch bei überge-

204 | Kirsch I (2009) »The Emperor's New Drugs«, S. 97.

205 | www.lexapro.com/about-lexapro

206 | Hamilton JP, Siemer M et al. (2008) Molecular Psychiatry.

207 | Spoletini I, Piras F et al. (2011) Schizophrenie Research

208 | Ossewaarde L, Van Wingen GA et al. (2011) Human Brain Mapping.

wichtigen Menschen gefunden.[209] Hier kommentieren die Autoren, dass dies über den Mechanismus »hedonistischer Erinnerungen« mit der Regulation der Nahrungszufuhr zu tun haben könnte. Einmal mehr ist man geneigt, in den hirnbiologischen Befunden und ihren Erklärungen viel mehr Beliebigkeit als Sinnhaftigkeit zu entdeckten.

Man hat dies zwar nicht untersucht, aber eine Vergrößerung der *Amygdala* würde wohl auch bei Gesunden als Reaktion auf die chronische Gabe von Antidepressiva nachzuweisen sein. Dass aber auch Gesunde stimmungsmäßig von der Einnahme von SSRIs profitieren, ist überhaupt nicht belegt. Zudem haben auch mit SSRIs behandelte Depressive Rückfälle in die Depression. Kaum anzunehmen, dass die *Mandelkerne* – oder auch anderer Hirnareale wie die *Hippocampi* – in diesen Phasen schrumpfen und wieder zunehmen, wenn die Symptome schwinden. Depressionssymptome einfach als Folge stressbedingter Hirnvolumenveränderungen zu verstehen[210], die durch Antidepressiva aufgehoben werden, folgt einer viel zu simplen Denkmechanik.

Die Neuroplastizität als biologisches Korrelat pharmakologischer Intervention ins Spiel zu bringen ist allerdings ein todsicheres, da kaum zu widerlegendes Argument. Schließlich führt jegliche Form der Einflussnahme auf das Gehirn, sei sie pharmakologischer oder nicht-pharmakologischer Art, zu neuroplastischen Veränderungen. Entgegen früherer Annahmen ist nämlich auch das vollständig entwickelte erwachsene Gehirn noch höchst reaktiv auf Umwelteinflüsse. Neuronale Verschaltungen können sich innerhalb von Minuten nach Stimulation ändern. Auch Sport, eine Psychoanalyse und selbst ein banaler Kinobesuch führen zu neuroplastischen Veränderungen. Weil aber niemand weiß, welche Art der neuronalen Konfiguration mit welchem subjektiven Erleben einhergeht, kann gar nicht entschieden werden, ob die durch SSRIs verursachten Änderungen in der Neuronenvernetzung tatsächlich die Besserung der depressiven Symptome reflektiert. Genauso gut könnte man nämlich argumentieren, die Änderung der neuronalen Verdrahtung bilde die Anstrengung des Gehirns ab, die durch chronische Medikamentengabe gestörte Hirnphysiologie wieder zu normalisieren.

Gehirnchemie – eine komplizierte Angelegenheit

Das Gehirn besteht – neben anderen Zellarten – aus geschätzten 100 Milliarden Neuronen, die über eine geschätzte Billiarde Synapsen miteinander in Verbindung stehen. Dazu kommt eine schier unüberschaubare Zahl von Botenstoffen (Amine, Neuropeptide, Aminosäuren und Gase), welche die Nervenübertragung durch Wechselwirkung mit einer Hundertschaft verschiedener Rezeptoren or-

---

209 | Widya RL, De Roos A et al. (2011) American Journal of Clinical Nutrition.

210 | Koolschijn PC, Van Haren NE et al. (2009) Human Brain Mapping.

chestriert und reguliert. Und nicht zu vergessen: Ebenso viele Hormone, zuständig für mittel- und langfristige Modulationen biologischer Vorgänge, sowie Tausende von Regulationsgenen. Ganz zu schweigen von spezifischen Transportmechanismen, molekularen Speicherorganen und einer ganzen Armada von Enzymen. Zudem mehren sich die Hinweise, dass nicht nur Neuronen, sondern auch ganz andere Zelltypen des Gehirns für Bewusstseinsprozesse, insbesondere für Gedächtnisfunktionen fundamental wichtig sein könnten.[211]

Allein schon aufgrund der unvorstellbaren Komplexität des Gehirns erscheint es mehr als fragwürdig, psychische Störungen auf das Fehlverhalten einiger weniger seiner biochemischen Akteure herunterbrechen zu wollen. Dazu kommt, dass externe pharmakologische Eingriffe vom Gehirn über kurz oder lang durch Gegenregulationen ausgeglichen werden. Rezeptordichten und Genexpression werden angepasst, die Ansprechbarkeit von Rezeptoren wird verändert oder die endogene Produktion von Botenstoffen heruntergefahren. Auch Sucht und Entzugserscheinungen basieren typischerweise auf solchen Vorgängen. Wird eine suchterzeugende Substanz regelmäßig konsumiert, kommt es zu einer ganzen Kaskade von neurochemischen Anpassungen im Gehirn. Entfällt plötzlich die vom Gehirn antizipierte Zufuhr, entsteht ein relativer Mangelzustand. Subjektiv werden Entzugserscheinungen erlebt.

Überhaupt erscheint die Unterteilung psychoaktiver Wirkstoffe in Medikamente und Drogen reichlich willkürlich. Jonathan Leo und Jeffrey Lacasse fassen die Lage wie folgt zusammen: »Substanzen, die genommen werden um ein [hypothetisches] chemisches Ungleichgewicht zu beheben können Medikamente genannt werden und werden von Patienten verwendet. Substanzen, die genommen werden um ›abzustumpfen‹ werden typischerweise als Straßendrogen betrachtet und von ›Usern‹ oder Süchtigen konsumiert.«[212] Der feine Unterschied zwischen Medikament und Droge ist 2004 dem amerikanischen Football-Spieler Ricky Williams zum Verhängnis geworden.[213] Der Star der *Miami Dolphins* stand mehrere Jahre beim Pharmahersteller *Glaxo* unter Vertrag, um *Paxil* zu bewerben – das Medikament, das Williams gegen seine »soziale Angststörung« einnahm.[214] Als der Football-Spieler unvorsichtigerweise in einem Interview verlauten ließ, Marijuana wirke »zehnmal besser als *Paxil*«,[215] fand Williams' Job bei *Glaxo* ein abruptes Ende. *Paxil* und Marijuana auf dieselbe Stufe zu stellen empfand *Glaxo* offenbar als Affront und Kündigungsgrund.

---

211 | Fields RD (2009) »The Other Brain«.

212 | Leo J, Lacasse JR (2008) Society, S. 37.

213 | Ebd.

214 | Eine körperbetontere Sportart als American Football gibt es kaum. Dass ein Patient mit einer »sozialen Angststörung« diesen Sport auf professionellem Niveau ausüben kann, ist an und für sich schon erstaunlich.

215 | Leo J, Lacasse JR (2008) Society, S. 37.

Psychopharmaka verändern die Hirnchemie

Bei den SSRIs ist eine Gegenregulation des Gehirns via Feedbackmechanismus gut bekannt. Durch die Zufuhr von *Prozac* und Co. kommt es nämlich gar nicht zu einer Erhöhung des Serotoninspiegels, sondern de facto zu einer Reduktion. Weil die Rückaufnahme des freigesetzten Serotonins in die Zelle medikamentös gehemmt wird, erhöht sich kurzfristig dessen Konzentration im synaptischen Spalt. Das überschüssige Serotonin bindet nun aber auch vermehrt an Serotonin-1A-Autorezeptoren. An dieser molekularen Schaltstelle wird die Produktion und Freisetzung von Serotonin natürlicherweise reguliert. Werden diese Autorezeptoren durch zu viel Serotonin stimuliert, erfolgt der biochemisch kodierte Befehl, den Nachschub zu drosseln. Das Gehirn fährt einfach die eigene Serotoninproduktion herunter. Und zwar so lange, bis ein neues Gleichgewicht hergestellt ist. Dieser Feedbackmechanismus führt aber auch zu funktionellen Veränderungen des Serotoninsystems. Schon 1981 haben Wissenschaftler von *Eli Lilly* in Tierversuchen festgestellt, dass nach vier Wochen Behandlung mit Fluoxetin die Dichte von Serotonin-Rezeptoren um 25 Prozent zurückgeht.[216]

Andere Forscher haben später berichtet, dass die chronische Verabreichung von Fluoxetin in einigen Hirnregionen zu einer fünfzigprozentigen Reduktion von Serotoninrezeptoren führt.[217] Was dies für Konsequenzen hat, ist völlig unklar. Einige Fachleute sehen darin das eigentliche Wirkprinzip der SSRIs, andere machen dieses Phänomen für das »SSRI-Absetzsyndrom« verantwortlich. Klar ist nur: SSRI-Antidepressiva sind dazu gedacht, den Serotoninspiegel anzuheben – das Gehirn fährt diesen aufgrund von biochemischen Regulationsmechanismen aber noch weiter herunter. Anstatt ein (hypothetisches) psychopathologisch bedingtes chemisches »Ungleichgewicht« auszugleichen, verursachen SSRI-Antidepressiva dieses erst. Vor der Behandlung mit SSRIs ist völlig unklar, ob das Serotoninsystem tatsächlich gestört ist. Während und nach der Behandlung hingegen ist es sicher, dass das Serotoninsystem weniger reaktiv und somit unnatürlich verändert ist. Dieser Meinung war schon 1991 der *Princeton*-Neurowissenschaftler Barry Jacobs: »Diese Pharmaka verändern das Niveau synaptischer Übertragung unter das Niveau, das unter [normalen] Umweltbedingungen erreicht wird. Deshalb sollten alle Verhaltensreaktionen, die unter diesen Bedingungen zustande kommen, eher als pathologisch, denn als normaler Ausdruck der biologischen Rolle des Serotonins betrachtet werden.«[218]

216 | Wong D (1981) Research Communications in Chemical Pathology and Pharmacology.

217 | Wamsley J (1987) Journal of Clinical Psychiatry.

218 | Jacobs B (1991) Journal of Clinical Psychiatry; zitiert in Whitaker R (2010) »Anatomy of an Epidemic«, S. 82.

Die Krankheit ist Schuld, nicht das Medikament

Ein hirnfunktioneller Anpassungsmechanismus liegt auch der »reaktiven Angst« beim Absetzen von Benzodiazepin-Beruhigungsmitteln zugrunde. Der Neurotransmitter GABA[219] sorgt dafür, dass die Nervenübertragungsrate im Gehirn reduziert wird. Vereinfacht gesprochen hat dieser Neurotransmitter die Funktion einer Bremse. *Valium* und *Co.* binden an GABA-Rezeptoren und verstärken die dämpfende Wirkung des Neurotransmitters GABA. Als Reaktion auf die chronische Einnahme von Benzodiazepinen reduziert das Gehirn die Dichte an GABA-Rezeptoren. Da die angstlösende Wirkung erhalten bleibt, merkt der Patient nichts davon. Bis zum Zeitpunkt, an dem er nach einigen Monaten oder Jahren der Einnahme versucht, die Medikamente abzusetzen. Weil die GABA-Bremse nun kaum noch funktioniert, ist das Gehirn überaktiviert.

Nicht nur Schlaflosigkeit plagt den Absetzwilligen. Auch die Angst, die das Medikament ursprünglich bekämpft hat, kehrt mit ungekannter Wucht zurück. Naheliegenderweise werden deshalb Symptome, die beim Absetzen von Psychopharmaka durch »Rebound-Effekte« auftreten, häufig mit den Symptomen der ursprünglichen Krankheit verwechselt. In der Annahme, bedauerlicherweise einen Rückfall in Angst, Depression oder Psychose zu erleiden, drängen viele Ärzte ihre Patienten dazu, die Therapie mit Benzodiazepinen, Antidepressiva oder Antipsychotika sofort wieder aufzunehmen. Nicht selten in noch höheren Dosen als vorher. Das Auftreten von Symptomen bei Absetzversuchen wird auch gerne als Beleg dafür genommen, dass es ohne Medikamente »leider nicht geht« und diese deshalb auf unbestimmte Zeit weiter eingenommen werden müssen. Einmal mehr gilt das bewährte Motto: »Gib der Krankheit die Schuld, nicht dem Medikament.« Dabei können depressive Patienten sehr wohl zwischen ihren krankheitsbedingten Symptomen und Absetzsymptomen unterscheiden. Meist werden sie einfach nicht danach gefragt – oder man glaubt ihnen nicht.

Steven Hyman gehört zu den Großen und Mächtigen seiner Zunft: Universitätsabschlüsse in *Yale* und *Cambridge*, Vorsteher von *Harvard* und ehemaliger Direktor des *National Institute of Mental Health*. Auch Hyman hat schon vor über zehn Jahren in einem Fachaufsatz im *American Journal of Psychiatry* darauf hingewiesen, dass Psychopharmaka »Störungen in Neurotransmitter-Funktionen bewirken« und dass die chronische Verabreichung von Medikamenten »beträchtliche und lang andauernde Veränderungen in der Nerventätigkeit« verursache. Hymans Schlussfolgerung: Nach ein paar Wochen arbeite das Gehirn in einer Art und Weise, die »qualitativ und quantitativ abweichend vom Normal-

---

219 | Gamma-Aminobutyrat.

zustand« sei.[220] Tatsächlich mag man sich fragen, ob die chronische Verabreichung von Psychopharmaka »chemische Ungleichgewichte« im Gehirn nicht viel eher verursacht als behebt.

Akute und chronische Medikationseffekte werden auch zum Problem, wenn mit biologischen Studien psychische Störungen untersucht werden sollen. Gerade bei schweren Krankheitsbildern wie Schizophrenie, bipolarer Störung oder chronischer Depression ist es fast unmöglich, überhaupt Patienten zu rekrutieren, die noch nie mit Psychopharmaka behandelt wurden. In der Regel sind schwer kranke Patienten seit Jahren medikamentös behandelt, oft mit mehreren Medikamenten gleichzeitig. Die gesunden Vergleichspersonen hingegen sind in der Regel kaum mit dieser Art von Psychopharmaka in Berührung gekommen.

Was also misst man eigentlich, wenn man Hirn-Scans von chronisch kranken Patienten mit Hirn-Scans von Gesunden vergleicht? Echte Krankheitsprozesse oder Medikationseffekte? Höchst wahrscheinlich vor allem Letzteres. Es liegt an der hoch adaptiven Biologie des Gehirns, dass die meisten Psychopharmaka Rezeptor-Anpassungen und chronische Botenstoff-Ungleichgewichte verursachen. Wie umkehrbar diese Prozesse nach Absetzen der Medikamente sind, ist weitgehend ungeklärt. Dazu gibt es nur wenige Untersuchungen. Werden medikamentös behandelten Patienten in »naturalistischen Studien« die Psychopharmaka aber nur Stunden oder wenige Tage vor der Messung abgesetzt, wird es noch unübersichtlicher. Dann misst man vor allem »Rebound-Effekte« und andere physiologische Absetzreaktionen.

Schlechte Nachrichten für Schizophreniepatienten

Zwar gelang es bislang nicht, per Hirn-Scan hypothetische Veränderungen des Gehirns bei psychischen Störungen nachzuweisen. Sehr wohl aber gelang der Nachweis, dass bestimmte Psychopharmaka bei chronischer Verabreichung zu echten hirnmorphologischen Veränderungen führen. Im Fall der Neuroleptika ist gar mit einem kontinuierlichen Verlust an Hirnsubstanz zu rechnen. Für Verfechter der biologischen Psychiatrie sind die Ergebnisse einer Langzeituntersuchung von Nancy Andreasen bei chronisch schizophrenen Patienten besonders schmerzhaft. Über lange Zeit galt nämlich der Befund eines verkleinerten Hirnvolumens bei chronischen Schizophreniepatienten als der robusteste experimentelle Beleg für eine biologische Veränderung bei einer psychischen Störung. Die Neurowissenschaftlerin Andreasen verfolgt seit Anfang der 1990er Jahre den Langzeitverlauf schizophrener Erkrankungen und führt bei den Patienten in regelmäßigen Abständen MRT-Messungen des Gehirns

---

220 | Hyman SE (1996) American Journal of Psychiatry; zitiert in Whitaker R (2010) »Anatomy of an Epidemic«, S. 83.

durch.[221] Seit Mitte der 1990er Jahre war in Andreasens Forschungsberichten in verschiedensten Variationen zu lesen, dass die Patienten unter fortschreitender Verkleinerung des Hirnvolumens litten, besonders im Bereich des Stirnhirns. Und dass dieser Abbau von Hirnsubstanz in direktem Zusammenhang mit Negativsymptomen,[222] kognitiven Störungen und der allgemeinen Funktionstüchtigkeit steht.[223] Andreasen und Kollegen diskutierten damals, dass der Befund einer morphologischen Veränderung im Stirnhirn gut zu den Symptomen einer Schizophrenie passe und dies »[...] erklären könnte, weshalb Patienten mit Schizophrenie oft signifikante Defizite in der Planung und der Organisation ihres Denkens und Verhaltens aufweisen.«[224] Und man bedauerte, dass auch die konsequente Behandlung mit Antipsychotika diesen Verlust an Hirnvolumen – bis zu einem Prozent pro Jahr – offenbar nicht aufzuhalten vermochte.

In einem Interview mit der *New York Times* im September 2008 allerdings erwähnte die Forscherin, fast beiläufig, dass »je mehr Medikamente Sie [als Schizophreniepatient] bekommen haben, desto mehr Hirngewebe verlieren Sie.«[225] Die Psychiaterin und langjährige Chefredaktorin des *American Journal of Psychiatry* erklärte der erstaunten Journalistin auch gleich, weshalb dem so ist: »Diese [Antipsychotika] blockieren die Aktivität der Basalganglien. Der präfrontale Cortex bekommt nicht den benötigten Input und wird von den Medikamenten heruntergefahren. Dies reduziert die psychotischen Symptome. Es verursacht aber auch, dass der Cortex langsam verkümmert.«[226]

Dass höchst wahrscheinlich die antipsychotischen Medikamente und gar nicht die eigentliche Erkrankung für die Hirnveränderungen bei chronisch schizophrenen Patienten verantwortlich sind, ist aber noch nicht lange in der Fachwelt angekommen. Andreasen und Kollegen haben das beunruhigende Fazit ihrer Langzeituntersuchung erst im Februar 2011 veröffentlicht.[227] Die früher geäußerte Überzeugung, die Hirnveränderungen könnten viele der Schizophreniesymptome erklären, sind aus diesem Bericht verschwunden. In

---

221 | Ursprünglich wollte man herausfinden, ob Schizophrenie dem Wesen nach eine neurodegenerative Krankheit ist – so ähnlich wie beispielsweise Alzheimer.

222 | Unter Negativsymptomen der Schizophrenie werden Einschränkungen des normalen Erlebens zusammengefasst, beispielsweise depressive Symptome, Affektverflachung, Antriebsarmut, sozialer Rückzug, Spracharmut und Verarmung der Psychomotorik.

223 | Zum Beispiel Andreasen NC, Flashman L et al. (1994) Journal of the American Medical Association; Ho BC, Andreasen NC et al. (2003) Archives of General Psychiatry.

224 | Andreasen NC, Flashman L et al. (1994) Journal of the American Medical Association, S. 176

225 | Dreifus C (2008) New York Times vom 16.9.

226 | Ebd.

227 | Ho BC, Andreasen NC et al. (2011) Archives of General Psychiatry.

ihrem Interview mit der *New York Times* erklärte Andreasen auch, warum sie diese Daten so lange zurückgehalten hat: »Der Grund, dass ich ein paar Jahre auf diesen Untersuchungsergebnissen saß, war, dass ich einfach absolut sicher sein wollte, dass sie stimmen. Meine größte Sorge ist, dass Leute aufhören die Medikamente zu nehmen, die sie brauchen.«[228]

Hier zeigt sich das Dilemma psychopharmakologischer Langzeitbehandlungen ganz exemplarisch. Einerseits lassen sich damit akute Krankheitssymptome beherrschen – ganz besonders bei Psychosen – andererseits riskiert man auf lange Sicht funktionelle oder gar morphologische Veränderungen des hoch adaptiven Gehirns.

Wirken Antidepressiva besser als Placebo?

Dass auch Antidepressiva makroskopisch sichtbare morphologische Veränderungen des Gehirns verursachen, ist nicht bekannt. Und auch unwahrscheinlich. Nachgewiesen ist lediglich, dass eine Vielzahl biochemischer Prozesse adaptiv verändert wird. Welche Folgen dies für Gehirn und Psyche hat, ist noch völlig unklar.

Mindestens so irritierend ist aber ein viel grundsätzlicherer Punkt. Es ist nämlich noch nicht einmal klar, ob Antidepressiva überhaupt merklich besser wirken als Placebo.[229] Es ist zwar unbestritten, dass Antidepressiva wirksam sein können. So kann man in den zahlreichen Depressions-Foren im Internet überaus positive Berichte zu den Erfahrungen mit Antidepressiva lesen: »Ich nehme seit 10 Monaten Fluoxetin. [...] Ich kann wieder herzlich lachen, die Tage genießen, mich mit Freunden treffen, Hobbys nachgehen, alles das, was ich nicht konnte.«[230] »Das Medikament [Seropram] hat mir sehr gut geholfen und ich war auch sehr stabil damit. Kenne keine Durchhänger oder Rückfälle, unter Einnahme dieses AD's.«[231] »Ich nehme Fluoxetin 40mg [...] nun seit 6 Wochen und bin zufrieden damit. Jedenfalls verschafft mir das Medikament mehr Lebensfreude und Vitalität.«[232] Tess, eine depressive Patientin, über die Peter Kramer in seinem Buchklassiker »Listening to Prozac« schreibt, erklärt gar, sie sei nur mit *Prozac* »ganz sie selbst«.[233] Fluoxetin als Weg zur Selbstwerdung, auch das kommt vor.

Antidepressiva scheinen im Einzelfall also durchaus wirksam zu sein. Bemerkenswerterweise ist eine Behandlung mit Placebo aber ebenfalls wirksam –

---

228 | Dreifus C (2008) New York Times vom 16.9.

229 | »Scheinmedikament« ohne Wirkstoff, in der Regel Zucker-Zubereitung mit identischem Aussehen wie das Untersuchungspräparat.

230 | www.diskussionsforum-depression.de

231 | www.depri.ch/f12/hat-jemand-erfahrungen-citalopram-49694

232 | www.diskussionsforum-depression.de

233 | Kramer P (1997) »Listening to Prozac«.

und zwar nur unwesentlich schlechter als eine Behandlung mit Antidepressiva. Für Aufregung in der Fachwelt sorgte eine entsprechende Veröffentlichung von Irving Kirsch und Kollegen.[234] Unter Nutzung des amerikanischen »Freedom of Information Act« erhielt der Psychologe von der *University of Hull* Zugang zu den Daten aller klinischen Studien, welche die Pharmahersteller für die Zulassung ihrer SSRI-Antidepressiva bei der *FDA* eingereicht hatten.[235] Die Epidemiologen beugten sich über alle verfügbaren Studiendaten von 6944 Patienten, die mit einem der sechs am häufigsten verschriebenen SSRI/SNRI[236]-Antidepressiva behandelt wurden.

Die Meta-Analyse über die Ergebnisse aller durchgeführten klinischen Studien – nicht nur über die in Fachzeitschriften veröffentlichten – ergab Überraschendes. 57 Prozent der von der Pharmaindustrie gesponserten Studien konnten überhaupt keinen Unterschied in der Wirksamkeit zwischen Placebo und geprüftem Antidepressivum zeigen.[237] Und 82 Prozent der Besserung, die nominell mit Antidepressiva erzielt wurde – gemessen an der Reduktion der Punktezahl in der »Hamilton-Depressionsskala« – wurde auch mit Placebobehandlung erreicht. Im Fall von *Prozac* war der Unterschied in der Besserung gegenüber Placebo sogar nur elf Prozent. Auch eine Erhöhung der Dosis brachte nichts. Patienten, die mit hohen Dosen behandelt wurden, besserten sich nicht mehr als Patienten mit niedrig dosierter Medikation. Nur in der Untergruppe der schwer depressiven Patienten wirkten Antidepressiva in relevanter Weise besser als Placebo. Dieser Befund führte Epidemiologe Kirsch und seine Kollegen zur Schlussfolgerung, dass es »wenig Grund gibt, die Verschreibung von Antidepressiva an Patienten zu unterstützen, die nicht schwerst depressiv sind – außer alternative Behandlungsmethoden hätten keinen Erfolg gezeigt.«[238] Dass die von Kirsch analysierten Studien die Wirksamkeit von Antidepressiva unterschätzen würden, ist äußerst unwahrscheinlich – schließlich wurden alle Untersuchungen von den Pharmaherstellern selbst in Auftrag ge-

234 | Kirsch I, Moore TJ et al. (2002) Prevention and Treatment.

235 | Um in den USA eine Arzneimittel-Zulassung zu bekommen, muss in zwei klinischen Studien nachgewiesen werden, dass die Testsubstanz besser wirkt als Placebo. Zum Erreichen dieser Vorgabe können Pharmahersteller aber so viele Studien durchführen, wie sie wollen.

236 | »Selektive Serotonin-Wiederaufnahme-Hemmer« und »Serotonin-Noradrenalin-Wiederaufnahme-Hemmer«.

237 | Kirsch I, Scoboria A et al. (2002) Prevention and Treatment.

238 | Kirsch I, Deacon BJ et al. (2008) Public Library of Science Medicine, S. 266. Außerdem gibt es einige neurologische Indikationen für Antidepressiva, beispielsweise zur Behandlung von Depressionen nach Schlaganfällen oder im Zusammenhang mit Multipler Sklerose oder Epilepsie.

geben bzw. durchgeführt und die daraus hervorgegangenen Daten bei den Zulassungsbehörden eingereicht.

Deprimierende Sachlage

Fachwelt und Pharmaindustrie reagierten auf die Veröffentlichung der Kirsch-Studie wahlweise mit Nichtbeachtung, Irritation oder offenem Protest. Das am häufigsten angeführte Gegenargument war, die jahrelange »klinische Erfahrung« Tausender behandelnder Psychiater hätte die Wirksamkeit der SSRIs in der Praxis zweifelsfrei bewiesen – Studien hin oder her. Wenn aber die gefühlte Wirksamkeit der Therapeuten zur wissenschaftlichen Beweisführung hinreichend ist, weshalb sollen dann überhaupt noch klinische Studien durchgeführt werden? Placebokontrolle,[239] Doppelblind-Design und die zufällige Zuteilung der Patienten zu den verschiedenen Studienbedingungen (»Randomisierung«) waren schließlich genau deshalb eingeführt worden, um eine Verzerrung der Studienergebnisse durch Voreingenommenheit und Erwartungshaltung von Versuchsleitern und Patienten zu eliminieren.

Einige Fachkollegen haben als Reaktion auf Kirschs ernüchternde Analysen aber auch einen gewissen Sarkasmus entwickelt. So befand der griechische Psychiater John Ioannidis, dass der Glaube an die Wirksamkeit dieser Medikamente wohl ein »lebender Mythos sei.«[240] Aber er rate auch in Anbetracht dieser »deprimierenden Sachlage« seinen Kollegen nicht dazu, zur Aufmunterung Antidepressiva zu nehmen, weil diese ja »vermutlich nicht funktionierten.«[241] Eine Besserung der depressiven Symptomatik in der Größenordnung von Placebo und klassischen Antidepressiva ist aber auch mit dem nebenwirkungsärmeren pflanzlichen Antidepressivum Johanniskraut oder mit regelmäßigem Ausdauersport zu erreichen.[242]

Noch effektiver sind psychotherapeutische Verfahren.[243] Und vor allem nachhaltiger. So konnte in einer Untersuchung in Schweden gezeigt werden,

---

239 | Die erste Placebo-kontrollierte Studie wurde bereits 1939 durchgeführt. LM Dub und L Lourie haben Amphetamin und Placebo an schizophrene Patienten während depressiver Phasen verabreicht.

240 | Ioannidis J (2008) Philosophy, Ethics, and Humanities in Medicine.

241 | Ebd.

242 | Kirsch I (2003) Complementary Therapies in Medicine; Mead GE, Morley W et al. (2009) Cochrane Database of Systematic Reviews; Daley A (2008) Journal of Clinical Psychology in Medical Settings; Blumenthal J, Babyak M et al. (1999) Archives of Internal Medicine; Dinas PC, Koutedakis Y et al. (2011) Irish Journal of Medical Science.

243 | Kirsch I (2009) »The Emperor's New Drugs«, S. 10; Gloaguen V, Cottraux J et al. (1998) Journal of Affective Disorders; Dobson KS (1989) Journal of Consulting and Clinical Psychology; Sandell R, Blomberg J et al. (1997) Psychotherapy Research.

dass nicht nur bei Abschluss einer Psychoanalyse deutliche Veränderungen (weniger Beschwerden, bessere Lebensqualität) festzustellen waren, sondern dass sich der Zustand der Patienten nach Ende der Analyse sogar noch kontinuierlich weiter verbesserte.[244] Und schon 1993 schrieb der Psychiater Peter Kramer in seinem Bestseller-Buch »Listening to Prozac«: »Meiner Meinung nach bleibt die Psychotherapie die hilfreichste Technik für die Behandlung leichter Depressionen und Angst«.[245] Die offizielle »Nationale Versorgungs-Leitlinie ›Depression‹«, herausgegeben von der *Deutschen Bundesärztekammer*, der *Kassenärztlichen Bundesvereinigung*, der *Deutschen Gesellschaft für Psychiatrie, Psychotherapie und Nervenheilkunde* sowie anderen hochrangigen Institutionen des Gesundheitswesens, geht noch weiter und empfiehlt in ihrer neusten Fassung vom August 2011, auch bei »akuten mittelschweren bis schweren depressiven Episoden eine alleinige Psychotherapie gleichwertig zu einer alleinigen medikamentösen Therapie anzubieten«.[246]

Hauptsache, man macht irgendetwas

Gerade bei Depressionserkrankungen scheint es letzten Endes gar nicht so sehr darauf an zu kommen, *was* man dagegen unternimmt – Hauptsache man unternimmt *irgendetwas*. Bleibt eine Depression gänzlich unbehandelt, kommt es nämlich kurzfristig, im Untersuchungszeitraum von vier bis sechs Wochen, kaum zu einer Besserung.[247] Über seine eigenen Erkenntnisse erstaunt, hat Irving Kirsch untersucht, ob die nur marginale Überlegenheit der Antidepressiva vielleicht deshalb zustande kam, weil klinische Studien mit wirksamen und unwirksamen Medikamenten zusammen in die Analyse eingeflossen waren.

Dass die alten trizyklischen Antidepressiva aus den 1960er Jahren nicht schlechter abschneiden als die SSRIs der neuen Generation, war zu erwarten. In einigen Studien wurden allerdings auch Vergleichssubstanzen verabreicht, von denen niemand ernsthaft annimmt, dass sie eine tatsächliche antidepressive Wirkung haben. Darunter Beruhigungs- und Schlafmittel wie Barbiturate, Benzodiazepine oder auch Stimulanzien und Schilddrüsenhormone. Zur großen Überraschung der Forscher war die Wirkung dieser »Nicht-Antidepressiva« genau so gut wie die der Antidepressiva und signifikant besser als Placebo.[248] Offensichtlich verstärkt sich der Placeboeffekt, wenn die Versuchsperson *ir-*

---

244 | Sandell R, Blomberg J et al. (2001) Psyche.

245 | Zitiert in Kramer P (2011) New York Times vom 9.7.

246 | S3-Leitlinie/Nationale Versorgungsleitline Unipolare Depression, Langfassung Version 1.2, S. 126.

247 | Kirsch I (2009) »The Emperor's New Drugs«, S. 10.

248 | Ebd., S. 12-13.

gendeine Wirkung eines Medikaments spürt, und sei es auch nur in Form von Nebenwirkungen.[249]

Schweizer Forscher an der *Psychiatrischen Universitätsklinik Zürich* haben bei fast dreitausend Patienten den zeitlichen Verlauf des Ansprechens auf sieben verschiedene Antidepressiva und Placebo untersucht.[250] Hans Stassen und seine Kollegen vermuten bei depressiven Patienten einen »gemeinsamen biologischen Resilienz-Faktor«,[251] der weitgehend für die Besserung von affektiven Störungen zuständig ist. Ist dieser innere »Genesungs-Faktor« erst einmal angestoßen, nimmt die Symptom-Besserung unter allen Antidepressiva wie auch mit Placebo einen sehr ähnlichen Verlauf – trotz beträchtlicher pharmakologischer Unterschiede. Gemäß dieser Theorie müssten lediglich die natürlichen Genesungs-Ressourcen des Patienten aktiviert werden. Und dies kann offensichtlich auf unterschiedlichste Art und Weise geschehen. Medikamente, Vorstellungskraft (Placebo), verschiedenste Psychotherapien, transkraniale Magnetstimulation, regelmäßiger Ausdauersport, Yogaübungen[252] und sogar Injektionen des Faltenglätters Botulinumtoxin[253] – all dies kann eine Depression bessern.

»Reboxetin ist ein unwirksames und potenziell schädliches Antidepressivum«

Der Hammer eines vernichtenden behördlichen Verdikts traf unlängst das Antidepressivum Reboxetin, den SSRI des Pharmaherstellers *Pfizer*. In die Schlagzeilen geraten war *Pfizer* 2009 durch ihre Weigerung, dem *Institut für Qualität und Wirtschaftlichkeit im Gesundheitswesen* (IQWiG) für die Beurteilung alle Reboxetin-Studiendaten zur Verfügung zu stellen.[254] Worauf das deutsche Qualitätssicherungs-Institut unter der Leitung von Peter Sawicki die Bewertung des Medikaments mit folgender Begründung verweigerte: »[...] es war offenkundig, dass der Hersteller, die Firma *Pfizer*, knapp zwei Drittel aller bislang in Studien erhobenen Daten unter Verschluss hielt und eine Auswertung der verfügbaren Daten allein ein verzerrtes Bild ergeben hätte. Trotz mehrfacher Anfragen hatte

249 | Man spricht dabei vom Effekt des »aktiven Placebos«.

250 | Stassen H, Angst J et al. (2007) Journal of Clinical Psychiatry.

251 | Resilienz (in etwa »Widerstandsfähigkeit«) bezeichnet die Fähigkeit, psychische Krisen zu meistern und (im Idealfall) zur persönlichen Entwicklung zu nutzen.

252 | Uebelacker LA, Epstein-Lubow G et al. (2010) Journal of Psychiatric Practice.

253 | Wollmer MA, De Boer C et al. (2012) Journal of Psychiatric Research.

254 | Grill M (2009) Spiegel Online vom 10.6.

sich *Pfizer* bis dahin geweigert, dem IQWiG eine Liste aller publizierten und unpublizierten Daten zur Verfügung zu stellen.«[255]

Als *Pfizer*-Verantwortliche die Studiendaten später doch noch herausrückten, konnte das *IQWiG* ihre Bewertung nachholen. Diese fiel, wie es *Pfizer* wohl geahnt hatte, verheerend aus: »Wie die Auswertung [der Studiendaten] zeigt, gibt es darin weder für die Akuttherapie noch für die Rückfallprävention einen Beleg für einen Nutzen. Weder sprachen die Patientinnen und Patienten besser auf die Therapie an als bei einem Scheinmedikament noch konnten sie ihren Alltag besser bewältigen.«[256] Im Oktober 2010 haben die *IQWiG*-Wissenschaftler ihre systematische Analyse zu Reboxetin auch im *British Medical Journal* publiziert.[257] Die Autoren fassen zusammen: Von den Studiendaten von insgesamt 4098 Patienten sind 74 Prozent gar nicht veröffentlicht worden. Weder Ansprech- noch Remissionsraten waren für Reboxetin besser als für Placebo. Und die in der Fachliteratur publizierten Studien würden den Nutzen von Reboxetin gegenüber dem Scheinmedikament um bis zu 115 Prozent überschätzen. Dementsprechend fällt die Schlussfolgerung der deutschen Pharmaprüfer aus: »Alles in allem ist Reboxetin ein unwirksames und potenziell schädliches Antidepressivum.«[258]

Angesichts der wissenschaftlich mehr als zweifelhaften Datenlage bei den Antidepressiva drängt sich die Frage auf, mit welcher Begründung die Vielzahl von unangenehmen bis potenziell lebensbedrohlichen Nebenwirkungen von Antidepressiva denn überhaupt in Kauf genommen werden sollen, wenn offensichtlich kaum eine echte pharmakologisch bedingte antidepressive Wirkung nachzuweisen ist. Wie lang die Liste an möglichen Nebenwirkungen ist, zeigt der Blick auf den Beipackzettel. Greifen wir wahllos irgendein SSRI-Antidepressivum heraus, zum Beispiel *Citalopram Sandoz*. Unter den Rubriken »Warnhinweise«, »Vorsichtsmaßnahmen« und »Nebenwirkungen« wird in der Fachinformation unter anderem aufgelistet: Suizid/Suizidgedanken oder klinische Verschlechterung, Akathisie/psychomotorische Unruhe, paradoxe Angstsymptome, Absetzreaktionen, Müdigkeit, Schlaflosigkeit, Agitiertheit, Nervosität, Konzentrationsstörungen, Amnesie, Angst, Libidoabnahme, Anorexie, Apathie, Verwirrtheit, Halluzinationen, Manie, Depersonalisation, Panikattacken, Kopfschmerzen, Tremor, Schwindel, Migräne, Krampfanfälle, Tachykardie,[259] Blutdruckveränderungen, Übelkeit, Mundtrockenheit, Durchfall, Probleme bei der Harnentleerung, Gewichtsverlust oder -zunahme, Ejakulationsstörungen, Im-

255 | IQWiG – Pressemitteilung vom 24.11.2009, https://www.iqwig.de/Index.981. html?random=c80585

256 | Ebd.

257 | Eyding D, Leigemann M et al. (2010) British Medical Journal.

258 | Ebd.

259 | Beschleunigter Herzschlag (»Herzrasen«).

potenz, Schwitzen, Juckreiz, Sehstörungen, Geschmacksstörungen, Tinnitus und Muskelschmerzen.[260]

Von Descartes zu Desipramin

Bei dieser Vielzahl von möglichen Nebenwirkungen erstaunt es, dass das Pharmamarketing bis zum heutigen Tag darauf besteht, Antidepressiva seien »wirksame und sichere Medikamente«. Dazu kommt, dass viele Aspekte noch gar nicht untersucht wurden. Beispielsweise, welche Auswirkung die langfristige Einnahme von SSRIs auf Kognition, Affekte und Motivation hat. Es ist mehr als erstaunlich, dass es keine systematische Studie zur Frage gibt, wie sich der jahrelange medikamentöse Eingriff in die Biochemie des Gehirns auf die Persönlichkeit eines Menschen auswirkt.

Auch Forscher der *McGill University* in Montreal haben sich schon gewundert: »Vor 25 Jahren wäre den meisten Leuten die Vorstellung, täglich ein Medikament einzunehmen, das die globale Hirnchemie verändert, wie ein Science Fiction Alptraum vorgekommen. Sicher wäre bei vielen Menschen Bedenken darüber aufgekommen, was dies mit ihnen und mit ihrer Psyche anstellt. Wie kann es sein, dass diese natürliche Sorge verschwunden ist?«[261]

In ihrem Aufsatz mit dem prächtigen Titel »Von Descartes zu Desipramin. Psychopharmakologie und das Selbst« führen die Forscher aus, dass durch SSRIs womöglich sogar die grundsätzliche Liebesfähigkeit des Menschen herabgesetzt wird. Die Autoren Ian Gold und Lauren Olin argumentieren, dass SSRIs über indirekte Mechanismen auch biochemische Veränderungen in den dopaminergen Belohnungszentren des Gehirns verursachen würden. Und spekulieren, dass diese neuronalen Veränderungen mit der Zeit zu einer Affektverflachung und zu einem Verlust der Empathiefähigkeit führen könnten. Dies ist bislang zwar nur eine Hypothese. Wie mir scheint, allerdings eine besonders beunruhigende. Einmal mehr ist es aber schwierig, Grunderkrankung und Medikationseffekte auseinanderzuhalten. Schließlich gehört ein episodischer Verlust der Liebesfähigkeit und der affektiven Schwingungsfähigkeit auch zum Krankheitsbild der Depression selbst.

Hält man sich nur an die wissenschaftlich belegbaren Fakten, sind Antidepressiva ein Sieg des Marketings über die Wissenschaft. Ein Sieg, der sich für die Pharmaindustrie schon seit mehr als zwei Jahrzehnten auszahlt. Und das Geschäft mit Antidepressiva läuft bis heute hervorragend: Im Jahr 2009 wurden allein in der Schweiz 280 Millionen Franken für Antidepressiva ausgegeben. In den USA haben die Antidepressiva im gleichen Jahr erneut einen Rang gut gemacht und sind auf Platz vier der umsatzstärksten Medikamenten-

260 | Fachinformation zu Citalopram Sandoz Filmtabletten, Stand März 2009.
261 | Gold I, Olin L (2009) Transcultural Psychiatry, S. 40.

klassen gelandet.[262] Gesamtumsatz in Nordamerika: 9,9 Milliarden Dollar.[263] Weltweit machten Pharmakonzerne mit Medikamenten dieser therapeutischen Klasse im gleichen Jahr einen Umsatz von 19,4 Milliarden Dollar.[264] Ein Trend zu weniger Antidepressiva-Verschreibung ist auch nicht auszumachen. Ganz im Gegenteil. Noch 2008 wurden 56 Prozent der in Schweizer Arztpraxen diagnostizierten Fälle von Depression medikamentös behandelt.[265] Und dass die Deutschen heute »doppelt so viele Antidepressiva schlucken wie noch vor zehn Jahren«, berichtet auch Der Spiegel in einer Titelgeschichte über Erschöpfungsdepression.[266]

Manien im Vormarsch

Seit den 1980er Jahren hat nicht nur die Diagnose von Depressionen und sozialer Phobie, sondern auch das Auftreten von Panikstörungen, Zwangsstörungen und dem »Aufmerksamkeitsdefizit-Hyperaktivitäts-Syndrom« (ADHS) in geradezu epidemischem Ausmaß zugenommen. Auch die bipolaren Störungen haben im Verlauf der letzten Jahre mächtig zugelegt. Tendenz: weiter steigend. Gemäß der jüngsten Untersuchung amerikanischer Epidemiologen erkranken etwa vier Prozent der US-Bevölkerung irgendwann in ihrem Leben an einer manisch-depressiven Erkrankung.[267] Am anfälligsten für bipolare Störungen scheinen junge Erwachsene zu sein. Fast sechs Prozent der 18 bis 29-Jährigen erfüllten im Erhebungszeitraum 2001-2003 die Diagnosekriterien für eine manisch-depressive Erkrankung. Heute dürfte die Lebenszeitprävalenz sogar noch höher liegen. Der Langzeitvergleich epidemiologischer Daten in der Psychiatrie ist allerdings schwierig, da sich Krankheitsdefinitionen im Laufe der Zeit ändern und ganz unterschiedliche Befragungsinstrumente verwendet werden.

Trotz dieser wichtigen Einschränkung ist bei den manisch-depressiven Erkrankungen eine klare Tendenz auszumachen. Im Erhebungszeitraum 1990-1992 wurde das Lebenszeitrisiko, an einer manischen Episode zu erkranken, noch auf 1,6 Prozent geschätzt.[268] Und frühere Daten aus den 1980er Jahren nehmen sich im Vergleich zum aktuellen vier Prozent-Risiko direkt harmlos

---

262 | Auf Platz eins der US-Verkaufszahlen von 2009 lagen die Antipsychotika, danach kamen die Blutlipid-Senker und auf Platz drei folgten die Protonenpumpenblocker.

263 | Vgl. IMS Health, »Top 15 global therapeutic classes, 2009 total audit markets«, www.imshealth.com

264 | Ebd.

265 | Dreyer G, Schuler D (2010) Bulletin des Schweizerischen Gesundheitsobservatoriums, S. 3.

266 | Dettmer M, Shafy S et al. (2011) Der Spiegel vom 24.1.

267 | Kessler RC, Berglund P et al. (2005) Archives of General Psychiatry, S. 596.

268 | Kessler RC, McGonagle KA et al. (1994) Archives of General Psychiatry, S. 12.

aus: Mit gerade mal 0,9 Prozent wurde damals das Risiko für einen US-Bürger veranschlagt, irgendwann einmal manisch-depressiv zu werden.[269] Zu Beginn der 1980er Jahre herrschte in der Fachwelt Einigkeit darüber, dass »sowohl Schizophrenie wie auch bipolare Störungen mit niedriger Häufigkeit vorkommen.«[270] Das würde 2012 kein Psychiater mehr behaupten.[271]

Eine neue Krankheit erobert die Kinderzimmer

Etwa Mitte der 1990er Jahre hat die Diagnose der bipolaren Störung auch die amerikanischen Kinderzimmer erreicht. Zuvor war die Fachwelt der Meinung, Manie bei Kindern sei äußerst selten und eine manisch-depressive Erkrankung könne frühestens im fortgeschrittenen Teenager-Alter diagnostiziert werden. »Aber Forscher der Wissenschafts-Avantgarde beginnen zu zeigen, dass die Erkrankung sehr früh im Leben beginnen kann und weit häufiger vorkommt als früher angenommen« erklärt Psychiater Demitri Papolos in seinem Buch *The Bipolar Child*.[272] Und sehr früh wird auch schon diagnostiziert. Rekordverdächtig: Heather Norris. Das Mädchen aus Texas hat die Diagnose im Alter von zwei Jahren bekommen.[273]

Dass »early onset bipolar disorder« heute in den USA ein Riesenthema ist, zeigt schon der Bestsellerstatus des *Bipolar Child* Buches, dessen Umschlag ein Kind zeigt, das auf beiden Seiten aus dem Bild schaukelt. Mehr als 200.000 Exemplare von Papolos' Buch wurden bereits verkauft. Zwischen 2000 und 2010 hat sich die Diagnose »pädiatrische bipolare Störung« in den USA mindestens vervierfacht. Vor 1990 war diese Form der affektiven Erkrankung bei Kindern annähernd unbekannt. Oder, je nach Sichtweise, unerkannt. Vor ein paar Jahren haben Forscher untersucht, wie sich bei niedergelassenen Ärzten in den USA die Konsultationsrate wegen bipolarer Störung bei Kindern und Jugendlichen entwickelt hat.[274] Und sind dabei auf erstaunliche Zahlen gestoßen. 1994-1995 gab es 25 Konsultationen pro 100.000 Einwohner. 2002-2003 waren es bereits 1003 Arztbesuche pro 100.000 Einwohner. Ein Anstieg um das vierzigfache in

---

269 | Weissman MM, Bland RC et al. (1996) Journal of the American Medical Association, S. 295.

270 | Weissman MM, Myers JK (1980) Acta Psychiatrica Scandinavica, S. 99.

271 | Ein Teil dieser Zunahme lässt sich aus der diagnostischen Verschiebung von der Depression zur bipolaren Störung erklären. Weil früher (hypo-)manische Symptome seltener abgefragt wurden (und generell seltener spontan berichtet werden als depressive Symptome) dürfte der Anteil an bipolaren Patienten unter den Depressiven lange Zeit unterdiagnostiziert gewesen sein.

272 | Papolos D (2000) »The bipolar child«.

273 | Healy D (2006) Public Library of Science Medicine.

274 | Moreno C, Laje G et al. (2007) Archive of General Psychiatry.

weniger als zehn Jahren. Auch bei Erwachsenen haben im gleichen Zeitraum die Konsultationen wegen manisch-depressiver Beschwerden zugenommen. Allerdings »nur« um 85 Prozent.

Das bipolare Kind – die Erfindung eines Psychiaters?

Der bipolare Boom bei Kindern widerspiegelt sich auch in der Anzahl wissenschaftlicher Publikationen, die zum Thema »manisch-depressive Störung bei Kindern« erschienen sind. Eine Literaturrecherche über den Fachbegriff »pediatric bipolar disorder« ergibt ein klares Bild.[275] Bis 1994 erscheint der Suchbegriff überhaupt nicht. Zwischen 1995 und 2002 sind jährlich zwischen drei und zehn Fachaufsätze erschienen. In den Jahren 2007 bis 2010 waren es schon 55 bis 65 Publikationen pro Jahr.

Dass es sich bis zum heutigen Tag um ein fast ausschließlich amerikanisches Phänomen handelt, zeigt auch die Herkunft der Fachpublikationen. Je nach Jahr sind zwischen 88 und 100 Prozent der Facharbeiten zu bipolaren Störungen bei Kindern und Jugendlichen von Forschern an amerikanischen Instituten verfasst worden. Die Anzahl Psychiater, die sich mit dem Thema beschäftigen, ist überschaubar – die Mehrzahl der Publikationen wurden von gerade mal einem Dutzend Wissenschaftlern verfasst.

Unübertroffenen Publikationsfleiß legt seit Jahren der Kinderpsychiater Joseph Biederman an den Tag.[276] Auf beeindruckenden 117 Publikationen, und somit auf etwa einem Viertel aller Publikationen zum Thema »pädiatrische bipolare Störung« erscheint sein Name. Zwischen 1995 und 1997 erscheint der *Harvard*-Professor auf fast jedem Aufsatz als Autor. Das »bipolare Kind«, so macht es den Eindruck, ist weitgehend seine Erfindung. Dem unermüdlichen Einsatz Biedermans ist es zu verdanken, dass heute schon zweijährige Kinder die Diagnose »bipolare Störung« erhalten und mit einem Cocktail aus Medikamenten behandelt werden – fast alle davon »off label«.[277]

Am *Massachusetts General Hospital* hat Biederman auch eine der ersten Studien zum Einsatz der Antipsychotika *Risperdal* und *Zyprexa* bei Kindern im Vorschulalter durchgeführt. Durchschnittliches Alter der Probanden: 5,0 Jahre.[278]

---

275 | Bei PubMed, einer umfassende Meta-Datenbank mit medizinischen Artikeln der National Library of Medicine, www.ncbi.nlm.nih.gov/pubmed

276 | Joseph Biederman ist »Chief of the Clinical and Research Programs in Pediatric Psychopharmacology and Adult ADHD at the Massachusetts General Hospital, and Professor of Psychiatry at Harvard Medical School«.

277 | Ärzte haben das Recht, Medikamente nach eigenem Gutdünken auch ausserhalb der behördlich genehmigten Zulassungen zu verschreiben. Beispielsweise bei Kindern oder für andere Indikationen.

278 | Biederman J, Mick E et al. (2005) Biological Psychiatry.

2007 schaffte es Biederman auf den zweitobersten Platz in der Rangliste für Verfasser von »high-impact« Publikationen in der Psychiatrie. Das *Institute for Scientific Information*, Herausgeber der jährlichen Bestenliste, zählt für Biederman 235 wissenschaftliche Arbeiten, die in den letzten zehn Jahren 7048 mal in anderen Veröffentlichungen zitiert wurden.[279] Der Experte für Affektstörungen bei Kindern ist zweifellos einer der wichtigsten Meinungsmacher, der »key opinion leader« auf seinem Gebiet.

Im Juni 2008 stand Biederman erneut im Rampenlicht der Öffentlichkeit. Sogar die ehrwürdige *New York Times* widmete ihm einen Artikel.[280] Auf diese Medienpräsenz hätte Biederman wohl lieber verzichtet. Das New Yorker Traditionsblatt berichtete nämlich, dass Biederman auf Betreiben eines republikanischen Senators seine Einkünfte von der Pharmaindustrie offen legen musste. Nicht nur die *Harvard*-Universitätsleitung dürfte überrascht gewesen sein, zu erfahren, dass Biederman zwischen 2000 und 2007 mindestens 1,6 Millionen Dollar an »Beratungshonoraren« von *Johnson & Johnson, Eli Lilly, GlaxoSmith-Kline, Pfizer* etc. erhalten hatte. Konservativ geschätzt – wahrscheinlich floss sehr viel mehr Geld.[281]

Ein grober Interessenkonflikt? Aber nicht doch: »Mein Interesse gilt einzig und allein dem Fortschritt medizinischer Behandlung durch rigorose und objektive Studien« versichert Biederman den Lesern der *New York Times*.[282] Also nur zufällig eine perfekte Übereinstimmung mit den Interessen der Pharmaindustrie, dass Biederman seit Jahren für eine möglichst frühe Diagnose und eine konsequente medikamentöse Behandlung von ADHS und bipolarer Störung bei Kindern plädiert?[283]

Biedermans Selbstvertrauen auf jeden Fall scheint durch die schlechte Presse keinen Schaden genommen zu haben. Bereits legendär ist folgender kurzer

279 | http://in-cites.com/top/2007/second07-psy.html

280 | Harris G, Carey B (2008) New York Times vom 8. 6.

281 | Rekordhalter im Entgegennehmen von Pharmahonoraren ist allerdings Charles Nemeroff, ehemals Vorsitzender des Departements für Psychiatrie an der Emroy Medical School. Wie in derselben Untersuchung offengelegt wurde, erhielt Nemeroff im gleichen Zeitraum mindestens 2,8 Millionen Dollar von der pharmazeutischen Industrie.

282 | Harris G, Carey B (2008) New York Times vom 8. 6.

283 | In einem Weiterbildungsseminar zu ADHS in der Fachzeitschrift »Lancet« kommt Biederman zu folgendem Schluss: »Die Analyse [der Forschungsergebnisse] deutet darauf hin, dass Medikamente die Behandlungsmethode erster Wahl für die Erkrankung sein sollten.« Psychosoziale Interventionen können nach Urteil des ADHS-Experten allenfalls dazu geeignet sein, Restsymptome zu mildern, die trotz medikamentöser Einstellung vorhanden sind (Biederman J, Faraone SV [2005] The Lancet, S. 243).

Dialog zwischen Starpsychiater Biederman und Staatsanwalt Fletch Trammell anlässlich einer eidesstattlichen Aussage vor Gericht am 26. Februar 2009:[284]

FT: »Was ist ihr Rang in Harvard?«
JB: »Ordinarius«
FT: »Und was kommt danach?«
JB: »Gott«
FT: »Sagten Sie gerade Gott?«
JB: »Ja«

Andere Ärzte – andere Meinungen

Auch Charles Grob ist Kinderpsychiater. Als Direktor der Abteilung für Kinder- und Jugendpsychiatrie der *David Geffen School of Medicine* an der *University of California, Los Angeles* ist Charlie Grob ein ausgewiesener Experte für psychische Störungen des Kinder- und Jugendalters. Er sieht das *bipolar child*-Phänomen allerdings deutlich differenzierter als sein Berufskollege Biederman.

Nach seiner persönlichen Meinung befragt, erhalte ich folgende Auskunft: »Obwohl viele dieser Kinder eine gewisse Störung der Stimmungsregulation haben, heißt das nicht notwendigerweise, dass sie eine echte manisch-depressive oder bipolare Erkrankung haben. Die bipolare Störung bei Kindern ist zu einem massiv überdiagnostizierten Krankheitsbild geworden. Eine bedauernswerte Folge davon ist, dass nun vielen Kindern ›mood stabilizer‹ und Neuroleptika verabreicht werden, die sie gar nicht brauchen und die potenziell schwere Nebenwirkungen haben. Ich glaube auch nicht, dass es heute in der Gesellschaft mehr gestörte Kinder gibt als früher. Eher ist eine erhöhte Sensibilität und Aufmerksamkeit für emotionale Störungen bei Kindern vorhanden. Und vielleicht haben Eltern, Schulen und der Rest der Gesellschaft eine verminderte Belastbarkeit, die ganze Bandbreite des affektiven Ausdrucks von Kindern auszuhalten. All dies und das unerbittliche Profitstreben der pharmazeutischen Industrie haben zum gegenwärtigen Stand der Dinge geführt.« In vielen Fällen dürften überforderte Eltern und Betreuer auch einfach nur eine schnelle und effiziente Anpassung eines Verhaltens wünschen, das außerhalb der Norm liegt – ohne dass dem »schwierigen« Verhalten des Kindes überhaupt ein echter Krankheitswert zukommt.

Die heute dominierende Sichtweise, dass abweichendes Verhalten eines Kindes durch eine neurologische oder biochemische Abweichung verursacht ist, verschiebt den Ort der Einflussnahme weg von pädagogischen Interventionen durch Eltern und Lehrer hin auf die Bühne der Medizin. Ein Umstand, den der Kinderpsychiater Sami Timimi als Teil einer medizinischen »fast food«-Ver-

---

284 | Harris G (2009) New York Times vom 20. 3.

sorgung psychischer Auffälligkeiten bei Kindern sieht: »Mit der weit verbreiteten Anwendung medizinischer, besonders psychopharmazeutischer Techniken zum Management von Verhalten und Emotionen unserer Kinder haben wir einen Zustand erreicht, den ich die ›McDonaldisierung der Kindergesundheit‹ nenne. Die gegenwärtige medikamentenzentrierte Vorgehensweise [...] ist in vieler Hinsicht mit fast food vergleichbar: sie enstammte der aggressivsten Konsumgesellschaft (USA), sie bedient das Bedürfnis nach sofortiger Befriedigung, sie passt zum viel beschäftigten Lebensstil des Konsumenten, sie braucht wenig Auseinandersetzung mit dem Produkt durch den Konsumenten, sie benötigt nur oberflächlichstes Training, Wissen und Verstehen des Vorgangs; durch den ›einfachen Ausweg‹ nimmt sie den Menschen Fähigkeiten (und vermindert dadurch die Resilienz), sie schafft potenziell lebenslange Konsumenten für das Produkt und sie hat das Potenzial, Langzeitschäden sowohl bei individuellen Konsumenten wie auch an der öffentlichen Gesundheit im allgemeinen zu verursachen.«[285]

Krank durch zuviel von Allem?

Gerne wird argumentiert, die bipolare Störung bei Kindern sei früher einfach unterdiagnostiziert gewesen. Für eine historische Unterdiagnose gibt es durchaus Anhaltspunkte. Studiert man beispielsweise die Krankengeschichten manisch-depressiver Erwachsener, so wird man in vielen Fällen Hinweise darauf finden, dass bestimmte Krankheitssymptome bereits in der Kindheit aufgetreten sind und zwischen dem Auftreten der ersten Symptome und der Diagnose oft viel Zeit vergangen ist.

Das klassische Argument für eine möglichst frühe Diagnose und Therapie der »pädiatrischen bipolaren Störung« ist der Präventionsgedanke. Verpasse man eine rechtzeitige Intervention, so die Ansicht einiger Fachleute, riskiere man eine unglückliche Kindheit und schwer wiegende Probleme in Schule und Familie. Andere Wissenschaftler sehen Bipolarität als Entwicklungsstörung des zentralen Nervensystems, ähnlich wie Autismus, und befürchten einen chronischen Verlauf und neurofunktionelle Schädigungen des Gehirns, wenn nicht früh genug therapiert wird.

Es gibt auch Gesundheitsexperten, die argumentieren, dass die zunehmende Diagnostizierung manisch-depressiver Erkrankungen (wie auch des ADHS) einfach die realen Verhältnisse wiedergebe. Kinder und Teenager müssten mit den Unsicherheiten einer zunehmend komplexeren Welt umgehen. Krank machende Überforderung drohe durch die permanente Reizüberflutung unserer Informationsgesellschaft. Zu viel Internet, zu viele Handies, zu viele Fernsehkanäle, zu viele Computergames, einfach zu viel von allem. Außerdem leben

---

285 | Timimi S (2010) Transcultural Psychiatry, S. 697.

Eltern heute häufiger getrennt und lassen sich scheiden, wechseln häufiger den Wohnort, arbeiten mehr und verbringen weniger Zeit mit ihren Kindern als früher. All das beeinflusst eine Kindheit ohne Zweifel. Gegen das Argument einer heute schwieriger gewordenen Kindheit spricht allerdings die natürliche Fähigkeit zur Anpassung. Über Mechanismen der neuroplastischen Adaptation sollten gerade Kinder und Jugendliche in besonderem Maße fähig sein, sich in einer rasch verändernden Umwelt zurechtzufinden.

Nebenwirkung Manie?

Was aber, wenn die seit Jahren praktizierte »konsequente« Pharmakotherapie selbst Teil des Problems ist? Tatsächlich gibt es gute Argumente dafür, dass ein wesentlicher Teil des bipolaren Booms bei Kindern durch das Gesundheitssystem selbst verursacht ist.

Eine manisch-depressive Erkrankung wird bei Kindern nämlich so gut wie nie von Anfang an diagnostiziert. Gemäß einer Untersuchung des Psychiaters Gianni Faedda haben weniger als zehn Prozent der später als bipolar betrachteten Kinder und Jugendliche diese Diagnose als Erstdiagnose erhalten.[286] Bis zu 90 Prozent der Kinder und Jugendlichen mit einer bipolaren Störung hätten auch ein ADHS, so schätzen Experten. Andere junge Patienten leiden gleichzeitig auch an Angst- und Zwangsstörungen. Bei verhaltensauffälligen Kindern wird in aller Regel zuerst ein ADHS oder eine (unipolare) depressive Erkrankung diagnostiziert. Diese zuerst diagnostizierten Störungen werden meist auch medikamentös behandelt, entweder mit Stimulanzien (zB. *Ritalin*) oder mit Antidepressiva.

Eine medizinische Praxis, die sich mit Verschreibungszahlen gut belegen lässt. So hat allein in England die Stimulanzien-Verschreibung von etwa 6000 im Jahr 1994 auf 450.000 im Jahr 2004 zugenommen.[287] Beeindruckende 7000 Prozent in zehn Jahren. Dass Antidepressiva nicht nur bei Erwachsenen, sondern gerade auch bei Kindern Hypomanien und Manien auslösen können, ist schon lange bekannt. Bereits 1992 haben Mediziner festgestellt, dass *Prozac* bei depressiven Kindern nach wenigen Wochen Behandlungsdauer in drei Vierteln der Fälle eine Verbesserung der Symptomatik bewirkt. Allerdings wurde bei fast einem Viertel der Patienten zwischen acht und achtzehn Jahren auch das Auftreten (hypo)manie-ähnlicher Symptome festgestellt. Die häufigste Nebenwirkung überhaupt, die die Forscher festgestellt hatten.[288]

---

286 | Faedda GL, Baldessarini RJ et al. (2004) Bipolar Disorders.

287 | Department of Health (2005) »Prescription cost analysis England 2004«; zitiert in Timimi S (2010) Transcultural Psychiatry, S. 693.

288 | Jain U, Birmaher B et al. (1992) Journal of Child and Adolescent Psychopharmacology.

Bei den Stimulanzien ist der Zusammenhang zwischen Medikation und der späteren Entwicklung einer bipolaren Störung noch viel naheliegender. Dass stimulierende Substanzen psychotische und manische Zustände hervorrufen können, weiß man seit Jahrzehnten. Im Fall der Amphetamine hat diese Beobachtung schließlich wesentlich zur Formulierung der »Dopamin-Hypothese der Schizophrenie« beigetragen.[289] Auch dass ADHS-Patienten, die mit *Ritalin* und anderen Stimulanzien behandelt werden, nicht selten psychotische oder manische Episoden erleben, ist längst in der Fachliteratur belegt. Und 2006 auch in einem offiziellen Memorandum der Zulassungsbehörde *FDA* festgehalten worden.[290] Darin stellt das *FDA*-Gremium von Epidemiologen fest: »Das wichtigste Ergebnis dieser Untersuchung ist, dass Anzeichen einer Psychose oder Manie, besonders Halluzinationen, auch in Patienten ohne identifizierbare Risikofaktoren bei allen gegenwärtig zur Behandlung von ADHS verwendeten Medikamenten, in üblichen Dosierungen, vorkommen kann.«[291] Seit 2007 müssen alle ADHS-Medikamente mit einer Warnung versehen sein, dass die Verwendung zur Entwicklung von Psychosen und anderen psychischen Störungen führen kann. Wird durch Stimulanzien eine manische Episode ausgelöst, ist der Patient aber technisch gesprochen zum bipolaren Patienten geworden – auch wenn der Patient noch ein Kind ist.

Aufgrund ihrer pharmakologischen Wirkungsweise imitieren Stimulanzien, wie sie zur ADHS-Therapie eingesetzt werden, bipolare Stimmungsschwankungen. In abgeschwächter Form zwar, dafür in einem sich täglich wiederholenden Zyklus. Und dies häufig über Jahre. Methylphenidat, der Wirkstoff der ADHS-Medikamente *Ritalin* und *Concerta*, hat eine enge chemische Verwandtschaft mit den Amphetaminen. Pharmakologisch steht es dem Kokain sogar noch näher.[292]

Konsequenterweise unterstehen diese Medikamente auch dem Betäubungsmittelgesetz. Dass auf das Kokain- oder Amphetamin-High häufig ein Tief folgt, kennen Konsumenten nur zu gut. Genau dieser abrupte Stimmungswechsel ist ein Hauptgrund für die suchtbildende Eigenschaft von Amphetaminen und Kokain. Bei *Ritalin* verhält es sich ähnlich, nur weniger stark ausgeprägt. Unter der Akutwirkung von *Ritalin*, wenn die Dopamin- und Noradrenalin-Konzentration

289 | Baumeister AA, Francis JL (2002) Journal of the History of the Neurosciences.

290 | Gelperin K, Phelan K at al. (2006) Memorandum der Food and Drug Administration.

291 | Ebd., S. 3.

292 | Der primäre Wirkmechanismus sowohl von Kokain wie auch von Methylphenidat (Ritalin) ist die Wiederaufnahmehemmung von Dopamin und Noradrenalin. Beide Stimulanzien zeigen eine fast identische Verteilung im Gehirn und binden mit ähnlicher Affinität an den Dopamintransporter. Amphetamine setzen vor allem aktiv Dopamin frei und hemmen in geringerem Ausmaß die Dopamin-Wiederaufnahme (Andersen SL [2005] Trends in Pharmacological Sciences).

in den Synapsen erhöht ist, erleben die ADHS-Kinder Zustände voller Energie, geschärfter Konzentration und gesteigerter Wachheit. Auch Schlafstörungen, Angst und hypomanisches oder aggressives Verhalten kommen vor. Lässt die *Ritalin*-Wirkung nach, kommt es zu Müdigkeit, Apathie und sozialem Rückzug. Viele Eltern kennen diesen »*Ritalin*-crash«. Kinder auf *Ritalin*, so scheint es, werden ein wenig bipolar.

Bei einer beträchtlichen Anzahl von Kindern und Jugendlichen, so scheint es, wird eine bipolare Störung also erst iatrogen durch die Verschreibung von Stimulanzien und Antidepressiva ausgelöst. Gianni Faedda und Kollegen haben mittels retrospektiven Fallanalysen abgeschätzt, wie groß der Anteil der Kinder mit »behandlungsverursachter Manie« im Verhältnis zu allen Fällen von »pädiatrischer bipolarer Störung« ist.[293] Das Fazit der Experten: Von den 82 untersuchten jugendlichen bipolaren Patienten wurden 69 Prozent vorgängig mit Antidepressiva oder Stimulanzien behandelt. Von diesen 57 medikamentös behandelten Kindern erfüllten fast 60 Prozent die Kriterien für eine »behandlungsbedingte«, das heißt pharmakologisch ausgelöste Manie. Durchschnittlich trat eine Manie erstmalig zwei Wochen nach Beginn der Medikamentengabe auf. Gemäß Faeddas Analyse scheinen also mindestens 40 Prozent aller als »bipolar« diagnostizierten Kinder Opfer einer Manie induzierenden Arzneimittelnebenwirkung geworden zu sein.

Der medikamentöse Overkill zeigt Folgen

Wie der Wissenschaftsjournalist Robert Whitaker in seinem Buch »Anatomie einer Epidemie« ausführt, leiden Kinder mit medikamentös induzierter bipolarer Störung besonders häufig an schweren Verlaufsformen der Erkrankung.[294] Dies äußert sich insbesondere darin, dass die Stimmung in rascher Folge zwischen den depressiven und manischen Polen hin- und herpendelt. Im Fachjargon: »Ultra, ultra rapid cycling.« Kinderpsychiater Faedda hat festgestellt, dass ganze zwei Drittel der jugendlichen bipolaren Patienten »ultra, ultra rapid cycler« sind.[295] Weitere 19 Prozent seiner Patienten zeigen ebenfalls rasch wechselnde Stimmungen, lediglich in schwächerer Ausprägung.

Besonders bipolare Patienten mit schnell wechselnder Stimmungslage haben aber schlechte Prognosen und tendieren dazu, in ihrer Krankheit zu chronifizieren. Eine echte Heilung ist dann häufig nicht mehr möglich und in vielen Fällen werden jugendliche bipolare Patienten zu Invalidenrenten-Beziehern. Dazu die offiziellen Zahlen aus den USA: 1987 haben 16.200 Patienten unter 18 Jahren Invalidenunterstützung wegen (irgendeiner) psychiatrischen

---

293 | Faedda GL, Baldessarini RJ et al. (2004) Journal of Affective Disorders, S. 149.

294 | Whitaker R (2010) »Anatomy of an Epidemic«, S. 243-245.

295 | Faedda G; zitiert in Whitaker R (2010) »Anatomy of an Epidemic«, S. 243.

Erkrankung erhalten. Dies entspricht sechs Prozent aller damals invaliden Kinder. Im Jahr 2007 standen 561.569 psychisch schwer beeinträchtigte Kinder auf den Unterstützungslisten der amerikanischen Sozialversicherungen. Dies entspricht der Hälfte der insgesamt an Jugendliche bzw. deren Vormundschaft ausbezahlten Invalidenunterstützung.[296] Ein 35-facher Anstieg in gerade einmal zwanzig Jahren. Psychische Störungen sind mittlerweile der häufigste Invalidisierungsgrund bei amerikanischen Kindern und Jugendlichen, weit vor körperlichen Behinderungen wie zerebraler Kinderlähmung oder Down-Syndrom, für die die staatlichen Unterstützungsprogramme ursprünglich eingerichtet worden sind.

Nur das Beste für die Jugend – das Teenager-Gehirn wird zum Politikum

Im Zuge der Zerebralisierung menschlicher Lebenswelten ist das Teenager-Gehirn längst auch zum Politikum geworden. Wie Suparna Choudhury vom Berliner *Max-Planck-Institut für Wissenschaftsgeschichte* und Lutz Fricke von der Belfaster *Queen's University* aufzeigen, dient das Konzept der »neuronalen Plastizität« als Bindeglied zwischen neurowissenschaftlicher Forschung und politischer Programmatik.[297] So hat unlängst das renommierte Londoner *Government Office for Science* im Auftrag der britischen Regierung eine »Foresight«-Studie zum Thema »Geistiges Kapital und Wohlbefinden« durchgeführt.[298] Im Oktober 2008 stellten die Engländer ihre Studie auch in *Nature* vor. Unter einem wahrhaft großen Titel: »The mental wealth of nations.«[299] Eine offensichtliche Anspielung auf »The wealth of nations« – das einflussreiche Hauptwerk des Ökonomen Adam Smith, das als Grundstein der modernen Wirtschaftswissenschaft gilt.

Im *Nature*-Editorial wird das Gehirn Jugendlicher zum Zielorgan politischer Einflussnahme erklärt. Der auf neurowissenschaftlichen Erkenntnissen basierende Umgang mit dem noch unausgereiften Teenager-Gehirn soll individuelle Gesundheit, Wohlstand der Gesellschaft und wirtschaftliche Konkurrenzfähigkeit der ganzen Nation sichern helfen. »Für die Auftraggeber der Studie steht nichts weniger als die momentan noch einflussreiche Rolle Großbritanniens

---

296 | Social Security Administration, annual statistical reports on the SSI program 1996-2008; Social Security Bulletin, annual statistical supplement, 1988-1992. Zitiert in Whitaker R (2010) »Anatomy of an Epidemic«, S. 245.

297 | Fricke L, Choudhury S (2011) Deutsche Zeitschrift für Philosophie. Die nachfolgenden Ausführungen basieren wesentlich auf der Arbeit dieser beiden Autoren.

298 | www.bis.gov.uk/foresight/our-work/projects/published-projects/mental-capital-and-wellbeing

299 | Beddington J, Cooper CL et al. (2008) Nature, S. 1057.

auf den Weltmärkten auf dem Spiel. Eine substanzielle Erhöhung der Produktivität wird daher als unerlässlich angesehen. Psychische Krankheiten und kognitive Unzulänglichkeiten, darunter auch Lernschwierigkeiten, sind laut der Studie die hauptsächlichen Störfaktoren.»[...] ›Das Beste aus uns zu machen‹ bedeutet demnach, die Bevölkerung insgesamt flexibler und zugleich stressresistenter zu machen, damit die bestehenden wirtschaftlichen Sachzwänge bedient werden können.«[300]

Ein exemplarisches Beispiel für die Verknüpfung neoliberaler Politik mit den kognitiven Neurowissenschaften. Beziehungsweise für »Biopolitics«, wie Soziologe Nikolas Rose das politische Bestreben nennt, durch Einflussnahme auf das Gehirn »gutes« und »wünschenswertes« Verhalten seiner Bürger zu erzielen. »Es besteht der Glaube, dass uns neue Erkenntnisse über das Gehirn ermöglichen werden, Psychopathologie und problematisches Verhalten vorauszusehen, zu verhüten und zu heilen. Und Eigenschaften des Menschen zu formen und zu optimieren.«[301] Bemerkenswert ist nicht nur der grandiose Wissenschaftsoptimismus, sondern auch die semantische Verschiebung vom Human- zu Mentalkapital. »[Dies] mag selbst als Indiz für den Einfluss geltend gemacht werden, den Neurowissenschaften auf politische und öffentliche Diskurse momentan haben.«[302]

Aufgrund wissenschaftlicher Erkenntnisse über adoleszente Hirnentwicklung und schädliche Einflussfaktoren sollen gemäß der britischen Untersuchung bildungs- und erziehungspolitische Rahmenbedingungen geschaffen werden, um »das Beste aus den Jugendlichen zu machen.« Es ist nicht überraschend, dass die Diskussion über den »besten Umgang« mit der Jugend gerade in Großbritannien besonders intensiv geführt wird. Kaum ein Land der westlichen Welt hat größere Probleme mit Jugendkriminalität. Grimmige Hoodies prägen das Straßenbild in Londoner Problemquartieren wie Brixton, Stratford oder Peckham. Anwohner fühlen sich durch Jugendbanden bedroht und räumen die Quartiere. Die Polizei ist überfordert. Ebenso Jugendämter und soziale Einrichtungen. Besonders vor dem Hintergrund doch so offensichtlicher gesellschaftlicher Spannungen ist es erstaunlich, dass sich der Fokus der politischen Aufmerksamkeit weg von sozialen und politischen Einflussfaktoren hinein ins Innere des Teenager-Gehirns verlagert.

Alterstypisches Risikoverhalten, jugendliche Drogenexperimente und frühe sexuelle Erfahrungen werden nicht länger als charakterliche oder moralische

---

300 | Fricke L, Choudhury S (2011) Deutsche Zeitschrift für Philosophie, S. 393.

301 | Rose N (2011) »Governing conduct in the age of the brain«, Vortrag an der University of Chicago, 29. 3., vgl. Videopodcast auf www.somatosphere.net/2011/04/nikolas-rose-governing-conduct-in-age.html

302 | Fricke L, Choudhury S (2011) Deutsche Zeitschrift für Philosophie, S. 395.

Unreife angesehen, sondern als Unreife des Gehirns.[303] Mit dem Argument, das Teenager-Gehirn sei eben ein »anderes«, ein noch unfertiges Gehirn, wird dieses implizit pathologisiert. Darin liegt sogar Potenzial für neue psychiatrische Diagnosen. Wie wäre es zum Beispiel mit »excessive daydreaming disorder«, abgekürzt »EDD«? Mit ein wenig Zynismus kann man selbst jugendlichen Idealismus als Symptom fehlender Hirnreife, als Zeichen noch zu vollendender neuroplastischer Verschaltung sehen. Schlechte Entscheidungsfindung? Rebellion gegen Eltern, Schule und die ganze Welt? Offensichtlich sind die Axone der Nervenzellen noch ungenügend myelinisiert und die synaptische Verschaltung unvollständig vollzogen.

Einmal mehr – dürftige Faktenlage

Wie *genau* man denn zum Wohl der Gesellschaft in das reifende Teenager-Hirn eingreifen soll, bleibt aber auch in der britischen Studie »Geistiges Kapital und Wohlbefinden« völlig unklar. Noch nicht einmal praktische Tipps zum verbesserten Lernen scheinen heute aus neurowissenschaftlicher Forschung ableitbar zu sein. Dies wird im Bericht zum Studienteil *Neuroscience in Education* auch ganz explizit eingestanden: »Bislang gibt es in der zeitgenössischen Hirnforschung wenig, das sich im Klassenzimmer praktisch anwenden ließe.«[304] Das ist kein rein britisches Phänomen. Die gleichen Umsetzungsprobleme beklagt nämlich auch Nicole Becker, Didaktik-Wissenschaftlerin an der *Universität Tübingen* in einem Interview mit dem *Bayerischen Rundfunk*: »Wenn eine Lehrerin die Frage stellen würde [...]: ›Was muss ich jetzt, wenn ich mir neurowissenschaftliche Befunde zum Lernen anschaue, anders machen als vorher?‹, dann schweigt doch die Neurowissenschaft.«[305] Viel weiter als zur inhaltsleeren Fundamentalaussage, man müsse sich zum Wohl der Teenager an die »neuesten Erkenntnisse aus der Hirnforschung« halten, ist man offenbar noch nicht gekommen. Und, selbstverständlich, man müsse »möglichst früh handeln« – womit auch immer.

Entgegen der weit verbreiteten Meinung, die Hirnforschung wisse genau Bescheid über die Vorgänge im Gehirn, ist die tatsächliche Faktenlage nämlich äußerst dürftig. Man hat noch nicht einmal ansatzweise verstanden, welche spezifische neuronale Konfiguration, welche Ausgestaltung kortikaler und subkortikaler Netzwerke zu welchem individuellen Erleben führt. Geschweige denn, zu welchem Verhalten. Dennoch kommt es in der Diskussion neurowis-

303 | Casey BJ, Getz S et al. (2008) Developmental Review.

304 | Goswami U (2008) State-of-Science Review: SR-E1 Neuroscience in Education, S. 7.

305 | Schramm M (2011) IQ-Wissenschaft und Forschung, Bayerischer Rundfunk, 13.4.

senschaftlicher Sachverhalte regelmäßig zur argumentativen Vertauschung von »dass« und »wie«.

Dieser Mechanismus, der gerne auch beim Verfassen von Forschungsanträgen zum Zuge kommt, hat Jerry Fodor schon vor Jahren kritisiert. Der Kognitionswissenschaftler von der *Rutgers University* tat dies am Beispiel einer Buchbesprechung von Paul Churchlands Neuro-Philosophie-Klassiker »Die Seelenmaschine. Eine philosophische Reise ins Gehirn«.[306] So schreibt der kanadische Philosoph in seinem Seelenmaschinen-Buch, dass »wir nun in der Lage sind zu erklären, wie unsere lebhaften sensorischen Wahrnehmungen im sensorischen Cortex unseres Gehirns entstehen« und dass »wir nun verstehen können, wie das kindliche Gehirn langsam ein System von Konzepten entwickelt.«[307]

Aber das stimmt eben genau nicht. Die Kognitionsforschung kann zwar ohne weiteres plausibel machen, *dass* »unsere lebhaften sensorischen Wahrnehmungen im sensorischen Cortex unseres Gehirns entstehen« und *dass* »das kindliche Gehirn langsam ein System von Konzepten entwickelt.« Aber wie? Keine Ahnung. »Nicht einmal der leiseste Schimmer«, wie Jerry Fodor in seiner Churchland-Buchbesprechung anmerkte.[308]

Dementsprechend unklar ist auch, wie man denn einen Gehirnreifungsprozess zielgerichtet beeinflussen könnte. Man mag sich sogar fragen, ob dies überhaupt prinzipiell möglich ist. Klar ist nur, dass die modernen Theorien zur kortikalen Plastizität die früher so beliebten Hormone als Verursacher des pubertären Sturm-und-Drang-Verhaltens abgelöst haben. Gerade groß im Trend ist auch die Ansicht, man müsse mit Teenagern aktiv über ihr Gehirn und seine Verletzlichkeit reden. Damit diese lernen, selbst Verantwortung für ihr Gehirn zu übernehmen und daher zum Beispiel auf den Konsum von Cannabis verzichten. Mit Verweis auf die besondere Vulnerabilität des reifenden Gehirns wird in der britischen Studie darauf hingewiesen, dass gerade Alkohol- und Drogenkonsum im Teenageralter schwere und bleibende Folgen haben: »Neuroimaging und neuropsychologische Studien weisen darauf hin, dass Substanzkonsum während der Adoleszenz mit neuronalen Schädigungen einhergeht. Besonders an Netzwerken, die an Lernen, Aufmerksamkeit und exekutiven Funktionen beteiligt sind.«[309] Kein Zweifel – der Einwand der Forscher ist berechtigt. Auf den Einfluss chronischer Verabreichung von Psychopharmaka auf die Hirnreifung von Kindern und Jugendlichen wird in der Studie aber mit keinem Wort eingegangen. So, als ob der jahrelange Konsum von *Ritalin* oder

---

306 | Churchland PM (1995) »The Engine of Reason, the Seat of the Soul«.
307 | Zitiert in Crawford MB (2008) The New Atlantis, S. 73.
308 | Ebd.
309 | Beddington J, Cooper CL et al. (2008) Nature, S. 1058.

Antidepressiva außer Konkurrenz liefe, da diese schließlich keine Rauschdrogen sind und nur in bester Absicht zum Wohl der Kinder verabreicht werden.

Londoner Problemjugend im Hirnscanner

Die traditionell als schwierig erachtete Übergangsphase vom Kind zum Erwachsenen wurde schon früh Untersuchungsgegenstand der bildgebenden Verfahren. Mittels Neuroimaging sollte sich das Jahrhunderte alte Mysterium Pubertät nun endlich – und endgültig – klären lassen. Stimmungsschwankungen, Risikobereitschaft und Aufbegehren gegen Eltern und Gesellschaft – alles habe seinen Grund im noch unreifen Gehirn und ließe sich dort mithilfe der neuen Untersuchungsmethoden auch abbilden, so die Überzeugung der Neurobiologen.

»Geheimnisse des Teenager-Gehirns« titelte das *Time* Magazin bereits in einer Ausgabe im Sommer 2004.[310] Dort wurde verkündet, dass die Forschung gerade dabei sei, »unsere Sichtweise des Heranwachsenden zu revolutionieren.« Der Leser konnte lernen, dass sich der *präfrontale Cortex* in der Kindheit vergrößert und während der Pubertät wieder schrumpft. Oder dass sich die Nervenbahnen des *Corpus callosum* verdicken und damit der Informationsaustausch zwischen den Hirnhemisphären verbessert wird. Es wird auch betont, dass es für die Entwicklung der *Basalganglien* wichtig sei, dass Kinder vor und während der Pubertät musizieren und Sport treiben.[311]

Ein gut gemeinter Ratschlag. Aber ob sich auch die randalierenden Hoodies in den Londoner Problemquartieren daran halten? Im Sommer 2009 kündete der *London Evening Standard* an, dass englische Forscher beabsichtigten, Mitglieder von Straßengangs per Hirn-Scans zu untersuchen um herauszufinden, warum sie so aggressiv sind.[312] Es wäre interessant zu wissen, was die Londoner Hoodies selbst zu diesem Experiment sagen. Sehr unwahrscheinlich, dass auch sie ihr Gehirn als Verursacher für ihr schwieriges Leben und ihr Verhalten verantwortlich machen. Die Forscher wollen zeigen, dass die Gehirne der meist obdachlosen Problemkids »anders« sind und sie deshalb in der Fähigkeit eingeschränkt sind, sich bei Stress wieder zu beruhigen, berichtet die Zeitung.

Es ist allerdings wenig einsichtig, was uns diese neurowissenschaftliche Studie über das Wesen krimineller Teenager denn an neuen Erkenntnissen liefern soll. An Einsichten, die nicht auch mit psychologischen oder soziologischen Untersuchungen zu gewinnen wären. Und einmal mehr schwebt die wunder-

---

310 | Time Magazine (2004) Ausgabe vom 10. 5.

311 | www.time.com/time/covers/1101040510/brain

312 | »Brain scans on street gangs to trace reasons for life of crime«, www.thisislondon.co.uk/standard/article-23719119-brain-scans-on-street-gangs-to-trace-reasons-for-life-of-crime.do

same Vorstellung am Horizont, sozial bedingte Probleme könnten durch ein besseres Verständnis des Gehirns gelöst werden.[313] Was bei der Studie herausgekommen ist, war leider nicht auszumachen. Sehr wahrscheinlich ist, dass die Untersuchung gar nie durchgeführt wurde – die Forscher klagten dem Londoner Blatt nämlich, sie müssten für ihre Studie zuerst noch 250.000 Pfund auftreiben. Gut möglich, dass man im hoch verschuldeten England beschloss, diese Viertelmillion Pfund anderweitig einzusetzen.

Die Londoner »Wellbeing«-Studie zum geistigen Kapital der Nation könnte man politisch auch anders lesen und sie als Anleitung begreifen, wie in einer neoliberalen Gesellschaft der wünschenswerte Erwachsene der Zukunft auszusehen hat: Unbeschränkt anpassungsfähig, belastbar, mobil und flexibel, ein Leben lang lernend. Die gesellschaftliche Notwendigkeit zur dauernden Anpassung findet seine geradezu perfekte Entsprechung in den Konzepten zur Neuroplastizität des Gehirns. Biologie und Politik gehen Hand in Hand.[314]

2020 ist Depression die zweithäufigste Krankheit[315]

Bereits 2005 konstatierte *National Institute of Mental Health*-Direktor Thomas Insel, dass »während der vergangenen 20 Jahren die durch psychische Störungen bedingte Belastung der öffentlichen Gesundheit alarmierend zugenommen hat. Psychische Erkrankungen gehören nun weltweit zu den bedeutendsten Ursachen krankheitsbedingter Invalidität [...].«[316] Bereits 2020 soll die Depression gemäß *WHO* den zweiten Platz in der Häufigkeit aller Krankheiten einnehmen.

1985 wurden an nicht-stationäre Patienten in den USA Antidepressiva und Antipsychotika im Wert von 503 Millionen Dollar verschrieben.[317] 23 Jahre spä-

---

313 | Ansätze dazu, allerdings von ausgesuchter ethischer Fragwürdigkeit, gab es schon. Humanexperimente zur Verhaltenkontrolle über funkgesteuerte, ins Gehirn implantierte Elektroden haben Pioniere der Hirnstimulation bereits in den späten 1960er Jahren durchgeführt. Ethische Bedenken wegen dieser tierversuchsähnlichen Experimente kannte man damals kaum. Begeistert diskutierten die Forscher eine zukünftig »psychozivilisierte Gesellschaft«, in der unerwünschtes Verhalten – zum Beispiel Gewalttätigkeit – per Fernsteuerung über implantierte »Stimoceiver« (kombinierte Stimulatoren/Signalempfänger) kontrolliert werden könnte (Delgado JM, Mark V et al. [1968] Journal of Nervous and Mental Disease; zitiert in Schleim S [2011] »Die Neurogesellschaft«, S. 9).

314 | Vgl. dazu auch Malabou C (2008) »What should we do with our brain?"

315 | Die nachfolgende Abhandlung zur Epidemiologie der Depression wurde auszugsweise publiziert in Hasler F (2011) Der Beobachter.

316 | Insel TR, Quirion R (2005) Journal of the American Medical Association, S. 2221.

317 | Zorc JJ et al. (1991) American Journal of Psychiatry.

ter waren es bereits über 24 Milliarden Dollar – fast fünfzigmal mehr.[318] 2009 wurden allein in den USA Antipsychotika für 14,6 Milliarden Dollar und Antidepressiva für 9,9 Milliarden Dollar verkauft – bei letzteren ein erneutes Umsatzplus von vier Prozent. Antipsychotika und Antidepressiva sind heute Nummer eins und Nummer vier in der Liste der umsatzstärksten therapeutischen Klassen.[319] Jeder achte Amerikaner nimmt heute regelmäßig Psychopharmaka ein. Eine befreundete Anthropologin erzählte mir neulich, an einigen amerikanischen Hochschulen gäbe es mittlerweile mehr Studenten auf Psychopharmaka als Raucher. Auch in Deutschland hat sich die Menge der verschriebenen Antidepressiva in den letzten zehn Jahren verdoppelt.

Seit vielen Jahren wird uns erklärt, dass die Psychiatrie immense Fortschritte im biologischen Verständnis psychischer Erkrankungen gemacht habe und dass diese Erkrankungen mit den modernen Psychopharmaka effizient behandelbar seien. Diese Behandlung lassen wir bereitwillig über uns ergehen. Gemäß Arzneiverordnungsreport wurden 2008 allein in Deutschland 1,47 Milliarden Tagesdosen Psychopharmaka verschrieben. Davon 974 Millionen Tagesdosen Antidepressiva – ein erneutes Plus von elf Prozent gegenüber dem Vorjahr. Während die Verschreibungszahlen der klassischen trizyklischen Antidepressiva in Deutschland seit 1998 ungefähr konstant geblieben sind, haben sich die Verordnungen für SSRIs im gleichen Zeitraum mehr als verfünffacht.[320] Die neuesten Trends in der Verschreibungspraxis: Eine zunehmende »off-label«[321] Verordnung atypischer Neuroleptika bei Kindern und Jugendlichen sowie die gleichzeitige Verabreichung mehrerer Antipsychotika bzw. Antidepressiva bei verschiedenen Indikationen. Zwei Praktiken, welche die Psychopharmaka-Experten im deutschen Arzneiverordnungsreport 2009 als »beunruhigend« bezeichnen.[322]

Tatsächlich ist bei den »atypischen Antipsychotika«[323] in den letzten Jahren eine wundersame Änderung der Verschreibungspraxis zu beobachten. Ursprünglich schizophrenen Patienten mit psychotischen Symptomen vorbehalten, kommen »Atypika« heute bei allen möglichen psychiatrischen Symptomen zum Einsatz. Bei schweren Depressionen genauso wie bei bipolarer Störung, »Störungen des Sozialverhaltens« von Kindern und Jugendlichen, Zwangserkrankungen, Essstörungen, Tourette-Syndrom, Posttraumatischen Belastungsstörungen und sogar bei Persönlichkeitsstörungen und Autismus. Therapeutische Verzweiflungstaten in Ermangelung besserer und spezifische-

318 | Whitaker R (2010) »Anatomy of an Epidemic«, S. 320.

319 | www.imshealth.com

320 | Schwabe U, Paffrath D (2009) Arzneiverordnungsreport 2009, S. 768ff.

321 | Verschreibung ausserhalb der behördlich zugelassenen Indikationen.

322 | Schwabe U, Paffrath D (2009) Arzneiverordnungsreport 2009, S. 770.

323 | Z.B. Seroquel, Risperdal oder Zyprexa.

rer Medikamente? Eine kalkulierte Strategie der pharmazeutischen Industrie? Auf jeden Fall ein Spezifikum der Psychiatrie. Schwer vorstellbar, dass in der somatischen Medizin ein Herzmedikament plötzlich auch als wirksam gegen Diabetes, Bronchitis und Nierensteine akzeptiert werden würde.

Anatomie einer Epidemie

Wird unsere Gesellschaft immer gestörter? Ist unsere Lebenswelt anxiogen, depressogen, maniefördernd und psychotoxisch geworden? Oder sind psychische Störungen in früheren Jahrzehnten einfach nur unterdiagnostiziert gewesen? Ähnlich wie beim Boom der bipolaren Störung bei Kindern könnte an der allgemeinen Epidemie psychiatrischer Erkrankungen auch das Gesundheitssystem selbst in fundamentaler Weise beteiligt sein. In seinem Buch »Anatomie einer Epidemie« sammelt der Wissenschaftsjournalist Robert Whitaker Indizien und umfangreiches wissenschaftliches Beweismaterial für seine These, die Epidemie psychischer Erkrankungen sei zum großen Teil durch den Psychopharmaka-Verschreibungshype verursacht – und somit vom Gesundheitssystem hausgemacht.[324]

Whitakers gleichermaßen plausible wie beunruhigende These in Kurzfassung: Eine Vielzahl von Patienten wird wegen ursprünglich geringfügiger Beschwerden mit leichter bis mittelgradiger Beeinträchtigung ohne zwingende Notwendigkeit mit Psychopharmaka, insbesondere mit SSRIs behandelt. Die medikamentöse Behandlung führt kurzfristig vielleicht zu einer Symptombesserung – und genau diesen »quick fix« wollen Patient und behandelnder Arzt gleichermaßen erzielen.[325] Mit zunehmender Behandlungsdauer aber steigt die Wahrscheinlichkeit, dass die biochemischen Prozesse des Gehirns nachhaltig aus dem Gleichgewicht geraten. Anstatt krankheitsbedingte »chemische Ungleichgewichte« zu korrigieren, verursachen Psychopharmaka – die wohl zutreffender »Neuropharmaka« genannt werden sollten – diese nämlich erst.

---

324 | Whitaker R (2010) »Anatomy of an Epidemic«.

325 | Sogenannte »fix-me-now-solutions«. Dass die Weigerung, Psychopharmaka zu verschreiben, sogar juristische Konsequenzen haben kann, zeigt der »Fall Osheroff« von 1982. Die tiefenpsychologisch ausgerichtete »Chestnut Lodge Klinik« in Maryland wurde angeklagt, sie hätte das depressive Leiden eines Patienten unnötig verlängert, weil die Klinikärzte die Verabreichung verfügbarer Antidepressiva verweigert hätten, deren Wirksamkeit bewiesen sei. Das Verfahren wurde außergerichtlich geregelt. Aufgrund dieses Prozesses mussten Psychiater fortan fürchten, strafrechtlich belangt zu werden, wenn sie keine Psychopharmaka einsetzten.

Durch die chronische Medikation kommt es zu komplexen Rezeptorver-
änderungen,[326] kompensatorischer Gegenregulation und verändertem Neuro-
transmitter-Stoffwechsel. Als Folge davon treten mit der Zeit Wirkungsverlust,
Gewöhnung und Medikamentenabhängigkeit auf. Die ursprünglichen Symptome kehren zurück, häufig stärker ausgeprägt als die ursprünglichen Beschwerden. Und in Form von Nebenwirkungen kommen neue Symptome hinzu. Die
Pharma-Spirale kommt in Schwung. Oder wie man in Psychiatriekreisen zu
sagen pflegt: Der Patient muss »neu eingestellt« werden. In der Meinung, die
ursprüngliche Krankheit habe sich als »stärker als das Medikament« erwiesen,
wird die Dosis erhöht, allenfalls das Medikament gewechselt oder ein zusätz-
liches Medikament verschrieben (sogenannte »Augmentation«).

Neu auftretende Nebenwirkungen werden ebenfalls pharmakologisch bekämpft – gegen Angst und Nervosität wird ein Sedativum eingesetzt, gegen
Schlafstörungen ein Schlafmittel, bei bleierner Müdigkeit auf ein stimulieren-
des Antidepressivum gewechselt. Tritt als Nebenwirkung eine hypomanische
oder gar manische Phase auf, eröffnen sich neue therapeutische Optionen. Aus
dem ursprünglich depressiven Patienten – möglicherweise sogar ungerecht-
fertigterweise diagnostiziert – ist technisch gesprochen ein bipolarer Patient
geworden. Lithium und andere »mood stabilizer« werden verschrieben. Und
sollte es zum Auftreten von Halluzinationen, Derealisationen oder psychoti-
schem Erleben kommen, werden zusätzlich Neuroleptika verabreicht, in der
Regel »Atypika« der neuesten Generation.

Aus dem ursprünglich zwar unglücklichen, aber psychopathologisch normalen Ratsuchenden ist ein chronischer Patient geworden, der ein halbes Dutzend Medikamente schluckt und an einer Vielzahl wechselnder Symptome leidet. Oder in den Worten von Marcia Angell, ehemals Chefredakteurin des *New
England Journal of Medicine*: »[...] viele Patienten finden sich auf einem Cocktail
von Psychopharmaka wieder, die für einen Cocktail von Diagnosen verschrieben werden.«[327] Ihre persönlichen Erfahrungen mit einem medikamentösen
Overkill genau dieser Art schildert die amerikanische Autorin Rebekah Beddoe
in ihrem Buch »Dying for a Cure«.[328] Die gleichzeitige Verabreichung mehrerer
Psychopharmaka heißt übrigens »Polypharmazie« und ist im klinischen Alltag
heute gängige Praxis. Dabei galt früher noch: Ein schizophrener Patient wird
mit einem Neuroleptikum behandelt. Und zwar mit genau einem. Heute gibt
es regelmäßig einen ganzen Pharmacocktail, bestehend aus mehreren Antipsychotika, dazu Antidepressiva und Tranquillanzien. Die Monotherapie als oberste Maxime einer guten pharmakologischen Behandlung hat längst ausgedient.

---

326 | Rezeptor Up- oder Down-Regulation, Toleranzausbildung via Rezeptor-Sensiti-
sierung etc.

327 | Angell M (2011a) New York Review of Books vom 23. 6.

328 | Beddoe R (2009) »Dying for a Cure«.

Alarmierende Zahlen

Statistische Daten zur psychischen Gesundheit der Schweizer Bevölkerung können die Vermutung einer durch das Gesundheitssystem zumindest mitverursachten Epidemie nicht entkräften. Während im Zeitraum 1997-2009 die Anzahl der Invalidenrentenbezieher aufgrund aller anderen Ursachen jahresdurchschnittlich um 3,7 Prozent zugenommen hat, stieg die Anzahl der Rentenbezieher wegen psychischer Erkrankungen durchschnittlich um 6,3 Prozent pro Jahr.[329] Die Zahl der Invalidisierungen aus psychischen Gründen hat allein zwischen 2000 und 2009 um zwei Drittel zugenommen.[330]

Im Jahr 2000 haben in der Schweiz 60.741 Männer und Frauen eine Invalidenrente aufgrund psychischer Krankheiten bezogen. Im Jahr 2009 waren es bereits 100.459. Zum Vergleich die entsprechenden Veränderungen aufgrund anderer Ursachen: Geburtsgebrechen plus acht Prozent, Erkrankungen des Nervensystem plus 28 Prozent, Erkrankungen von Knochen und Bewegungsorganen plus 17 Prozent, »andere Krankheiten« minus fünf Prozent, Unfälle plus neun Prozent. Wurden 1986 noch 20 Prozent aller Invalidenrenten aufgrund psychischer Erkrankungen ausbezahlt, so waren es 2009 bereits über 40 Prozent.[331] Im selben Zeitraum ist der Rentenanteil aufgrund anderer Erkrankungen aber von 52 Prozent auf 42 Prozent gesunken. In etwas sperriger Beamtensprache beklagt dieses Missverhältnis auch das *Bundesamt für Sozialversicherungen* selbst: »Als besonders beunruhigend erweist sich dabei die massive Zunahme der Rentenbeziehenden mit psychischen Erkrankungen als IV-Zugangsdiagnosen.«[332]

Zahlen aus den USA sprechen die gleiche Sprache. 1987 erhielten 1,25 Millionen US-Bürger (oder einer von 184 Amerikanern) staatliche Unterstützung (Zuschuss-Zahlungen oder Invalidenrente)[333] aufgrund von Arbeitsunfähigkeit, die durch psychische Krankheiten bedingt war. 2007 waren es bereits 3,97 Millionen US-Bürger – einer von 76 Amerikanern.[334] Während 1990 noch 2,7 Pro-

329 | Bundesamt für Sozialversicherungen, Synthesebericht des Forschungsprogramms zur Invalidenversicherung FoP-IV 2006-2009, Forschungsbericht Nr. 10/10, S. 24.

330 | Bundesamt für Sozialversicherungen, Statistiken zu sozialen Sicherheit, IV-Statistik 2009, Tabellenteil S. 47.

331 | Bundesamt für Sozialversicherungen, Bezieherinnen von Renten der Invalidenversicherung in der Schweiz.

332 | Bundesamt für Sozialversicherungen, Synthesebericht des Forschungsprogramms zur Invalidenversicherung FoP-IV 2006-2009, Forschungsbericht Nr. 10/10, S.III-IV.

333 | »Supplemental Security Income« oder »Social Security Disability Insurance«.

334 | Whitaker R (2010) »Anatomy of an Epidemic«, S. 6-7.

zent der Amerikaner mit einer psychischen Störung langzeiterwerbsunfähig wurden, waren es 2003 bereits fünf Prozent.[335] Auch in den USA hat die Zahl der Invalidenrenten-Bezieher aufgrund körperlicher Beschwerden im gleichen Zeitraum hingegen abgenommen.

Seit den 1980er Jahren ist die Anzahl durch Depressionen invalidisierter Personen in verschiedenen Ländern massiv angestiegen. In Großbritannien beispielsweise haben im Zeitraum von 1984 bis 1999 die depressionsbedingten »Anzahl Tage mit Arbeitsunfähigkeit« um das dreifache zugenommen.[336] Auch Carolyn Dewa vom *Center for Addiction and Mental Health* in Ontario – eine ausgewiesene Spezialistin für Erwerbsunfähigkeit im Zusammenhang mit psychischen Störungen – wundert sich:»Mit dem ganzen Angebot an verfügbaren Depressionsbehandlungen kann man sich fragen, warum Invalidität im Zusammenhang mit Depressionen zunimmt.«[337]

Leben psychisch belastete Personen heute schlechter als früher?

Bei der Behandlung körperlicher Erkrankungen macht die Medizin beachtliche Fortschritte. Gerade bei potenziell tödlichen somatischen Krankheiten wie Krebs oder Herz-Kreislaufstörungen nimmt die Überlebenswahrscheinlichkeit seit Jahren kontinuierlich zu. Aber nicht beim Management von psychischen Störungen? Im Einklang mit Whitakers These steht auch die Feststellung von Schweizer Gesundheitsforschern, dass »die Zunahme der [Invaliden-]Renten in allererster Linie psychogene und reaktive Störungen betrifft. Dagegen ist der Anteil an so genannt ›schweren Störungen‹ wie beispielsweise Psychopathien tendenziell eher rückläufig.«[338] Die Forscher des *Schweizerischen Gesundheitsobservatoriums* fragen sich ganz explizit, »[...] ob sich die psychische Gesundheit der Mehrheit in der vergangenen Dekade eventuell verbessert hat, während die psychisch belasteten Personen heute noch schlechter und invalidisierter leben als früher.«[339] Eine bemerkenswerte Frage und ganz im Widerspruch zu dem, was uns die Meinungsmacher der Wissenschaft und der Pharmaindustrie seit Jahrzehnten erklären. Nämlich, dass Psychopharmaka ein Segen für die psychisch Kranken seien, deren Leiden nun endlich wirksam und nachhaltig behandelt werden könnten. Wären Psychopharmaka tatsächlich so heilsam, müss-

---

335 | Whitaker R (2011) http://madinamerica.com/madinamerica.com/Answering%20 critics.html

336 | Moncrieff J, Pomerleau J (2000) Journal of Public Health Medicine.

337 | Zitiert in Whitaker R (2010) »Anatomy of an Epidemic«, S. 148.

338 | Schuler D, Ruesch P, Weiss C (2007) »Psychische Gesundheit in der Schweiz«, Schweizerisches Gesundheitsobservatorium, S. 4.

339 | Ebd.

ten psychisch belastete Personen dann nicht besser und nicht »schlechter und invalidisierter leben als früher«?

Wäre es nicht denkbar, dass die gegenwärtige medikamentenzentrierte Behandlung psychischer Störungen zwar vielen Menschen helfen kann, besonders in Form einer akuten Krisenintervention, andere hingegen durch die langfristige Verschreibung von Psychopharmaka erst chronifiziert, in ihrer Krankheit fixiert und oftmals sogar invalidisiert werden? Kaum bestritten ist, dass bei einer Ersteinweisung die schnelle Symptombesserung im Zentrum der Therapiebemühungen steht. Sowohl Patient wie auch behandelnder Arzt wollen zuerst einmal das akute Leiden lindern. Und für einen »quick fix« bieten sich Medikamente geradezu an. Viele Ärzte würden es sogar als unethisch betrachten, einem akut leidenden Patienten Psychopharmaka zu verweigern und ihn stattdessen in eine Psychotherapie zu schicken, deren Erfolg möglicherweise Wochen oder Monate auf sich warten lässt.

Eli Lillys Zyprexa gegen eine Krankheit, die *Eli Lillys Prozac* ausgelöst hat

Gerade bei der Zunahme bipolarer Störungen scheint ein direkter Zusammenhang zur Verabreichung von Psychopharmaka zu bestehen. So haben Forscher an der *Yale University School of Medicine* nach Durchsicht von Tausenden von Krankenakten aus dem Zeitraum 1997-2001 festgestellt, dass Patienten mit der Diagnose Depression oder Angststörung mit einer Rate von 7,7 Prozent pro Jahr zu bipolaren Patienten werden. Allerdings nur, wenn sie mit Antidepressiva behandelt werden. Ohne Einsatz von Antidepressiva ist die Konversionsrate dreimal kleiner.[340] Häufig bekamen bipolare Patienten anfänglich die Diagnose einer unipolaren Depression gestellt und wurden typischerweise mit einem Antidepressivum behandelt.[341]

Wäre es also möglich, dass ein guter Teil der ursprünglich depressiven Patienten erst aufgrund der Behandlung mit Antidepressiva zu bipolaren Patienten geworden ist?[342] Rif El-Mallakh, Direktor des *Mood Disorders Clinical and Research Program* an der *University of Louisville* fasst die Lage wie folgt zusammen: »Mit einer Frequenz, die zwei oder dreimal höher ist als die Spontanrate

---

340 | Martin A, Young C et al. (2004) Archives of Pediatrics and Adolescent Medicine; zitiert in Whitaker R (2010) »Anatomy of an Epidemic«, S. 181.

341 | El-Mallakh RS, Karippot A (2002) Psychiatric Services, S. 580.

342 | Wobei zu diskutieren wäre, ob dies grundsätzlich schlechter ist, als an einer unipolaren Depression zu leiden. Die manisch-depressive Autorin Kay Redfield Jamison beispielsweise schreibt in ihrer Autobiographie, dass sie, wenn sie denn die Wahl hätte, sich gegen die »Normalität« und für ein nochmaliges Leben in Bipolarität entscheiden würde (Jamison KR [1995] »An unquiet mind«).

können diese [Antidepressiva] ein Umschalten in die Manie oder Hypomanie verursachen.«[343] Die Zunahme bipolarer Diagnosen in unseren Tagen könnte also durchaus auch damit zusammenhängen, dass ursprünglich unipolare depressive Patienten erst iatrogen durch Verschreibung von Antidepressiva zu manisch-depressiven Patienten werden.

Mit dem zunehmenden Problem des »rapid cycling« – dem schnellen Wechsel zwischen manischen und depressiven Phasen – hat sich Athanasios Koukopoulos beschäftigt. Der Direktor des *Centro Lucio Bini* und seine Kollegen haben den Krankheitsverlauf von 109 bipolaren Patienten mit »rapid cycling« untersucht. Und festgestellt, dass der schnelle Wechsel zwischen Manie und Depression nur gerade in zwölf Prozent der Fälle spontan einsetzte. Bei 88 Prozent der Patienten aber sahen die Psychiater einen direkten Zusammenhang mit der Verabreichung von Antidepressiva oder anderen Medikamenten.[344] Einmal angestoßen, entwickelt sich das »rapid cycling« rasch zu einem chronischen Zustand mit schlechter Prognose: »Unser Befund legt nahe, dass das schnelle Umschalten, einmal etabliert, bei einem wesentlichen Teil der Patienten für viele Jahre zu einem stabilen Rhythmus wird [...]«, berichten die Forscher aus Rom in ihrem Fachaufsatz von 2003.[345]

Auch andere Psychiater wie Carlos Zarate von der *Harvard Medical School* kommen zu ernüchternden Einsichten: »Es ist möglich, dass wir als Kliniker durch die unüberlegte und exzessive Langzeitverschreibung von Antidepressiva bei bipolaren Störungen zur Verschlechterung des Krankheitsverlaufs beigetragen haben.«[346] Pharmamulti *Eli Lilly* hat die Tatsache, dass Antidepressiva Manien auslösen können, sogar zu Marketingzwecken verwendet. So wurde bei Ärzten für das atypische Neuroleptikum *Zyprexa* unter anderem mit dem Argument geworben, es sei ein »hervorragender ›mood stabilizer‹, besonders für Patienten deren Symptome durch SSRIs verschlimmert worden seien.«[347] Zugespitzt formuliert wurden die Psychiater dazu angehalten, *Eli Lillys Zyprexa* gegen eine Krankheit zu verschreiben, die *Eli Lillys Prozac* ausgelöst hat.

Fünfzigtausend Psychiater könnten falsch liegen

Bei einem Symposium zum Thema »Antidepressiva bei bipolaren Störungen« kam es 2008 anlässlich der Jahresversammlung der *American Psychiatric Association* in Washington zu einem veritablen Eklat. Wie Augenzeuge Robert

343 | El-Mallakh RS, Karippot A (2002) Psychiatric Services, S. 580.
344 | Koukopoulos A, Sani G et al. (2003) Journal of Affective Disorders, S. 75.
345 | Ebd., S. 76.
346 | Zarate CA, Tohen M et al. (2000) Psychiatric Quaterly, S. 315.
347 | Whitaker R (2010) »Anatomy of an Epidemic«, S. 320.

Whitaker in seinem Buch beschreibt,[348] tauchte nämlich in einer Diskussionsrunde amerikanischer Top-Experten für bipolare Störungen die Frage auf, ob Antidepressiva den Langzeitverlauf von manisch-depressiven Erkrankungen *verschlimmern* statt verbessern. Frederick Goodwin, ein Experte auf dem Gebiet der bipolaren Störungen, erklärte seinen Kollegen, dass sich das Krankheitsbild in den letzten 20 Jahren stark gewandelt hätte. Die Patienten hätten schnellere Zyklen als früher, mehr gemischte manische und depressive Zustände und viel häufiger würde Lithium zur Affektstabilisierung nicht mehr funktionieren. Goodwin lieferte auch gleich eine mögliche Erklärung:»Ich glaube, der wichtigste Faktor ist, dass die meisten Patienten mit der [bipolaren] Erkrankung ein Antidepressivum bekommen, bevor sie mit einem mood stabilizer behandelt werden.«[349]

Und auch mit den Evidenzen für den sinnvollen Einsatz von Antipsychotika bei bipolaren Störungen sei es nicht weit her, führte Goodwin im Verlauf der zunehmend aus dem Ruder laufenden Diskussion aus. Die pharma-gesponserten Studien, die zeigten, dass bipolare Patienten hohe Rückfallraten hätten, wenn die Antipsychotika abgesetzt werden, seien geradezu»dazu konstruiert worden, Rückfälle zu erzielen«.[350] Offiziell wurden diese Studien aber als Beleg dafür gewertet, dass bipolare Patienten langfristig auf eine Therapie mit Antipsychotika angewiesen sind. Gemäß Goodwin seien diese Studien aber kein Beweis dafür, dass das Medikament notwendig sei, sondern ein Beweis dafür, dass es zu einem Rückfall komme, wenn die Chemie eines Gehirns abrupt verändert wird, das sich an ein Medikament gewöhnt hat. 50 Jahre nach dem Auftauchen der Antidepressiva wisse man eigentlich immer noch nicht, wie man bipolare Störungen behandeln solle, fügte ein anderer Diskussionsteilnehmer hinzu. Das passende Schlussfazit der hitzigen Diskussion inklusive Ausbuhen und gehässigen Zwischenrufen lieferte dann Nassir Ghaemi, Psychiater am *Tufts Medical Hospital*:»Können sich fünfzigtausend Psychiater irren? Ich glaube die Antwort ist: ja, wahrscheinlich.«[351]

Niemand ist interessiert an einer Klärung

Einmal in die Mühle der Psychopharmakologie gelangt, ist es für viele Patienten schwierig, aus dieser jemals wieder herauszukommen. Selbst beim Ausbleiben echter Entzugserscheinungen kann das Absetzen von Antidepressiva Probleme machen. Schon seit langem ist bekannt, dass depressive Patienten häufig wieder krank werden, wenn sie aufhören, ihre Medikamente zu nehmen. *Harvard-*

---

348 | Ebd., S. 175-177.
349 | Ebd., S. 175.
350 | Ebd., S. 176.
351 | Ebd., S. 177.

Psychiater Ross Baldessarini hat das Rückfallrisiko bereits 1998 beziffert. Die Hälfte der Patienten, die ihre Antidepressiva abgesetzt haben, werden innerhalb von 14 Monaten wieder depressiv. Werden die Antidepressiva hingegen weiter genommen, dauert es im Durchschnitt vier Jahre, bis die Hälfte der Patienten einen Rückfall erleidet.[352] Bezüglich Rückfallwahrscheinlichkeit macht es auch keinen Unterschied, ob die Medikamente plötzlich oder langsam abgesetzt werden. Vor ein paar Jahren hat sich der italienische Psychiater Giovanni Fava die entscheidende Frage gestellt: »Kann die langfristige Behandlung mit Antidepressiva den Verlauf einer Depression verschlechtern?«[353] Bei Durchsicht der Fachliteratur ist Fava auf eine Vielzahl von Problemen gestoßen: »Eine Reihe von klinischen Berichten weist auf folgende Möglichkeiten hin: Nachteiliges langfristiges Ergebnis bei pharmakologisch behandelter Depression, paradoxe (depressionsinduzierende) Wirkung antidepressiver Medikamente bei einigen Patienten [...], Antidepressiva-verursachtes Umschalten bzw. Zyklusbeschleunigung bei bipolarer Störung, Toleranzbildung gegen die antidepressive Wirkung bei Langzeitbehandlung, Resistenzausbildung bei Wiederaufnahme der Therapie nach Behandlungsunterbruch [...] und Entzugserscheinungen beim Absetzen.«[354]

An anderer Stelle fasst Psychiater Fava das Problem wie folgt zusammen: »Antidepressiva mögen bei Depression kurzfristig nutzbringend sein, könnten den Verlauf der Krankheit aber durch Verstärkung der biochemischen Vulnerabilität langfristig verschlechtern. [...] Die Anwendung von Antidepressiva kann dazu führen, die Krankheit zu einem maligneren und schlechter auf Behandlung ansprechenden Verlauf voranzutreiben.«[355] Auch in einem Kommentar im *Journal of Clinical Psychiatry* sprechen drei Ärzte aus, was selten offen diskutiert wird: »Der Langzeitgebrauch von Antidepressiva kann depressogen sein. [...] Es ist möglich, dass Antidepressiva die Verdrahtung neuronaler Synapsen verändert, was nicht nur dazu führt, dass Antidepressiva wirkungslos werden, sondern auch ein schwer zu beeinflussender depressiver Zustand hervorgerufen wird.«[356]

Ein gewichtiger Verdacht mit beträchtlichen Konsequenzen für die klinische Praxis, würde man meinen. Weshalb ist zur systematischen Klärung dieser Frage bis heute kaum etwas unternommen worden? Vielleicht deshalb, weil niemand an der Klärung des Sachverhalts interessiert ist. Bereits 1994 prophezeite

352 | Viguera AC, Baldessarini RJ et al. (1998) Harvard Review of Psychiatry.

353 | Fava GA (2003) Journal of Clinical Psychiatry.

354 | Ebd., S. 123.

355 | Fava GA (1995) Psychotherapy and Psychosomatics; Fava GA (1999) CNS Drugs; zitiert in Whitaker R (2010) »Anatomy of an Epidemic«, S. 160.

356 | El-Mallakh RS, Waltrip C et al. (1999) Journal of Clinical Psychiatry; zitiert in Whitaker R (2010) »Anatomy of an Epidemic«, S. 160.

der New Yorker Psychiater Donald Klein, eine Kapazität auf dem Gebiet der affektiven Störungen, dass hier nichts unternommen werden würde: »Die Industrie ist nicht interessiert, das NIMH ist nicht interessiert, und die FDA ist nicht interessiert. Niemand ist interessiert.«[357] Wie dem auch sei, bis heute gilt die kaum widersprochene Lehrmeinung, dass »Antidepressiva das Risiko für einen Rückfall in die Depression verringern und viele Patienten mit wiederkehrenden Depressionen davon profitieren, kontinuierlich mit Antidepressiva behandelt zu werden.«[358] Wie bereitwillig diesem fragwürdigen Ratschlag in der Praxis gefolgt wird, belegen auch Zahlen aus Kanada. Von den 1,8 Millionen Kanadiern, die im Jahr 2002 Antidepressiva eingenommen haben, hatte nur gerade ein Drittel im Jahr zuvor überhaupt eine depressive Episode.[359]

In einigen klinischen Studien über den typischen Beobachtungszeitraum von sechs bis zehn Wochen wurde gezeigt, dass Antidepressiva den Krankheitsverlauf einer Depression verbessern können. Wie aber sieht es aus, wenn man das Zeitfenster auf mehrere Monate bis Jahre nach Auftreten der ersten depressiven Episode ausdehnt? Ließen sich die Ergebnisse der klinischen Studien auf die realen Verhältnisse in der Bevölkerung übertragen, müssten mit Antidepressiva behandelte Patienten weniger Rückfälle erleiden als Patienten ohne Medikamente. Außerdem müssten erneut auftretende depressive Episoden bei medikamentös behandelten Patienten im Durchschnitt kürzer sein. Dass dem aber nicht so ist, geht aus einer Studie von Scott Patten hervor, einem Spezialisten für affektive Erkrankungen an der *University of Calgary*. Anhand der Daten zweier Gesundheitsumfragen in Kanada hat der Epidemiologe die Krankheitsverläufe von 9508 depressiven Patienten rekonstruiert. Seine Erkenntnis: Patienten, die mit Antidepressiva behandelt wurden, waren durchschnittlich 19 Wochen im Jahr depressiv. Patienten, die keine Psychopharmaka verabreicht bekamen, aber nur elf Wochen.[360]

Pattens epidemiologischer Befund unterstützt Psychiater Giovanni Favas Vermutung, dass die Behandlung mit Antidepressiva zu einer Verschlechterung des Langzeitverlaufs affektiver Störungen führen kann. Eine alternative Erklärung wäre allerdings, dass Patienten, die mit Antidepressiva behandelt werden, schon vor Therapiebeginn ausgeprägtere Symptome zeigen und zu stärker rezidivierenden Verlaufsformen neigen. Eine weitere naturalistische Verlaufsstudie zu den Auswirkungen der Pharmakotherapie von Depression wurde im Jahr 2000 von Sozialmedizinern der *Universität Nijmegen* veröffentlicht.[361] Die

---

357 | Klein DF (1994) Psychiatric News.

358 | Geddes JR, Carney SM et al. (2003) Lancet, S. 653.

359 | Beck CA, Patten SB et al. (2005) Social Psychiatry and Psychiatric Epidemiology.

360 | Patten SB (2004) Population Health Metrics.

361 | Van Weel-Baumgarten EM, Van den Bosch WJ (2000) Journal of Clinical Pharmacy and Therapeutics.

Forscher haben in einer retrospektiven Studie 222 Patienten untersucht, die zehn Jahre zuvor vom Hausarzt eine depressive Episode diagnostiziert bekommen haben. Der Befund der Holländer: 76 Prozent der Patienten, die nicht mit einem Antidepressivum behandelt wurden, erholten sich und hatten nie mehr einen Rückfall. Bei Patienten, die mit Antidepressiva behandelt wurden, blieb nur die Hälfte der Patienten rückfallfrei.

Was passiert eigentlich, wenn man gar nichts tut?

Und was passiert eigentlich längerfristig, wenn man bei einer Depression *gar nichts* tut? Wie ist der Verlauf der unbehandelten Krankheit? Diese Frage ist nicht einfach zu beantworten. Tausende von Fällen nicht diagnostizierter Depression bleiben naturgemäß unter dem Radar wissenschaftlicher Beobachtung. Und wer als Patient eine Depression diagnostiziert bekommt, wird in unserem Gesundheitssystem meist auch in irgendeiner Form therapiert.

Die *WHO* hat sich etwas einfallen lassen, um diese Frage trotzdem anzugehen.[362] Im Rahmen einer Längsschnitt-Studie wurden in 15 Gesundheitszentren Patienten, die sich wegen anderer Beschwerden in Behandlung begaben, von *WHO*-Experten über das Vorhandensein depressiver Symptome befragt. Die Epidemiologen identifizierten insgesamt 740 depressive Patienten, beeinflussten aber – im Sinne einer naturalistischen Untersuchung – in keiner Weise die Therapie der Patienten durch die behandelnden Ärzte. Die depressiven Patienten wurden in vier Gruppen unterteilt: (A) diagnostizierte Patienten, die mit Antidepressiva behandelt wurden, (B) diagnostizierte Patienten, die mit einem Beruhigungsmittel (zB. Benzodiazepinen) behandelt wurden, (C) diagnostizierte Patienten, die keine Medikamente erhielten und (D) Patienten, die nicht als depressiv diagnostiziert wurden und demzufolge ebenfalls keine Medikamente erhielten.

Drei und zwölf Monate nach der Erstuntersuchung wurde der Gesundheitszustand der Patienten erneut erhoben. Die Ausgangshypothesen der *WHO*-Experten waren gemäß Lehrmeinung: Die mit Antidepressiva behandelten Patienten sollten eigentlich den besten Verlauf zeigen, die nicht diagnostizierten und nicht therapierten Depressiven den schlechtesten. Heraus kam aber das Gegenteil. Die 484 Patienten, die keine Psychopharmaka erhielten, erfreuten sich ein Jahr nach der Eingangsuntersuchung einer besseren Gesundheit und hatten deutlich mildere Symptome als die medikamentös behandelten Patienten. Dabei gilt es aber zu beachten, dass die nicht medizierten bzw. nicht diagnostizierten Patienten schon zum Zeitpunkt der Erstuntersuchung durchschnittlich etwas weniger Symptome hatten. »Die Untersuchung unterstützt die Ansicht

362 | Goldberg D, Privett M et al. (1998) British Journal of General Practice.

nicht, dass das Nichterkennen einer Depression ernsthafte negative Auswirkungen hat [...]«, schlussfolgern die *WHO*-Experten in ihrem Studienbericht.[363]

Auch Psychiater Michael Posternak von der *Brown University School of Medicine* hat sich den natürlichen Verlauf einer unbehandelten Depression angesehen. Von einer Gruppe von 84 Patienten, deren Rückfall in eine depressive Episode *nicht* medikamentös behandelt wurde (im Gegensatz zur Behandlung der ersten Depression), haben sich innerhalb eines Monats 23 Prozent der Patienten erholt. Nach einem halben Jahr waren 67 Prozent frei von Depressionen und nach einem Jahr ganze 85 Prozent.[364] Wären die Patienten psychotherapeutisch betreut worden, wären die Remissionsraten wohl noch deutlich besser ausgefallen. Was schon Psychiatriepionier Emil Kraepelin wusste, wurde einmal mehr bestätigt: Auch wenn es seine Zeit braucht – und diese Zeit großes Leiden bedeuten kann – akute Depressionen vergehen in der Regel von selbst. Und behandelt man eine Depression nicht mit Medikamenten, so führt dies überhaupt nicht zwingend zu einer Chronifizierung der Krankheit.[365] Die weit verbreitete Meinung, man müsse bei einer Erkrankung möglichst früh eingreifen, ist in der Psychiatrie oft falsch. Eine depressive Störung ist ja kein Tumor, der unkontrolliert weiter wächst, wenn man nichts dagegen unternimmt.

Biologische Psychiatrie – Ein Mythos hat seinen Preis

Auf den ersten Blick geht es uns besser denn je. Unsere Gesundheitsversorgung ist so gut wie nie zuvor. Die Lebenserwartung nimmt stetig zu und immer mehr körperliche Erkrankungen sind durch effektivere Therapien in den Griff zu bekommen. Im Gegensatz dazu sind die psychischen Störungen seit Jahren im Vormarsch. Nicht nur steigt die Prävalenz vieler psychischer Erkrankungen seit Jahren kontinuierlich an – diese scheinen auch immer häufiger einen chronischen Verlauf zu nehmen. An erster Stelle stehen dabei die Depressionen. Nicht nur in Form der klassischen »majoren« Depression. Besonders die en vogue Depressionsdiagnosen »Erschöpfungssyndrom« und »Burnout«[366] gewinnen massiv an Terrain.

---

363 | Goldberg D, Privett M et al. (1998) British Journal of General Practice, S. 1840.

364 | Posternak MA, Solomon DA et al. (2006) Journal of Nervous and Mental Disease, S. 327.

365 | Selbstverständlich ist eine psychotherapeutische Intervention dringend zu empfehlen. Genauso, wie depressionsfördernde Lebensumstände nach Möglichkeit vermieden werden sollen. In der Praxis ist letzteres zugegebenermaßen oft nur schwer oder gar nicht umsetzbar.

366 | Erschöpfungsdepression aufgrund chronischer Überforderung, typischerweise am Arbeitsplatz. Depressionen können aber auch aufgrund von chronischer *Unter*forderung auftreten – man spricht dann vom »Boreout«-Syndrom.

Dass die Biologisierung beziehungsweise Molekularisierung der Psychiatrie und die damit einhergehende massenhafte Verschreibung von Psychopharmaka ein Segen für die Patienten sei, ist ein Mythos. Es war eine der großen Medizin-Hoffnungen der 1990er Jahre, dass die »Neuro-Psychiatrie« als exakte naturwissenschaftliche Disziplin schon bald psychopathologisches Geschehen auf der Ebene von Neuronen und Rezeptoren würde aufklären können. Dass sich mittels genetischen Screenings Risikopersonen identifizieren lassen werden. Dass mit bildgebenden Verfahren gesunde von depressiven und schizophrenen Gehirnen unterscheidbar würden. Und vor allem, dass sich aufgrund der Einsichten in die biologischen Abläufe von psychischen Störungen hochspezifische und damit nebenwirkungsarme Medikamente werden entwickeln lassen.

Keine dieser Hoffnungen hat sich erfüllt. Noch nicht einmal ansatzweise. »Trotz Dekaden der Forschung ist die Neurobiologie der Depression weitgehend unbekannt und die Behandlungen sind heute nicht effektiver als vor fünfzig bis siebzig Jahren«, ist das ernüchternde Fazit des Psychiaters Paul Holtzheimer und der Neurologin Helen Mayberg.[367]

Mit Blick zurück beklagt auch *National Institute of Mental Health*-Direktor Thomas Insel den Misserfolg: »Während der so genannten ›Dekade des Gehirns‹ kam es bei den psychischen Erkrankungen weder zu einer merklichen Verbesserung der Genesungsraten, noch zu einem messbaren Rückgang von Suiziden oder Obdachlosigkeit (beides ist mit Nicht-Genesung von Geisteskrankheiten verbunden).«[368] Untersuchungen der »Transkulturellen Psychiatrie« haben sogar deutlich gemacht, dass der Krankheitsverlauf bei den wichtigsten psychischen Störungen in der nicht-industrialisierten Welt durchwegs besser ist als in der industrialisierten Welt. Besonders bei Bevölkerungsgruppen, die keinen Zugang zu medikamentenbasierten Behandlungen hatten.[369]

Alles geht weiter wie immer

Nicht nur blieben Neuro-Optimismus und Neuro-Versprechungen der biologischen Psychiatrie bis heute uneingelöst. Vieles deutet darauf hin, dass die gegenwärtige Epidemie psychischer Störungen zum Teil sogar durch die neue wissenschaftsideologische Ausrichtung mitverursacht wurde. Besonders die seit Mitte der 1990er Jahre gängige Praxis, immer mehr und immer jüngere Kinder mit SSRIs, *Ritalin* und »mood stabilizern« zu behandeln – was anfäng-

367 | Holtzheimer PE, Mayberg HS (2011) Trends in Neurosciences, S. 1.

368 | Insel TR (2010) Cerebrum.

369 | Hopper K, Harrison G et al. (2007) »Recovery from Schizophrenia: An international perspective«; zitiert in Timimi S (2010) Transcultural Psychiatry, S. 701.

lich noch als echter Tabubruch empfunden wurde[370] – dürfte zur Zunahme chronifizierter und invalidisierter Psychiatriepatienten beigetragen haben. Die dauernde Ausweitung diagnostischer Kriterien hat zudem eine Pathologisierung von Befindlichkeitszuständen bewirkt, die vor einigen Jahren noch als normal angesehen wurden. Auch die professionell organisierten Großkampagnen zur Krankheitsaufklärung haben dazu beigetragen, dass sich heute immer mehr Menschen als psychisch krank und behandlungsbedürftig wahrnehmen. Allein am jährlich durchgeführten »Nationalen Depressions-Screening Tag« werden gleichzeitig an Hunderten von amerikanischen Gemeinden, Schulen und militärischen Einrichtungen Depressionstests durchgeführt. Organisiert wird dieser Aktionstag von der Non-Profit-Organisation *Screening for Mental Health Inc.*[371] Neben staatlichen Unterstützungen wird diese Organisation vor allem von der pharmazeutischen Industrie finanziert. Ein Umstand, der auf der Webseite von *Screening for Mental Health Inc* aber mit keinem Wort Erwähnung finden. Dafür umso mehr in der Untersuchung zur Verflechtung von Pharmaindustrie und medizinischen Organisationen des republikanischen Senators Grassley.[372] Wie aus den Steuererklärungen der Organisation ersichtlich wird, hat allein schon *Eli Lilly* von 1996 bis 2008 fast vier Millionen Dollar an »educational grants« bezahlt. Eine lohnende Investition in Anbetracht der Tatsache, dass in den USA die psychiatrische Versorgung im Wesentlichen aus pharmakologischem Symptom-Management besteht. Präsident George W. Bush wollte 2004 noch weiter gehen und gleich die gesamte amerikanische Bevölkerung auf psychische Störungen hin untersuchen lassen.[373] Ein Plan, der allerdings nicht umgesetzt wurde.

Über alle Maßen simplifizierte, nie bewiesene und bisweilen grundlegend falsche wissenschaftliche Konzepte zur Biologie der Psyche haben den Boden für die gesellschaftliche Akzeptanz bereitet, psychiatrische Störungen als entgleiste Chemie des Gehirns, insbesondere als Neurotransmitter-Ungleichgewichte zu begreifen. Der Mythos von Spezifität, Wirksamkeit und Sicherheit »moderner« Psychopharmaka wiederum hat bewirkt, diese exzessiv zu verschreiben und auch bereitwillig einzunehmen. Mit dem leider häufigen Ergebnis, dass das delikate Gleichgewicht der Hirnchemie nachhaltig und möglicherweise irreversibel gestört wird. So kommt es, dass ursprünglich seltene und episodische psychische Krankheiten zu häufigen und chronischen geworden sind.

---

370 | Bis Ende der 1980er Jahre war man extrem zurückhaltend in der Verabreichung von Psychopharmaka an Kinder. Selbst Kindern mit schweren Zwangssymptomen wurden damals kaum medikamentös behandelt.

371 | www.mentalhealthscreening.org

372 | www.grassley.senate.gov/news/Article.cfm?customel_dataPageID_1502= 34350

373 | Lenzer J (2004) British Medical Journal.

Pharmafirmen verlassen die Psychiatrie

2004 war die Fachwelt noch optimistisch, was die Zukunft der Pharmaka für das Gehirn angeht. Im viel beachteten »Manifest der Hirnforscher«, veröffentlicht in der Zeitschrift *Gehirn & Geist*, verkündeten »elf führende Neurowissenschaftler«, dass »in absehbarer Zeit eine neue Generation von Psychopharmaka entwickelt werden [wird], die selektiv und damit hocheffektiv sowie nebenwirkungsarm in bestimmten Hirnregionen an definierten Nervenzellrezeptoren angreift.«[374] Acht Jahre später ist von solchen Medikamenten weit und breit nichts zu sehen. Ganz im Gegenteil, die Stimmung hat umgeschlagen. Gerade bei jungen Wissenschaftlern hat die Psychopharmaka-Forschung heute sogar ein echtes Imageproblem: »Für Viele hat die Psychopharmaka-Forschung in der Zwischenzeit einen moralischen Makel. In meiner Generation ist eher die Stimmung: Von der Psychopharmaka-Forschung lassen wir lieber die Finger«, so der Neurowissenschaftler und Philosoph Henrik Walter in einem Interview.[375]

Dass die Entwicklung neuer und vor allem innovativer Psychopharmaka große Probleme macht, ist zwischenzeitlich auch der Pharmaindustrie selbst bewusst geworden. Unlängst haben gleich mehrere Pharmamultis offiziell angekündigt, den Psychopharmakologie-Abteilungen ihrer ZNS[376]-Forschungsdepartemente den Stecker zu ziehen. So hat am 4. Februar 2010 Andrew Witty, Vorstandschef von *GlaxoSmithKline* erklärt, dass es sich bei Schmerz, Depression und Angst um Behandlungsfelder handelt, bei denen »wir glauben, dass die Erfolgswahrscheinlichkeit [ein neues wirksames Medikament zu entwickeln] relativ klein ist und die Kosten um Erfolg zu erzielen, unverhältnismäßig hoch sind.«[377] Zudem mache es die »subjektive Natur der Endpunkte in der Psychiatrie sogar mit großen klinischen Studien schwierig zu zeigen, dass ein Medikament wirksam ist.«[378] Eine erstaunliche Aussage, die man in der Pharmawerbung so nie zu hören bekommt. Der Blick in die offizielle Produkte-Pipeline von *GlaxoSmithKline* bestätigt die ernüchternde Ausgangslage.[379] Von insgesamt weit über 100 Wirkstoffen in der gegenwärtigen klinischen Prüfung, darunter eine Vielzahl von Substanzen gegen neurologische Erkrankungen,

---

374 | Das Manifest (2004) Gehirn & Geist, S. 35.

375 | Geführt am 24.2. 2012 an der Charité Berlin.

376 | »Zentrales Nervensystem«.

377 | Miller G (2010) Science, S. 502.

378 | Zitiert in Van Gerven J, Cohen A (2011) British Journal of Clinical Pharmacology, S. 1.

379 | GSK Product Development Pipeline, Stand Februar 2011, siehe www.gsk.com/investors/product_pipeline/docs/gsk-pipeline-2011.pdf

untersucht *GlaxoSmithKline* genau *eine* Substanz, die eine psychische Störung angehen soll.[380]

Auch *National Institute of Mental Health*-Direktor Thomas Insel zeigte sich beim Blick in die Produkteentwicklungs-Pipeline der Pharmakonzerne besorgt. An einem Neuroscience-Forum des *Institute of Medicine* im Juni 2010 erklärte er, warum: »Es gibt dort sehr wenig neue Molekülklassen, sehr wenig neue Ideen und fast gar nichts, das Hoffnung auf eine Veränderung in der Behandlungspraxis psychischer Störungen aufkommen lässt.«[381]

Psychopharmakologie in der Krise

Gehen den Pharmaentwicklern die Ideen aus? Offensichtlich tut man sich gerade bei den Psychopharmaka besonders schwer mit Innovation. So sind die meisten Substanzen in den klinischen Studien längst bekannte Medikamente, die bereits zugelassen sind und nun die behördliche Zulassung für weitere Indikationen anstreben. Gleich mehrere atypische Antipsychotika, darunter auch die Blockbuster *Risperdal* und *Seroquel*, werden gerade auf ihre Eignung zum Einsatz bei Depressionen untersucht. Und selbst Mifepristone – besser bekannt als Abtreibungspille RU-468 – wird aktuell in verschiedenen klinischen Studien auf Tauglichkeit als Antidepressivum getestet.[382]

Eine pure Verzeiflungstat in Ermangelung echter Innovation? Wie schlecht Psychopharmaka in klinischen Studien abschneiden, zeigt ein Vergleich der Erfolgsraten. Gerade einmal 8,2 Prozent aller psychopharmakologischen Testsubstanzen aus den klinischen Untersuchungen erhalten am Ende eine behördliche Zulassung. Das ist Negativrekord unter allen therapeutischen Klassen. Das Scheitern an der Komplexität des Gehirns wird spätestens in den klinischen Untersuchungen offensichtlich. Im Vergleich dazu das andere Ende des Spektrums: Bei den Antibiotika reüssieren immerhin fast 24 Prozent. Offensichtlich beurteilt neuerdings auch *AstraZeneca* die Entwicklung neuer Psychopharmaka als wirtschaftlich zu riskant. Wenige Wochen nach der Rückszugsverlautbarung von *GlaxoSmithKline* erklärte auch der zweite britische Pharmariese, dass verschiedene Forschungseinrichtungen in Europa und den USA geschlossen würden, die mit der Entwicklung von Medikamenten gegen Schizophrenie, bipolare Störung, Depression und Angst beauftragt sind.[383]

---

380 | GlaxoSmithKline's Neurokinin-1 Antagonist Orvepitant befindet sich derzeit in einer Phase II Prüfung zum Einsatz bei Depression und Angststörungen.

381 | Miller G (2010) Science, S. 502.

382 | http://clinicaltrials.gov/ct2/results?term=Mifepristone+depression

383 | Abbott (2010) Nature; Miller G (2010) Science; Van Gerven J, Cohen A (2011) British Journal of Clinical Pharmacology.

»Psychopharmakologie in der Krise« kommentierte *Nature News* die Sachlage.[384] Und das *European College of Neuropsychopharmacology* veranstaltete einen Experten-Gipfel zur Folgenabschätzung. Im Bericht zum Psychopharmakologie-Krisengipfel in Nizza ist auch der wahrscheinliche Grund für den Pharma-Rückzug nachzulesen: »Die Identifizierung zuverlässiger Angriffsorte für eine verbesserte pharmakologische Behandlung im Bereich der Psychiatrie und Neurologie ist besonders komplex und schwierig.«[385] David Nutt und Guy Goodwin, Pharmakologen und Verfasser des Krisenberichts, kommentieren die Sachlage mit dem gebotenen britischen Understatement: »Es fällt schwer, nicht den Schluss zu ziehen, dass Pharmafirmen gegenüber den Vermarktungsaussichten der gegenwärtigen wissenschaftlichen Grundlagen im Bereich Zentralnervensystem pessimistisch sind.«[386]

In etwas weniger taktvollen Worten: Trotz jahrzehntelanger internationaler Forschungsanstrengungen hat man immer noch keine Ahnung, wo und was genau bei psychischen Störungen im Gehirn verändert sein soll. Deshalb fehlen der Pharmaindustrie die »zuverlässigen Angriffsorte«. Und somit auch die Ideen, wie man psychische Störungen mit Medikamenten spezifisch angehen könnte. Offensichtlich glauben viele Pharmakonzerne auch nicht daran, dass sich die Lage in absehbarer Zeit bessern wird. Sonst würden sie kaum freiwillig das besonders umsatzträchtige Therapiegebiet Psychiatrie aufgeben. Ob der Pharmarückzug für die Patienten eine gute oder schlechte Nachricht ist, wird sich erst noch zeigen.

---

384 | Cressey D (2011) Nature News vom 14.6.
385 | Nutt D, Goodwin G (2011) European Neuropsychopharmacology, S. 496.
386 | Ebd.

6. Neuro-Doping.
Ich, nur besser?[1]

Die Vorsilbe »Neuro« ist zum heiligen Gral geworden, der die Erfüllung einer Verheißung verspricht, die Sozialvisionäre ebenso fasziniert wie die Stressopfer der Leistungsgesellschaft: Die Verheißung, dass wir uns durch den Zugriff aufs Gehirn verbessern könnten – als Gesellschaft insgesamt wie auch als Individuen.[2]

Hirndoping. Dieses Wort hat Glamour. Achtung – verboten und gefährlich! Achtung – gemeiner Betrug! Das besonders von den Medien geliebte Schlagwort verheißt aber auch Größe, Rekord und Sieg. Vor allem aber suggeriert »Hirndoping«, dass es da draußen in der Welt bereits Drogen der Zukunft geben muss. Pillen und Kapseln, die mich klüger, kreativer und leistungsfähiger machen. Ich, einfach nur besser. Sieht man sich im realen Studenten- und Arbeitsalltag um, zeichnet sich allerdings ein deutlich unspektakuläreres Bild ab. Einer genaueren Prüfung hält der Hirndoping-Hype der letzten Jahre nicht stand. Hier die Argumente, warum überhaupt kein Grund zur Aufregung besteht.

Lösungen ohne Problem?

Das 2009 im Wissenschaftsmagazin *Gehirn & Geist* veröffentlichte »Memorandum Neuro-Enhancement«[3] hat die alte Diskussion um die kognitive Optimierung des Menschen neu angeheizt. Sieben Experten verschiedener Fachdisziplinen skizzieren in diesem Positionspapier allerlei mögliche Auswirkungen des dereinstigen Gebrauchs von »Neuro-Enhancement Präparaten« auf Individuum und Gesellschaft. Darin wird diskutiert, ob anhaltendes Hirndoping zu Persönlichkeitsveränderungen und Selbstentfremdung führen könnte oder ob

---

1 | Die folgende Abhandlung zum Thema »cognitive enhancement« wurde auszugsweise publiziert in Hasler F (2010) taz-Magazin Der Freitag.
2 | Kaiser S (2011) Du Magazin, S. 4.
3 | Galert T, Bublitz C et al. (2009) Gehirn und Geist.

selbst bestimmte pharmakologische Optimierung nicht die Authentizität des Selbstoptimierers in Frage stelle.

Gar das Entstehen einer ganzen »Neuro-Enhancement-Gesellschaft« wird als Möglichkeit in Betracht gezogen und deren mögliche Ausgestaltungsformen besprochen. Natürlich ist es nicht verboten, solche Überlegungen zu machen und futuristische Utopien und Dystopien einer pharmakologisch optimierten Gesellschaft zu entwerfen. Ob dies auch sinnvoll oder gar notwendig ist, darf allerdings bezweifelt werden. Es fehlt nämlich ganz einfach das Problem, für das Wissenschaftler, Politiker und Journalisten bereits vorauseilend Lösungen diskutieren. Ganz entgegen dem Tenor (auch) der Medien ist nämlich weit und breit kein gesellschaftlicher Trend zur »kosmetischen Psychopharmakologie« oder zum drohenden kollektiven Leistungsdoping mit »Brain Boostern« auszumachen.

Müde Bürokrieger trinken immer noch Kaffee

Eine repräsentative Untersuchung der *Deutschen Angestellten-Krankenkasse* (DAK) zum Thema Doping am Arbeitsplatz hat vor kurzem ergeben, dass gerade mal ein bis zwei Prozent der Erwerbstätigen im Alter von 20 bis 50 Jahren schon einmal potente, rezeptpflichtige Medikamente ohne medizinische Notwendigkeit während der Arbeit eingenommen haben.[4] Und weniger als ein Prozent der Angestellten hat nach eigenen Angaben schon gezielt Stimulanzien als Antidot gegen Müdigkeit oder zur Verbesserung der Konzentration geschluckt. Für 99 Prozent der müden Krieger des deutschen Büroalltags scheint wie eh und je der Kaffeeautomat Anlaufstelle in der Schlafnot zu sein.

In den USA mag es etwas mehr Hirndoper geben. Gerade die notorisch experimentierfreudigen College-Studenten scheinen in Zeiten verschärfter Prüfungsvorbereitung schon mal zu amphetaminartigen Stimulanzien wie *Ritalin* oder *Adderall* zu greifen. Dazu gibt es auch konkrete Zahlen. Gemäß einer Metaanalyse von 2006 sollen vier Prozent der amerikanischen Studenten innerhalb eines Jahres Stimulanzien zur Leistungssteigerungen genommen haben. Die Lebenszeitprävalenz liegt gemäß der gleichen Studie bei sieben Prozent.[5]

Das – ganz unter uns – haben wir vor 20 Jahren als Studenten an der Uni aber auch schon so gemacht. Das ist also überhaupt nichts Neues. Als die Amphetamine in den 1940er bis 1960er Jahre noch freiverkäuflich waren, wurden diese in Ländern wie den USA, Großbritannien oder Schweden gar von Millionen von Menschen eingenommen.[6] Wie der Psychologe Boris Quednow von

---

4 | DAK (2009) Gesundheitsreport.

5 | Sussman S, Pentz MA et al. (2006) Substance Abuse Treatment, Prevention and Policy.

6 | Quednow BB (2010) Suchtmagazin, S. 23.

der *Universität Zürich* in einer Übersichtsarbeit ausführt, zeigte der damals weit verbreitete Konsum von Stimulanzien auch keine besonderen Folgen: »Der indikationsferne Gebrauch von Stimulanzien war bereits in den 40er bis 60er Jahren in den USA und in Teilen Europas weit verbreitet, ohne dass dies weitreichende Konsequenzen für die jeweiligen Gesellschaften gehabt hätte, wie es aktuell von einigen Bioethikern und Journalisten befürchtet wird.«[7]

Pharmakologischer Calvinismus

Von einem neuen gesellschaftlichen Trend zum Leistungsdoping kann man aufgrund der vorliegenden epidemiologischen Zahlen also beim besten Willen nicht sprechen. Die Bestätigung dieser These kommt gerade online. Auf seinem Internetportal stellt der *Spiegel* soeben eine Erhebung zur Verbreitung von leistungssteigernden Medikamenten unter Studierenden an deutschen Universitäten vor: »Zum Hirndoping gibt es jetzt nicht mehr nur gefühlte Fakten, sondern ein bisschen Empirie: Einer repräsentativen Umfrage zufolge nimmt nur etwa jeder 20. Student verschreibungspflichtige Schmerz-, Beruhigungs- oder Aufputschmittel, um die eigene Leistungsfähigkeit zu halten oder zu steigern. Und das auch eher selten. Es laufen also offenbar nicht massenhaft Ritalin-Junkies durch die Hochschulflure«.[8] Allein schon unser Kulturhintergrund scheint einer breiten Akzeptanz zur Einnahme leistungssteigernder Pharmaka im Weg zu stehen. Selbst für den extrem unwahrscheinlichen Fall der zukünftigen Entwicklung völlig nebenwirkungsfreier Neuro-Enhancer gilt nämlich für die meisten noch das Prinzip des pharmakologischen Calvinismus: Erfolg hat man sich durch harte Arbeit zu verdienen. Einfach so durch das Einwerfen von Pillen eine bessere Leistung zu erzielen, empfindet man als Betrug – ganz unabhängig davon, ob die Dopingmaßnahme per se gefährlich ist oder nicht.

Was sich in den letzten Jahren hingegen stark gewandelt hat, sind die Beschaffungswege für rezeptpflichtige Medikamente. Traditionsgemäß gehört es zu den Aufgaben der Ärzteschaft, den Zugang zu Medikamenten zu regulieren. Wurde einem Patient vor zwanzig Jahren in fürsorgerischer Absicht ein Rezept verweigert, so blieb ihm meist nicht viel anderes übrig, als sich damit abzufinden. Oder sich allenfalls auf dem Schwarzmarkt umzusehen. Dies ist aber längst nicht mehr so. Gerade jüngere Patienten haben sich in ihrem Selbstverständnis zu mündigen Konsumenten gewandelt, die den Arzt eher als Dienstleistungsbetrieb denn als entscheidungsbefugte Autoritätsfigur sehen. Wer heute mit dem Gedanken spielt, sich ein Dopingmittel zu besorgen, kann sich im Internet problemlos über Wirkungen und Risiken informieren. Kommt der

---

7 | Ebd., S. 25.

8 | Spiegel online (2012) »Hirndoping ist kein Massenphänomen«, 30. 1., www.spiegel.de/unispiegel/studium/0,1518,812274,00.html

Student unter Prüfungsdruck zur Überzeugung, ein bestimmtes Medikament nehmen zu wollen, bestellt er sich dieses gleich im Internet. Dafür gibt es Dutzende von Online-»Apotheken« mit entsprechender »jetzt bestellen«-Funktion. Dies ist nicht ungefährlich, bekommt man doch oft ein gefälschtes Präparat von dubioser Qualität, hergestellt in Indien, China oder Russland. Von diesen Risiken lassen sich aber nur die wenigsten Dopingwilligen abschrecken.

Dass der Wandel im Selbstverständnis vom Patienten zum Konsumenten auch die Rolle des Arztes als Experten und Hüter über medizinische Maßnahmen erodiert, hat die *New York Times* schon vor ein paar Jahren erkannt: »Für eine erhebliche Zahl von Zwanzig- bis Vierzigjährigen wird es zur Regel, selbst zu entscheiden, was für Medikamente sie nehmen – dies gilt besonders für Stimulanzien, Antidepressiva und andere Psychopharmaka. Überzeugt von den eigenen Fähigkeiten und skeptisch gegenüber der Fachkompetenz der Psychiater verlassen sie sich in der Behandlung von Problemen wie Depression lieber auf eigene Nachforschungen und die Erfahrungen von Freunden. Ein Abschluss in Medizin ist in ihren Augen nützlich, aber nicht unbedingt notwendig.«[9] Vielleicht wäre es an der Zeit, dass sich auch die Ärzte dieser Realität vermehrt bewusst werden und ihre Rolle als Gesundheitsexperten im Zeitalter des Internets neu überdenken.

Laserscharf denken

Ein Trend zum kollektiven Arbeitsdoping ist beim besten Willen nicht erkennbar, der dringliche Empfehlungen von Medizinethikern erforderlich machen würde. Oder zielen die Verfasser des besagten *Gehirn & Geist* Memorandums vielleicht auf bahnbrechende pharmakologische Innovationen ab, die unter dem Radar der Öffentlichkeit entwickelt und nächstens aus den Labors der pharmazeutischen Industrie entlassen werden? Könnte als Nebenprodukt der Demenzforschung bald schon die Powerdroge für den Arbeitsalltag abfallen?

Nein, auch hier kann getrost Entwarnung gegeben werden. Weit und breit kein Grund zur Aufregung. Auch die akademische Forscherelite – meistens auf dem Informationsstand ihrer Zeit – dopt sich nämlich, wie wir aus einer Leserumfrage des Fachmagazins *Nature* wissen, noch immer mit Altbewährtem.[10] Mit klassischen Amphetaminen und Amphetamin-ähnlichen Substanzen wie *Ritalin* oder *Concerta*. Diese lassen uns bei der Arbeit bekanntermaßen wacher, motivierter und ausdauernder werden. Die pharmakologisch übersteigerte Angetriebenheit hat allerdings ihren Preis. Nervosität, Schlaflosigkeit und Appetitlosigkeit stellen sich ein. Außerdem ist der Produktivitätsschub häufig nur ein subjektiv gefühlter. Zusammen mit der Selbstüberschätzung nimmt nämlich

---

9 | Harmon A (2005) New York Times.
10 | Maher B (2008) Nature.

auch die Fehlerrate zu. Und der große Überblick geht leicht verloren, was auch die Schweizer Journalistin Birgit Schmid in einem Selbstversuch mit *Ritalin* festgestellt hat: »Es fällt mir beim Schreiben viel leichter, Entscheidungen zu treffen. Braucht es dieses Statement, wo setze ich den Schwerpunkt? Die Worte vermehren sich ungebremst. Andererseits denke ich weniger zusammenhängend. Ich hafte an den Abschnitten, bringe sie nicht in einen großen Zusammenhang. Das Denken ist wie ein Laser, zu konzentriert, als dass es bis zum nächsten Abschnitt reicht.«[11]

Werden Stimulanzien über einen längeren Zeitraum genommen, kann es außerdem zu paranoid-psychotischem Erleben kommen. Wahrscheinlich ist dies der Grund, warum das Militär in der Zwischenzeit lieber die Finger von ihren alten »Go-Pillen« lässt. Immer wieder sind mit Speed gedopte Soldaten nämlich auf die eigenen Leute losgegangen. Amerikanische Soldaten sind deshalb für ihre Einsätze im Irak und in Afghanistan längst auf das besser verträgliche Modafinil umgestellt worden.

Sonderfall Modafinil

An Modafinil, dem einzigen innovativen Wirkstoff der letzten Jahrzehnte, hat sich die Cognitive Enhancement-Diskussion überhaupt erst entzündet. Seit ich mit Modafinil ein paar Selbstversuche gemacht habe, ist mir auch klar, wieso. *Vigil*, so der Markenname in Deutschland, macht nämlich mehr oder weniger das, was man erwartet: wach halten, die Konzentration fördern und den notorisch fehlenden Motivationsschub liefern, um zu erledigen, was immer da an Arbeit schon längst zu erledigen wäre. Erstaunlicherweise fühlt sich der Zustand ziemlich natürlich an – fast so, wie wenn man einen dieser seltenen richtig guten und motivierten Tage erwischt hätte. Von der hektischen Getriebenheit wie bei den Amphetaminen oder dem nervösen Herumgezittere wie nach ein paar Tassen Kaffee zuviel ist nichts zu spüren. Auch eine euphorische Hochstimmung bleibt aus.[12] Und das ist auch gut so, schließlich will man ja keine gute Laune haben, sondern einfach nur arbeiten. Modafinil hat bei meinen Selbstversuchen auch nicht zu nennenswerten Appetit- oder Einschlafproblemen geführt. Ein weiterer Hinweis darauf, dass dieser Wirkstoff ein von den Stimulanzien abweichendes pharmakologisches Profil hat.

Allerdings habe ich unter Modafinil die redaktionelle Zeilenvorgabe für einen journalistischen Artikel um das Doppelte überzogen. Das ist mir ungedopt noch nie passiert. Die zuständige Ressortleitung zeigte sich wegen der nötigen Kürzungsarbeit auch nur mäßig erfreut über meine journalistische

---

11 | Schmid B (2009) Das Magazin.

12 | Das muss aber nicht notwendigerweise so sein. Aus anderen Erfahrungsberichten gehen sehr wohl Hochstimmung, aber auch Nervosität und Einschlafprobleme hervor.

Übermotivation. Selbstverständlich macht auch Modafinil nicht klüger und kreativer – sondern bestenfalls ausdauernder und motivierter. Auch hier gilt, was für sämtliche heute verfügbaren Arbeitsdoping-Mittel gilt: Man kann es nicht besser – nur länger. Und mögliche Langzeitfolgen des Gebrauchs von Modafinil sind derzeit noch gar nicht abzuschätzen. Auch weil die Wirkungsweise von Modafinil alles andere als verstanden ist, scheint Vorsicht angebracht zu sein. Definitiv geschadet hat Modafinil auf jeden Fall schon mal der Karriere der amerikanischen Sprinterin Kelly White – sie ist 2003 mit Modafinil-Metaboliten im Urin bei einer Dopingkontrolle hängen geblieben und wurde vom *Internationalen Leichtathletikverband* wegen Einnahme unerlaubter Substanzen für zwei Jahre gesperrt.

Pharmazeutische Phantasmagorien

Legitimiert die Existenz eines einzigen halbwegs brauchbaren und halbwegs neuen Dopingmittels – Modafinil ist auch schon bald zwanzig Jahre auf dem Markt[13] – die gegenwärtige Dauerdebatte über eine kurz bevorstehende kollektive »Optimierung des Gehirns« und seine gesellschaftlichen Folgen? Der Wissenschaftsanthropologe und Medizinhistoriker Nicolas Langlitz sieht das in der *Frankfurter Allgemeinen Sonntagszeitung* nicht so: »Die Diskussion pharmazeutischer Phantasmagorien rührt nicht nur unfreiwillig die Werbetrommel für Produkte der Pharmaindustrie, deren Langzeitfolgen noch nicht ausreichend erforscht sind. Sie nährt beim Publikum auch noch das Gefühl, in einen permanenten gesellschaftlichen Konkurrenzkampf verstrickt zu sein. [...] Schon die Wortschöpfung ›Hirndoping‹ suggeriert, dass Alltag und Arbeitsleben den Regeln des Hochleistungssports unterworfen seien.«[14]

Womit wir bei der Frage angelangt wären, wie viel Leistung wir denn eigentlich haben wollen. Es ist wohl ein zweifelhaft erstrebenswertes Ziel, die Arbeitsproduktivität endlos immer weiter zu steigern. Ebenso fragwürdig – und gemäß Fachleuten krank machend – ist auch das kollektive Projekt der permanenten Selbstoptimierung und flexiblen Selbstanpassung, wie sie in neoliberalen Leistungsgesellschaften erwartet und gefördert wird. Unter dem zunehmend gefühlten Druck steigt bei Vielen tatsächlich die Hoffnung, dass die pharmazeutische Industrie bald wirksame pharmakologische Unterstützung im täglichen Kampf gegen unerledigte Arbeit und latent gefühlte Überforderung anbieten kann.

Auf absehbare Zeit wird die Pharmaindustrie diese Hoffnung aber nicht erfüllen können. Nicht etwa wegen ethischer Bedenken. Diese würden im Ernst-

---

13 | Modafinil kam 1994 unter dem Markennamen Modiodal zuerst in Frankreich auf den Markt.

14 | Langlitz N (2010) Frankfurter Allgemeine Sonntagszeitung, S. 52.

fall schon deshalb zurückstehen, weil sich mit der systematischen Medikation von Gesunden sehr viel Geld verdienen ließe. Wie groß das ökonomische Potenzial von effektiven und breit akzeptierten Arbeitsdrogen wäre, lässt sich aus den Verkaufszahlen des Branchenprimus Modafinil erahnen. Von Anfang April bis Ende Juni 2011 hat Pharmaproduzent *Cephalon* mit seiner Modafinil-Spezialität *Provigil* einen Umsatz von 251 Millionen Dollar gemacht.[15] Auf das Jahr hochgerechnet ergibt das einen Umsatz von mindestens einer Milliarde Dollar. Im selben Zeitraum 2005 waren es noch 130 Millionen pro Quartal. Ein Umsatzplus von 100 Prozent in nur sechs Jahren ist selbst für die Pharmabranche beachtlich.

Und dies, obwohl Modafinil seit Anfang 2011 in verschiedenen europäischen Ländern für die Indikationen »Obstruktives Schlafapnoe-Syndrom mit exzessiver Schläfrigkeit« und »Schichtarbeiter-Syndrom mit exzessiver Schläfrigkeit« gar nicht mehr zugelassen ist. Als einzige offizielle Indikation bleibt die Narkolepsie.[16] Aufgrund der Seltenheit dieser Erkrankung – man geht von etwa zwanzig bis fünfzig Narkolepsie-Fällen bei 100.000 Einwohner aus – ist klar, dass *Cephalon* seine Umsatzzahlen zum weit überwiegenden Teil durch »off-label-use« erreicht, also durch die Verwendung ihres Medikaments außerhalb der behördlichen Zulassung.

Professor's little helpers?

Zu den guten *Provigil*-Umsatzzahlen dürften auch jene Leser der Fachzeitschrift *Nature* beigetragen haben, die gemäß online-Umfrage Modafinil zur Leistungssteigerung bei der Arbeit verwenden.[17] An der *Nature* Umfrage zum Gebrauch von »cognitive enhancers« im Jahr 2008 haben sich 1400 Leser beteiligt. Immerhin zwanzig Prozent von ihnen gaben an, schon einmal Medikamente zu nicht-therapeutischen Zwecken eingenommen zu haben. Von diesem dopenden Fünftel der Leserschaft gaben 62 Prozent an, zu Arbeitszwecken schon einmal *Ritalin* genommen zu haben, 44 Prozent nahmen gelegentlich Modafinil und 15 Prozent Betablocker, um die vegetativen Symptome von Nervosität beispielsweise bei einem Vortrag zu unterdrücken.

Prompt machte der Spruch der »Professor's little helpers« die Runde und trug so zum Mythos der weiten Verbreitung von Hirndoping unter Wissenschaftlern bei. Doch die tatsächliche Verbreitung von Arbeitsdoping unter Naturwissenschaftlern – der hauptsächlichen Leserschaft des Blattes – dürfte in Wahrheit sehr viel niedriger sein. An der Umfrage haben sich nämlich vor al-

---

15 | www.cephalon.com/media/news-releases.html?mode=year&filterval=2011

16 | Narkolepsie ist eine seltene neurologische Erkrankung des Schlaf-Wach-Rhythmus mit plötzlich auftretenden Schlafattacken während des Tages.

17 | Maher B (2008) Nature.

lem Leser der New York Times beteiligt. Im New Yorker Traditionsblatt wurde die Nature-»look who's doping«-Umfrage nämlich in einem großen Artikel besprochen. Auch der Weblink zur Umfrage wurde damals publiziert. Naturgemäß werden sich deutlich mehr Leute eingeloggt und an der Umfrage beteiligt haben, die »cognitive enhancement« befürworten und praktizieren, als Leser, die nichts nehmen und Doping ablehnen. Außerdem sind die meisten der New York Times-Leser auch keine Wissenschaftler. Somit muss von einer doppelten Verzerrung der Nature-Umfrage ausgegangen werden.

»Besser als gut« ist schwierig

Auch wenn es zweifellos ein lukratives Geschäft wäre – die Chancen für die Pharmaindustrie stehen schlecht, in absehbarer Zukunft effektive und nebenwirkungsarme Neuro-Enhancer zu entwickeln. Die Ursache des Problems liegt nämlich unter der Schädeldecke. Auch wenn uns im Zeitalter des Neuro-Optimismus gerne Gegenteiliges suggeriert wird: Das Gehirn ist viel zu komplex und funktionell viel zu wenig verstanden, als dass man den Pharmalabors zutrauen könnte, gezielt in kognitive oder affektive Prozesse einzugreifen. Für die Pharmaentwickler ist es schließlich schon schwierig genug, Medikamente zu entwickeln, die krankheitsbedingte neurologische Fehlfunktionen des Gehirns ausgleichen.[18]

In der Demenzforschung wird dies besonders deutlich. Zur symptomatischen Therapie von Demenzen kommen heute Acetylcholinesterasehemmer zum Einsatz. In sehr beschränktem Ausmaß lassen sich mit Medikamenten wie Aricept oder Exelon kognitive und funktionelle Defizite verbessern. Das Fortschreiten einer Alzheimer-Demenz lässt sich aber weder mit den Acetylcholinesterasehemmern noch mit dem neueren Wirkstoff Memantin aufhalten. Bestenfalls kann damit der Krankheitsverlauf verlangsamt werden.[19] Nehmen Gesunde diese Medikamente ein, lassen sich aber weder bei akuter noch bei chronischer Einnahme Verbesserungen von Kognition und Gedächtnis feststellen.[20] Das gesunde Gehirn weiter zu optimieren scheint also noch schwieriger zu sein, als ein krankheitsbedingtes Defizit zu verbessern. Ähnlich verhält es sich mit den Antidepressiva. Wie im vorhergehenden Kapitel erläutert, sind diese bei vielen depressiven Patienten wirksam, wenn auch nur in moderatem

---

18 | Von innovativen Medikamenten gegen psychische Störungen ganz zu schweigen. Man erinnere sich daran, dass mehrere Pharmakonzerne bereits aus der Entwicklung von Psychopharmaka ausgestiegen sind (siehe dazu Kapitel 5).

19 | Herrmann N, Chau SA et al. (2011) Drugs.

20 | Quednow BB (2010) Suchtmagazin; Repantis D, Laisney O (2010) Pharmacological Research. Auf Grund der begrenzten Zahl von Studien lässt sich das Enhancement-Potenzial von Antidementiva noch nicht abschließend beurteilen.

Ausmaß. Bei Gesunden lassen sich in kontrollierten Studien hingegen kaum Verbesserungen irgendeiner Art feststellen.[21]

Phantomdebatte Neuro-Enhancement

30 französische Psychologen und Psychiater wollten es genau wissen und haben einen Monat lang im Selbstversuch die tägliche Standarddosis von 20 mg Paroxetin, einem typischen »Selektiven Serotonin-Wiederaufnahme-Hemmer« eingenommen.[22] Von einer Verbesserung der Stimmung war nichts zu merken, dafür hatten 70 Prozent der Studienteilnehmer mit Nebenwirkungen zu kämpfen. Die Versuchspersonen waren weit davon entfernt, sich unter dem Einfluss von Paroxetin »besser als gut« zu fühlen. Die Vorstellung, es sei möglich, als Nicht-Depressiver durch die bloße Einnahme von SSRIs ausgeglichener, sorgenfreier und glücklicher zu werden, ist ein weiterer großer Mythos.

Überhaupt scheint die Idee einer »kosmetischen Psychopharmakologie« lediglich ein kulturell hergestelltes Phänomen ohne belastbare wissenschaftliche Daten zu sein. Der Medizinethiker Brian Slingsby vermutet, dass die viel zitierte »kosmetische Psychopharmakologie« nur ein Placeboeffekt ist, der auf dem eigenen Glauben an die Wirksamkeit eines Medikaments beruht.[23] Wenig Grund zur Aufregung sieht auch Psychologe Boris Quednow, der die aktuelle Ethik-Diskussion zum Neuro-Enhancement als »Phantomdebatte« wahrnimmt: »[Die Verfügbarkeit von effektiven und sicheren cognitive enhancern] wird in absehbarer Zukunft kaum gegeben sein. Es scheint, dass manche Medizinethiker in die Irre geführt worden sind durch übertriebene Versprechungen von Neurowissenschaftlern, die entweder Mitarbeiter der pharmazeutischen Industrie sind, oder die dazu genötigt sind, die eigenen Forschungsergebnisse übertrieben darstellen, um in einem immer kompetitiveren Umfeld Forschungsgelder einzuwerben.«[24]

»Ich, nur besser« kann man nicht kaufen

Für Pharmaentwickler mit enhancement-Ambitionen kommt erschwerend dazu, dass beim gesunden Gehirn ohnehin nur sehr wenig Raum für signifikante Verbesserung bestehen dürfte. Pharmakologische oder neurotechnologische Eingriffe könnten allenfalls noch Teilbereiche kognitiver Leistung verbessern – beispielsweise Aufmerksamkeit oder Arbeitsgedächtnis. Die Verbesserung

---

21 | Repantis D, Schlattmann P et al. (2009) Poiesis & Praxis; Franke AG, Lieb K (2010) Bundesgesundheitsblatt.
22 | Besnier N, Cassé-Perrot C et al. (2010) Psychopharmacology.
23 | Slingsby BT (2002) Medical Science Monitor.
24 | Quednow BB (2010) BioSocieties, S. 155.

einer kognitiven Teilleistung kann aber leicht auf Kosten anderer kognitiver Domänen gehen.[25] Typische Konflikte in der Optimierung sind Stabilität versus Flexibilität von Gedächtnisfunktionen, Emotionen versus Kognition oder auch Fokussiertheit versus Kreativität. Kognitive Leistungsverbesserungen folgen oft einer umgekehrten U-Funktion. Liegt man leistungsmäßig unterhalb des Optimums, beispielsweise aufgrund von Schlafmangel, lässt sich mit Stimulanzien wohl eine kurzfristige Verbesserung erzielen. Nimmt man aber zuviel oder zu lange davon, bricht die Leistungskurve dramatisch ein. Deshalb funktioniert es auch nicht, über einen längeren Zeitraum mit Stimulanzien gedopt zu arbeiten. Schon aufgrund der prinzipiellen Grenzen der Optimierbarkeit des gesunden Gehirns ist es also unwahrscheinlich, dass es »Ich, nur besser« irgendwann zu kaufen gibt.

---

25 | Extreme Beispiele kognitiver Spezialisierung sind Patienten mit »Savant«-Syndrom. Savant-Patienten, viele von ihnen Autisten, leiden in der Regel an einer schweren allgemeinen kognitiven Beeinträchtigung, sind aber in bestimmten Teilbereichen zu herausragenden Leistungen fähig. Diese »Inselbegabung« kann sich als fotografisches Gedächtnis, außergewöhnliches Erinnerungsvermögen oder überragende musikalische oder mathematische Begabung äußern. Bei Savant-Patienten scheint sich das Gehirn auf die Entwicklung einer herausragenden Fähigkeit konzentriert zu haben – zum Preis der Unterentwicklung anderer kognitiver Leistungen.

7. Neuro-Determinismus.
Was will, wenn wir wollen?[1]

Wir haben es mit einer These zu tun, die mit empirischen Methoden nicht falsifiziert werden kann, weshalb ihr auch kein wissenschaftlicher Status zukommen kann. Es handelt sich vielmehr um einen Glaubenssatz, bei dem allenfalls nach Plausibilität gefragt werden kann.[2]

Na gut. Dann sind wir eben neuronengesteuerte Bioautomaten, deren Gehirne nach einem festgeschriebenen biologischen Programm entscheiden und handeln. Zu dieser trotzigen Erkenntnis musste manch narzisstisch gekränktes Ego kommen, wenn man in der Mitte des letzten Jahrzehnts die deutsche Feuilleton-Debatte über die »Illusion Willensfreiheit« mitverfolgt hat. Angestoßen wurde die gerne auch gehässig geführte Diskussion von einigen prominenten Hirnforschern. Deren These in Kurzfassung: Während wir scheinbar noch an einem Problem hin und her überlegen, hat unser Gehirn längst autonom entschieden. Hinter unserem Rücken, gewissermaßen. Was wir subjektiv als eigenständig gefällte Entscheidung empfinden, sei bloß die Vollzugsmeldung unseres Gehirns für eine längst eingeleitete Aktion. Nicht viel mehr als ein Quittungsbeleg zum Abheften für die Buchhaltung. »Handlungsentscheidungen werden in subpersonalen Prozessen fabriziert und dann, nachdem sie vorliegen, als Ergebnis personaler Entscheidungsprozesse interpretiert. Wenn das stimmt, tun wir nicht, was wir wollen [...], sondern wir wollen, was wir tun [...]«,[3] ist das Fazit des Kognitionspsychologen Wolfgang Prinz, der den »freien Willen« lediglich für ein soziales Konstrukt hält.

---

1 | Der nachfolgende Beitrag zum Problem der Willensfreiheit wurde auszugsweise publiziert in Hasler F (2007) Neue Zürcher Zeitung am Sonntag.

2 | Urbaniok F, Hardegger J et al. (2006) »Neurobiologischer Determinismus«.

3 | Prinz W (2003) »Freiheit oder Wissenschaft? Zum Problem der Willensfreiheit«, S. 275.

Eine gewagte Prognose

Gerhard Roth von der *Universität Bremen* setzt noch eine Stufe tiefer an und gibt zu Bedenken, dass bereits die Vorstellung, ein »Ich« zu besitzen, nur eine Illusion sei. Was wir ganz selbstverständlich als unsere stabile Zentralinstanz wahrnehmen, sei nichts anderes als ein Hilfskonstrukt des Gehirns. Angelegt in der frühen Kindheit und im weiteren Verlauf des Lebens vielfach angepasst. Nur ein Trick der Natur, um das Überleben in einer komplexen Umwelt zu vereinfachen: »Die erlebte Welt wird von unserem Gehirn in mühevoller Arbeit über viele Jahre hindurch konstruiert und besteht aus den Wahrnehmungen, Gedanken, Vorstellungen, Erinnerungen, Gefühlen, Wünschen und Plänen, die unser Gehirn hat. Innerhalb dieser Welt bildet sich langsam ein Ich aus, das sich zunehmend als vermeintliches Zentrum der Wirklichkeit erfährt, indem es den Eindruck entwickelt, es ›habe‹ Wahrnehmungen, es sei Autor der eigenen Gedanken und Vorstellungen, es rufe aktiv die Erinnerungen auf [...] und so fort. Selbstverständlich ist dies eine Illusion, denn Wahrnehmungen, Intentionen und motorische Akte entstehen innerhalb der Individualentwicklung lange bevor das Ich entsteht. Dieses übernimmt – einmal entstanden – auch nicht die tatsächliche Kontrolle über diese Zustände.«[4] Nur das »Ich« selbst merke nicht, dass es ein Hirngespinst ist.

Zumindest im Normalfall nicht. In veränderten Bewusstseinszuständen – unfreiwillig und freiwillig erlebt – wird aber deutlich, dass das »Ich« tatsächlich ein fragiles Konstrukt ist. Leidvoll erfahren an Schizophrenie Erkrankte Veränderungen des Ich-Bewusstseins. Normalerweise als innere Prozesse erlebte Vorgänge werden als von außen gemacht oder gelenkt empfunden. Das »Ich« wird instabil und zur Welt hin durchlässig. Wer schon einmal mit halluzinogenen Drogen wie LSD oder Psilocybin experimentiert hat, wird ebenfalls bestätigen, dass es durchaus keine Selbstverständlichkeit ist, ein stabiles »Ich« zu besitzen.[5] »Ozeanische *Selbst*entgrenzung« und »Angstvolle *Ich*-Auflösung« heißen denn auch zwei der psychologischen Kerndimensionen, die in der Halluzinogenforschung zur Beschreibung von »altered states« herangezogen werden.[6]

---

4 | Roth G (2001) »Fühlen, Denken, Handeln«, S. 338.

5 | Hasler F (2004) Psychopharmacology

6 | Dittrich A (1998) Pharmacopsychiatry; Studerus E, Gamma A et al. (2010) Public Library of Science One. Die Dimension »Ozeanische Selbstentgrenzung« beschreibt Erfahrungen des Einsseins mit der Welt, der Befreiung von den Beschränkungen von Raum und Zeit oder die intuitive Ahnung einer höheren Wirklichkeit. Dieses Syndrom positiver Derealisation mit gelösten Ich-Umweltgrenzen umschreibt die transzendentalen Anteile beispielsweise einer LSD-Erfahrung. Der Gegenpol dazu ist die »Angstvolle Ich-Auflösung«: Ich-Instanzen kollabieren, die Welt fragmentiert, das quälende Gefühle wird erlebt, den Verstand zu verlieren oder sogar sterben zu müssen.

Konsequenterweise ist Neurobiologe Roth davon überzeugt, dass nicht nur das »Ich«, sondern auch der freie Wille eine Illusion ist. Schon im Jahr 2000 hat er daraus dramatische Konsequenzen abgeleitet: »Die Entthronung des Menschen als freies denkendes Wesen – das ist der Endpunkt, den wir erreichen. Nach Kopernikus, Darwin und Freud erleben wir hier den letzten großen Angriff auf unser traditionelles Bild vom Menschen«, so Roth in einem Interview mit *Spektrum der Wissenschaft.*[7] Im gleichen Gespräch machte Roth auch eine mutige Zeitprognose: »Ich glaube, spätestens in zehn Jahren hat sich die Einsicht durchgesetzt, dass es Freiheit etwa im Sinne einer subjektiven Schuldfähigkeit nicht gibt.« Wie wir heute wissen, hat sich Roths Voraussage nicht erfüllt.

»Keiner kann anders, als er ist«

Mit Wolf Singer, dem Direktor der Abteilung Neurophysiologie des Frankfurter *Max Planck Instituts für Hirnforschung* ist das Triumvirat komplett, das sich der Demontage des »Mythos Willensfreiheit« verschrieben hat. »Verschaltungen legen uns fest: Wir sollten aufhören, von Freiheit zu sprechen«, das ist Singers Forderung.[8] Mittlerweile ein Zitat-Klassiker, der in keinem Aufsatz zur Willensfreiheit fehlen darf. Und ein gutes Beispiel für die verbreitete Unart einiger Neurowissenschaftler, aus ihren vermeintlichen Einsichten ins Gehirn normative Schlussfolgerungen für die ganze Gesellschaft abzuleiten.

Sollte der Mensch tatsächlich nicht über eine echte Willensfreiheit im Sinne eines »ich hätte in derselben Situation auch anders entscheiden können« verfügen, hätte dies freilich weit reichende Konsequenzen. Unser ganzes Menschenbild sei in Gefahr. Gar eine Reform der Strafprozessordnung wurde von einigen Hirnforschern nahegelegt: »Eine Gesellschaft darf niemanden bestrafen, nur weil er in irgendeinem moralischen Sinne schuldig geworden ist – dies hätte nur dann Sinn, wenn dieses denkende Subjekt die Möglichkeit gehabt hätte, auch anders zu handeln als tatsächlich geschehen« gab beispielsweise Biologe Roth zu bedenken.[9]

Sollte sich die Überzeugung allgemein durchsetzen, dass »keiner anders kann, als er ist«, wäre unser ganzes soziales Zusammenleben in Gefahr: »Unsere Gesellschaft bestünde nicht mehr aus mündigen Bürgern, die ihr Leben in eigener Verantwortung führen, sondern aus lauter unzurechnungsfähigen Wesen. Wir dürften niemandem mehr etwas übel nehmen, brauchten uns für nichts mehr zu schämen und dürften weder Dankbarkeit noch Lob erwarten«, gibt die Schweizer Theologin Judith Hardegger zu bedenken.[10]

---

7 | Roth G (2000) Spektrum der Wissenschaft, S. 72.
8 | Singer W (2004) »Hirnforschung und Willensfreiheit«, S. 30.
9 | Roth G (2004) Information Philosophie.
10 | Hardegger J (2009) »Willenssache«, S. 42.

Die Mutter aller Willensexperimente

In Anbetracht der normativen Forderungen von Singer, Roth und Kollegen würde man eigentlich eine ganze Fülle beinharter neurowissenschaftlicher Daten zur empirischen Untermauerung erwarten. Dem ist aber nicht so. Bis heute kann die Hirnforschung keine auch nur halbwegs belastbaren experimentellen Belege liefern, dass wir unbewusst entscheiden und unser Gehirn willensautonom handelt. Begeben wir uns also auf die Ebene der neurobiologischen Fakten.

Gewissermaßen als rauchender Colt in der Beweisführung gelten die Untersuchungen des kalifornischen Physiologen Benjamin Libet aus den frühen 1980er Jahren.[11] Während zwei Jahrzehnten kaum beachtet, wurden die »Libet-Experimente« im Zusammenhang mit der Debatte um die Willensfreiheit zu den meist zitierten empirischen Befunden. Ausgangspunkt für Libets Experimente waren die »Bereitschaftspotenziale«. Darunter versteht man eine mittels Hirnstrommessung ableitbare Aktivität in bestimmten Großhirnarealen, die im Vorfeld von willkürlichen Bewegungen auftritt. In Libets Versuchsaufbau hatten die Testpersonen die Aufgabe, innerhalb eines vorgegebenen Zeitfensters nach eigenem Gutdünken die Hand zu bewegen. Dabei sollten sich die Versuchsteilnehmer die Position eines Lichtpunktes auf einem Oszilloskop-Bildschirm merken, und zwar genau zu der Zeit, als sie subjektiv den Bewegungsentscheid gefällt hatten. Später wurden die Aussagen mit den aufgezeichneten Hirnströmen verglichen. Der berichtete Zeitpunkt des Handlungsentscheids lag erwartungsgemäß im Durchschnitt 200 Millisekunden vor der Ausführung. So weit, so gut. Zur Überraschung Libets haben sich aber – gänzlich unbemerkt von den Versuchspersonen – bereits eine halbe Sekunde früher die Bereitschaftspotenziale in den (supplementär-)motorischen Arealen des Gehirns aufgebaut. Offensichtlich hatte das Gehirn die Handlung also schon *vor* dem subjektiv wahrgenommenen Beschluss eingeleitet.[12]

Damit schien erst einmal der Beweis für die willensunabhängige Autonomie des Gehirns erbracht worden zu sein. Doch die Studie ist leicht zu demontieren. So wurde argumentiert, es handle sich um einen »blutleeren Laboreffekt«, der nichts mit einer echten Willensentscheidung zu tun hätte. Die eigentliche Handlungsentscheidung sei nämlich schon in dem Moment gefallen, als sich die Versuchsperson bereit erklärt hätte, am Experiment teilzunehmen. Was

11 | Libet B, Gleason CA et al. (1983) Brain.

12 | Die Libet-Experimente wurden später in erweiterter Form von Patrick Haggard und Martin Eimer wiederholt und die Befunde im Wesentlichen bestätigt (Haggard P, Eimer M [1999] Experimental Brain Research). Allerdings setzte das lateralisierte Bereitschaftspotenzial bei zwei der acht Versuchspersonen erst *nach* der Entscheidung ein. Eine kausale Abhängigkeit von bewusster Entscheidung und Bereitschaftspotenzialen ist deshalb fraglich.

da gemessen wurde, sei lediglich der »letzte Willensruck« gewesen, die unbedeutende und konsequenzlose Teilentscheidung über das genaue »Wann« des bereits vorgefassten Tuns. Ganz ähnlich sieht das der Philosoph Michael Pauen: »Die Versuchspersonen konnten nicht bestimmen, *was* sie tun würden, sie konnten noch nicht einmal bestimmen, *ob* sie etwas tun würden. Bestimmen konnten sie nur den Zeitpunkt einer zuvor festgelegten Bewegung.«[13] Abgesehen davon sei es äußerst schwierig, überhaupt den exakten Zeitpunkt der Bewusstwerdung einer Entscheidung experimentell zu messen.

Für den »Kompatibilisten« Pauen steht Willensfreiheit und eine neuronale Bedingtheit von Handlung auch gar nicht im Widerspruch. Daher empfindet er die Debatte als Scheindilemma. Für ihn ist Freiheit am besten als Selbstbestimmung zu verstehen. Dazu müssten zwei Mindestkriterien erfüllt sein: Autonomie und Urheberschaft. Handlungen seien nur dann frei, wenn sie weder durch Zwänge, Zufälle oder äußere Umstände bestimmt seien, sondern nur durch den Handelnden selbst: »Bei einzelnen Handlungen kann man von Selbstbestimmung sprechen, wenn sie durch die Wünsche, Überzeugungen und Charakterdispositionen des Handelnden selbst bestimmt werden. Umgekehrt wird die Selbstbestimmung beeinträchtigt, wenn Faktoren Einfluss auf Handlungen gewinnen, die nicht der Person selbst zugerechnet sind.« Dazu zählt Pauen auch innere Zwänge wie Sucht oder psychische Erkrankung.[14]

Der englische Philosoph Peter Hacker hält die (Über-)Interpretation der Libet-Experimente für einen klassischen mereologischen Trugschluss[15], für ein bloßes Scheinargument.[16] Hackers Berufskollege Peter Bieri wiederum bezeichnet das, »was wie eine beinharte empirische Widerlegung der Willensfreiheit daherkommt« gar als »ein Stück abenteuerliche Metaphysik.«[17] Unter Philosophen ist man sich offenbar einig: Mit den Libet-Experimenten ist noch gar nichts bewiesen.

Und was ist, wenn wir unaufmerksam wollen?

2006 kam es noch schlimmer. Unter Friendly Fire aus den eigenen Hirnforscher-Reihen gerieten die Libet-Befunde durch Untersuchungen des Experimentalpsychologen Hakwan Lau vom *Wellcome Trust Functional Imaging Laboratory* in London. Mit funktioneller Bildgebung hat Lau Abwandlungen der

---

13 | Pauen M (2008) »Illusion Freiheit?«, S. 201.
14 | Pauen M (2006) NZZ Folio; zitiert in Hardegger J (2009) »Willenssache«, S. 66.
15 | Die Mereologie als Teilgebiet der Logik beschäftigt sich mit dem Verhältnis von Teil und Ganzem.
16 | Schulz A (2004) Gehirn und Geist.
17 | Bieri P (2005) Der Spiegel vom 10.1.

Libet-Experimente durchgeführt.[18] Anstelle der EEG-Bereitschaftspotenziale hat er die auftretenden Blutflussveränderungen im Gehirn untersucht. Dabei hat der Psychologe festgestellt, dass allein schon die geforderte Aufmerksamkeit, auf das »wann« der Handlungsabsicht zu achten, das Messergebnis stark beeinflusst. Je besser sich nämlich eine Versuchsperson auf die Aufgabe konzentrierte (gemessen an der Aktivität eines an Bewegungsabsicht gekoppelten Hirnareals), desto größer war die zeitliche Kluft zwischen subjektivem Wollen und der Ausführung. Der für seine Arbeit mittlerweile mit dem *William James Preis für Beiträge zur Bewusstseinsforschung* geadelte Lau folgert, dass die Zeitmessungen bei Libet »problematisch« seien, weil der Vorgang des Messens selbst den Gegenstand der Messung beeinflusse. Gut denkbar also, dass es sich mit den ominösen Bereitschaftspotenzialen im Normalfall des Alltags – wenn wir quasi »unaufmerksam wollen« – ganz anders verhält als unter Libets Laborbedingungen.

Libet selbst hat ja, was in der Debatte häufig unterschlagen wird, darauf hingewiesen, dass in seinen Experimenten durch ein bewusstes »Veto« eine Bewegungsausführung unterbunden werden kann, obwohl hier genauso ein vorgängiges Bereitschaftspotenzial messbar ist.[19] Was auch immer da an unbewussten Vorgängen eine Handlung vorbereitet hatte – die Ausführung selbst konnte in Libets Experimenten Kraft des Willens unterbunden werden. Besonders im Zusammenhang mit der Rechtsprechung ist dies eine nicht zu unterschätzende Erkenntnis. So könnte man argumentieren, dass auch neurophysiologisch nichts dagegen spricht, dass spontan auftretende verbrecherische Impulse willentlich kontrollierbar sind.[20]

Endgültig entmystifiziert wurden die ominösen Bereitschaftspotenziale unlängst durch die neuseeländischen Forscher Judy Trevena und Jeff Miller. In einer ausgeklügelten Reihe von Experimenten haben die Forscher von der *University of Otago* nachgewiesen, dass es in Bezug auf die Bereitschaftspotenziale gar keinen Unterschied macht, ob man beschlossen hat eine Bewegung auszuführen, oder ob man sich entschieden hat, eine Bewegung *nicht* zu machen.[21] Die der (Nicht-)Handlung vorausgehenden EEG-Signaturen waren nicht zu unterscheiden. Die Wissenschaftler stellen fest, dass die ominösen Bereitschaftspotenziale »offensichtlich unspezifisch für die Bewegungsvorbereitung« seien. Und schließen aus ihren Experimenten, »dass die Libet Versuche keinen

---

18 | Lau HC, Rogers RD et al. (2006) Journal of Neuroscience.

19 | Libet B (1985) Behavioral and Brain Sciences.

20 | Auch vor dem Jüngsten Gericht wird uns armen Sündern eine »Libet-Verteidigung« wenig helfen, sollten wir uns dereinst für unsere irdischen Übeltaten rechtfertigen müssen. Schließlich sind auch die meisten der Zehn Gebote in prohibitiver »Du sollst nicht!«-Form abgefasst.

21 | Trevena J, Miller J (2010) Consciousness and Cognition.

Beweis dafür darstellen, dass willkürliche Bewegungen unbewusst eingeleitet werden.«[22]

Obwohl die experimentelle Beweislage äußerst bescheiden ist, geht die Debatte munter weiter. Neurobiologe Roth möchte auf meine Nachfrage hin die Beweisführung der Hirnforschung aber nicht auf die Libet-Experimente verkürzt sehen, dessen Schwächen er durchaus anerkennt. Vielmehr verweist er darauf, dass die Gesamtschau der Erkenntnisse aus Neurobiologie und Handlungspsychologie zur Aufgabe des »Mythos Willensfreiheit« führen müsse. Andere Hirnforscher, die in der Debatte um den »freien Willen« stets zurückhaltender waren, dürften sich durch die neue empirische Datenlage hingegen bestätigt fühlen. Wie etwa Niels Birbaumer, Psychologieprofessor an der *Universität Tübingen*: »Weder freier noch unfreier Wille lässt sich beobachten, da wir kein neuronales Korrelat von Freiheit kennen.«[23]

Nervenzellen interessieren sich nicht für Politik

Schon von Amtes wegen sind viele Geisteswissenschaftler und Juristen in die Debatte zur Willens(un)freiheit eingetreten. Erstaunlich einmütig wehren sich diese gegen die Vorstellung, wir seien durch nicht-bewusste neuronale Steuerungsaktivitäten bestimmt und würden uns in einem Akt des permanenten Selbstbetrugs bloß vorgaukeln, Urheber des eigenen Handelns zu sein. Es verwundert nicht, dass besonders in der hitzigen Hochphase der Willensdebatte um 2005 der Vorwurf des Brachialreduktionismus die Runde machte. Dass der biologische Reduktionismus nicht weniger dogmatisch verfahre als der Idealismus, der in allen Naturprozessen den Geist am Werke sah, kritisierte der Philosoph Jürgen Habermas.[24] Der Philosoph hat in der Feuilleton-Debatte auch gleich eine Grundsatzfrage aufgeworfen: »Ist die deterministische Auffassung überhaupt eine naturwissenschaftlich begründete These, oder ist sie nur Bestandteil eines naturalistischen Weltbildes, das sich einer spekulativen Deutung naturwissenschaftlicher Erkenntnisse verdankt?«[25]

Auch Michael Hagner, Professor für Wissenschaftsforschung an der *Eidgenössisch-Technischen Hochschule* Zürich, geht auf Distanz zu den Schlussfolgerungen von Roth und Kollegen. Es sei »überhaupt nicht ausgemacht, ob Schuld und Verantwortung überhaupt etwas mit der Willensfreiheit zu tun haben«,[26] gibt Hagner zu bedenken und bringt ein pointiertes Beispiel: »Den Nervenzellen ist es völlig egal, ob der Irak-Krieg als berechtigt oder als unberechtigt

---

22 | Ebd., S. 447.

23 | Bierbaumer N (2004) »Hirnforscher als Psychoanalytiker«, S. 28.

24 | Habermas J (2004) Der Tagesspiegel vom 14.11.

25 | Ebd.

26 | Hagner M (2004) Frankfurter Allgemeine Zeitung vom 22.3., S. 69.

angesehen wird. Uns Menschen als politische Wesen, den meisten jedenfalls, ist das nicht gleichgültig, und auf diesen Unterschied kommt es an.«[27] Gar an die längst überwunden geglaubte Zeit der forensischen Phrenologie des neunzehnten Jahrhunderts fühlte sich der Strafprozessrechtler Klaus Lüderssen erinnert.[28] »Müssen wir wirklich dort wieder anfangen, oder ersetzten die Hirnforscher Gerhard Roth und Wolf Singer die primitiven Schlussfolgerungen ihrer Kollegen von damals durch eine überzeugendere, vielleicht sogar endgültige Konzeption des determinierten Menschen?« fragte sich Lüderssen in einem Beitrag in der *Frankfurter Allgemeinen Zeitung*.[29]

Die Frage ist bis heute offen. Neurobiologe Roth selbst empfindet den Sühne- und Vergeltungsschuldbegriff auf jeden Fall als inhuman, der Therapiegedanke, der Besserungsgedanke würde dadurch nachweislich abgeschafft. Wie der Psychologe Stephan Schleim in seinem Buch »Die Neurogesellschaft« ausführt, sehen dies die meisten Rechtstheoretiker aber ganz anders.[30] Der Rechtswissenschaftler Klaus Günther beispielsweise. Dieser verweist auf die »agnostische« Position des Strafrechts. Willensfreiheit spiele für die Rechtfertigung von Strafe überhaupt keine Rolle. Vielmehr könne man aus dem regelkonformen Verhalten der Mehrheit einen Anspruch an den Einzelnen ableiten, sich ebenfalls regelkonform zu verhalten.[31] Weder neurophysiologische noch psychologische Erkenntnisse seien für diese Position irgendwie bedeutsam.

Dass die Willensfreiheits-Debatte munter weiter geht, *obwohl* die Sachlage philosophisch und rechtstheoretisch bereits gut geklärt und weitgehend entschärft scheint, ist symptomatisch für die aktuelle Neuro-Autorität. Was in der Öffentlichkeit meinungsbildend wirkt, sind nicht die empirischen Fakten – denn diese gibt es offensichtlich gar nicht – und auch nicht philosophische Argumente, sondern die Autorität einiger weniger, aber höchst renommierter Hirnforscher.

---

27 | Ebd.

28 | In seinem 1876 veröffentlichten Werk »L'uomo delinquente« stellte der italienische Arzt Cesare Lombroso unter allgemeinem Beifall seine Lehre vom »geborenen Verbrecher« dar.

29 | Lüderssen K (2003) Frankfurter Allgemeine Zeitung vom 4.11.

30 | Schleim S (2011) »Die Neurogesellschaft«.

31 | Günther K (2009) »Die naturalistische Herausforderung des Schuldstrafrechts«; zitiert in Schleim S (2011) »Die Neurogesellschaft«.

8. Neuro-Forensik.
Vom Umgang mit riskanten Gehirnen

Das Gehirnübertreibungssyndrom (»brain overclaim syndrome«, BOS) trifft häufig diejenigen, die von den faszinierenden neuen Entdeckungen der Neurowissenschaften angesteckt sind. Sein wesentliches Merkmal besteht darin, Aussagen über die Auswirkungen der Hirnforschung auf strafrechtliche Verantwortung zu treffen, die weder begrifflich noch empirisch gestützt werden können. Eine kognitive Juratherapie ist die Behandlung der Wahl für BOS.[1]

Spätestens seit den Terroranschlägen auf die New Yorker Zwillingstürme hat sich unser kollektives Bedürfnis nach Sicherheit dramatisch erhöht. Notfalls auch zum Preis eingeschränkter Persönlichkeitsrechte und beschnittener Freiheiten. Prompt folgt auf jedes schwere Verbrechen die stereotype Frage der Medien, ob dies denn nicht zu verhindern gewesen wäre. Mit all der Wissenschaft, der Technik, der Computer- und Kommunikationstechnologie, die wir haben. Hätten vielleicht Neurowissenschaftler erkennen können, dass im Gehirn von Anders Breivik etwas nicht stimmt? Wäre der norwegische Massenmörder zu stoppen gewesen, hätte man ihn früh genug als riskantes Gehirn identifiziert und therapiert – oder wenigstens präventiv unter polizeiliche Beobachtung gestellt?[2]

---

1 | Morse SJ (2006) Ohio State Journal of Criminal Law, dt. Übersetzung von Stephan Schleim, siehe Schleim S (2011) »Die Neurogesellschaft«, S. 95.

2 | Ein rechtspsychiatrisches Gutachten vom November 2011 kam zum Schluss, dass der Attentäter von Oslo und Utoya an paranoider Schizophrenie leide und deshalb während der Tatzeit nicht zurechnungsfähig gewesen sei. Wäre diese Diagnose zutreffend, wäre Breivik z.B. mit Neuroleptika präventiv behandelbar gewesen. Das Gutachten wurde zwischenzeitlich aber bereits wieder revidiert. Gemäß Einschätzung der Rechtspsychiaterin Randi Rosenqvist hat Breivik eine »eindeutig abweichende Persönlichkeit«. Abweichend – aber nicht krank. Und damit auch strafprozessfähig. Während der Verhandlung bringt Breivik dann selbst sein Gehirn ins Spiel: Er erwähnt beispielsweise die

Besonders im Zusammenhang mit der hierzulande intensiv geführten Diskussion um die nachträgliche Sicherheitsverwahrung kommt der Ruf nach soliden naturwissenschaftlichen Fakten auf, anhand derer sich die Gefährlichkeit eines Menschen besser einschätzen ließe. Dies mag auch damit zu tun haben, dass Experten-Gutachten zur Beurteilung von Tätergefährlichkeit in der Öffentlichkeit einen schlechten Ruf haben. Womit man den forensischen Psychiatern eigentlich unrecht tut. Die Qualität der Gefährlichkeitsprognosen hat in den letzten Jahren stetig zugenommen[3] und es ist davon auszugehen, dass vor allem falsch positive Verwahrungs-Urteile ausgesprochen werden.

Der deutsche Rechtstheoretiker Reinhard Merkel gibt zu bedenken, dass weit über achtzig Prozent der verwahrten Täter in Freiheit gar nicht mehr vergewaltigen oder morden würden.[4] Hier gilt offenbar: Im Zweifel gegen den Angeklagten. Bei der Prüfung der Gefährlichkeit eines Täters treffen zwei schwer vereinbare Welten aufeinander. Die wahrscheinlichkeitsbasierte Prognose der Psychiater und die notwendige Ja/nein-Entscheidung des Richters. Im Zweifelsfall wird man sich für den Schutz der Öffentlichkeit und gegen den potenziell rückfälligen Gewalttäter entscheiden. Wenn die Gutachter aber einmal falsch liegen und ein entlassener Straftäter erneut ein Gewaltverbrechen begeht, ist dies eine Tragödie für Opfer und Angehörige. Und natürlich ist die Sichtbarkeit in den Medien enorm. An den Stammtischen ist dann wieder die Rede von »Kuscheljustiz« und Ex-Bundeskanzler Gerhard Schröder fordert in der *Bild*-Zeitung »Wegschließen – und zwar für immer.«[5] Wären mit hirnbiologischen und genetischen Untersuchungen nicht zuverlässigere Täterbeurteilungen möglich als mit psychiatrischen Checklisten und der subjektiven Einschätzung der Experten? Brauchen wir Neuro-Kriminologen, die gefährliche Gehirne begutachten?[6]

»Amygdala«, die in seinem Gehirn dafür gesorgt habe, dass er während seiner Taten seinen Verstand habe ausschalten können (Traufetter G [2012] Spiegel online vom 20.4.).

3 | In der Schweiz gibt es beispielsweise seit 2007 »Zertifizierte Forensische Psychiater«, ausgebildet und geprüft von der »Schweizerischen Gesellschaft für forensische Psychiatrie«.

4 | Schweizer Fernsehen (2010) Sternstunde Philosophie.

5 | Bild am Sonntag vom 8. 7. 2001.

6 | Das Deutsche Strafgesetzbuch selbst gibt sich einstweilen noch traditionell. Weit und breit kein »Neuro-« im Gesetzestext. Dafür wird der gute alte Begriff der Seele noch hochgehalten. Zur Schuldfähigkeit beispielsweise heißt es im Deutschen Strafgesetzbuch, Paragraph 20: »Ohne Schuld handelt, wer bei Begehung der Tat wegen einer krankhaften seelischen Störung, wegen einer tiefgreifenden Bewusstseinsstörung oder wegen Schwachsinns oder einer schweren anderen seelischen Abartigkeit unfähig ist, das Unrecht der Tat einzusehen oder nach dieser Einsicht zu handeln.«

Rastern und Eingreifen

Der Soziologe Nikolas Rose sieht in den verschiedensten Lebensbereichen, nicht nur in der Kriminalistik, eine neue menschliche Kategorie auftauchen: das »anfällige Individuum«. Aufgrund einer biologischen Dispoiertheit, vielleicht einer Mutation in einem bestimmten Gen oder einem subtilen Defekt in einer Hirnstruktur, sollen bestimmte Menschen anfällig dafür sein, depressiv oder schizophren zu werden. Oder eben, irgendwann zu vergewaltigen oder zu morden.

Immer mehr Wissenschaftsdisziplinen wagen sich an die ganz konkrete Voraussage individueller Gefährlichkeit: »Eine Reihe neuer Technologien, insbesondere aus der Verhaltensgenetik und den bildgebenden Verfahren, behauptet, sie könne die Vorstufen, Zeichen oder Marker zukünftiger Gefährlichkeit im Voraus (präsymptomatisch oder asymptomatisch) identifizieren. Dass sie also das ›anfällige Individuum‹ erkennen könnten.«[7] In der kriminalbiologischen Forschung sucht man längst nicht mehr nach ganz allgemeinen biologischen Ursachen von Kriminalität, sondern sehr spezifisch nach neurochemischen Anomalien oder bestimmten Genkonstellationen, die mit Aggression oder verminderter Impulskontrolle korreliert sind. Oder man sucht nach auffälligen Aktivierungsmustern im Gehirn, die charakteristisch sein könnten für Menschen, die gewalttätige Akte begehen oder die keinerlei Mitleid oder Schuldgefühl kennen.

Sollten eines Tages tatsächlich zuverlässige Marker für gewalttätiges Verhalten gefunden werden, wären die Auswirkungen auf den Umgang mit Straftätern beträchtlich. Ein grundlegender Wechsel von Foucaults »Überwachen und Strafen« hin zu einem »Rastern und Eingreifen« wäre nach Nikolas Rose die logische Konsequenz. Gerade unsere gegenwärtige »Kultur der Vorsorge, Prävention und Vorwegnahme«[8] begrüßt das Bestreben, potenzielle Gewaltverbrecher möglichst früh zu identifizieren und nach Möglichkeit einer Therapie oder institutionellen Intervention zuzuführen.

Was ist ein gefährliches Gehirn?

Auch der gesellschaftlich bereits weiträumig vollzogene Wandel von der »personhood« zur »brainhood«[9] trägt dazu bei, dass in der Rechtssprechung gefährliche Personen immer mehr mit gefährlichen Gehirnen gleichgesetzt werden. Was genau aber ist ein »gefährliches Gehirn«? Beginnen wir mit der Anatomie des Bösen in der Neurologie. Dass erworbene hirnorganische Abweichungen bisweilen zu dramatischen Veränderungen der Persönlichkeit und des Verhal-

---

7 | Rose N (2010) History of the Human Sciences, S. 80.

8 | Ebd.

9 | Vidal F (2009) History of the Human Sciences, siehe dazu Kapitel 3.

tens führen, zeigt das folgende Fallbeispiel.[10] Ein 40-jähriger Mann entwickelte plötzlich starke, nur schwer kontrollierbare sexuelle Impulse, besonders gegenüber Kindern. Der Mann wurde erwischt, als er seiner vorpubertären Stieftochter Avancen machte. Daraufhin wurde er als pädophil diagnostiziert und vor die Wahl gestellt, entweder eine Gefängnisstrafe anzutreten oder ein Therapieprogramm für Sexsüchtige zu absolvieren. Sogar während der Therapie konnte sich der Patient nicht zurückhalten, Mitarbeiterinnen und Programmteilnehmerinnen zu belästigen, weshalb er vom Rehabilitationsprogramm ausgeschlossen wurde.

Am Tag, bevor er seine Gefängnisstrafe antreten sollte, wurde der Mann mit dem unkontrollierbaren Sexualtrieb in die Notfallaufnahme eines Spitals eingeliefert, weil er über starke Kopfschmerzen klagte. Bei der neurologischen Untersuchung wurde ein Hirntumor mit Lokalisation im *orbitofrontalen Cortex* festgestellt. Nach der Operation des Tumors bildete sich die Sexsucht des Patienten zurück. Als einige Monate später Kopfschmerzen und pädophile Paraphilie zurückkehrten, stellte man fest, dass auch der Tumor nachgewachsen war. *Das Paradebeispiel für einen offenbar ursächlichen Zusammenhang zwischen einer hirnmorphologischen Anomalie und dem Auftreten von normabweichendem bzw. kriminellem Verhalten.* Mit solch eindrücklichen Fallbeispielen – von denen allerdings nur ganz wenige dokumentiert sind – legitimiert die wachsende Fraktion neurowissenschaftlich orientierter forensischer Psychiater und Rechtwissenschaftler ihre Forderung nach umfassender Erforschung von Tätergehirnen. Der Lokalisationsort des Tumors im *orbitofrontalen Cortex* macht die post-hoc Erklärung der Verhaltensänderung des Patienten einfach. Schließlich gilt der *präfrontale Cortex*, zu dem auch der *orbitofrontale Cortex* gehört, als oberste Kontrollinstanz. Gemäß Lehrmeinung ist diese Hirnregion entscheidend wichtig für Impulskontrolle und rationales Handeln. Die nahe liegende Schlussfolgerung ist, dass der Ort der Impulskontrolle durch den Tumor geschädigt wurde und der Patient deshalb seinen Sextrieb nicht mehr im Griff hatte.

Heilsame Selbstlobotomie

Der *präfrontale Cortex* – beziehungsweise sein »Inhibitionssystem« – sind traditionellerweise auch die Hauptverdächtigen, wenn es um die Hirnlokalisation impulsiver Gewaltausbrüche geht. Bei genauerer Betrachtung allerdings ist die Lage – einmal mehr – sehr viel komplizierter. So gehen schwere Schädigungen des *präfrontalen Cortex* zwar häufig mit Veränderungen der Persönlichkeit einher. Die meisten dieser Patienten sind aber nicht aggressiver als vor der Hirnschädigung und zeigen auch kein antisoziales Verhalten.[11]

---

10 | Burns JM, Swerdlow RH (2003) Archives of Neurology.
11 | Mobbs D, Lau HC et al. (2007) Public Library of Science Biology.

Wie der skurrile Fall eines gescheiterten Selbstmordversuchs zeigt, kann eine Schädigung des Stirnhirns sogar zum Verschwinden von aggressivem Verhalten führen.[12] Ein 33-jähriger Mann hat versucht, sich mit einer Armbrust umzubringen. Der Lebensmüde hat überlebt, zurückgeblieben ist eine Schädigung im linken *Präfrontalcortex* sowie ein imposanter Metallpfeil unterhalb des Schädeldachs. Interessant dabei ist, dass der verhinderte Selbstmörder als pathologisch aggressiv bekannt war. Die unbeabsichtigte Selbstlobotomie hat sein gewalttätiges antisoziales Verhalten gänzlich zum Verschwinden gebracht. Die behandelnden Neurologen beschrieben ihren Patienten gar als ausgesprochen gutmütig und unangebracht fröhlich.

Und wenn Psychiaterin Nancy Andreasen recht hat mit ihrer Vermutung, dass die chronische Behandlung mit Antipsychotika zu einer Schädigung des *präfrontalen Cortex* führt[13] (siehe Kapitel 5), dann müssten Schizophreniepatienten mit der Zeit immer häufiger zu impulskontrollgestörten Gewalttätern werden. Dafür gibt es aber keinen Hinweis. Wieder einmal zeigt sich, dass das menschliche Gehirn bezüglich Ursache und Wirkung ein kaum berechenbarer Sonderfall ist. Und sich Verhalten nicht einfach aus einer bestimmten Konstellation von anatomischen und funktionellen Gegebenheiten des Gehirns ableiten lässt.

Die Psychopathen sind unter uns

Menschen mit der Diagnose »antisoziale Persönlichkeitsstörung« gelten landläufig als besonders kriminell, feindselig und gewalttätig. Mitte des 19. Jahrhunderts wurden Personen mit dieser Art von Persönlichkeitsstörung als »sittlich Geisteskranke«,[14] später als Psychopathen oder Soziopathen bezeichnet. Eine besonders ausgeprägte Egozentrik und jegliches Fehlen von Einfühlungsvermögen oder Schuldgefühlen wird typischerweise mit der Diagnose »antisoziale Persönlichkeitsstörung« in Zusammenhang gebracht. In Strafanstalten sollen fünfzig bis achtzig Prozent der Häftlinge eine antisoziale Persönlichkeitsstörung haben.[15]

Nach Einschätzung des kanadischen Kriminalpsychologen Robert Hare haben ein bis zwei Prozent der Bevölkerung eine besonders schwere Form dieser Störung und gelten deshalb als echte Psychopathen.[16] Diese ein bis zwei Prozent der Bevölkerung begehen aber etwa die Hälfte aller schweren Verbrechen. Wer, wenn nicht der Psychopath, ist ein »riskantes Gehirn«? Eine ganze Reihe von Neurowissenschaftlern forscht deshalb schon seit langem an der Bio-

---

12 | Ellenbogen JM, Hurford MO et al. (2005) Neurology.

13 | Ho BC, Andreasen NC et al. (2011) Archives of General Psychiatry.

14 | Diagnose »moral insanity«.

15 | Ogloff JR (2006) Australian and New Zealand Journal of Psychiatry.

16 | Zitiert in Thadeusz F (2010) Der Spiegel vom 15.1.

logie der Psychopathie. Einer von ihnen ist James Blair, Psychologe und Affekt-forscher am *National Institute of Mental Health*. Sein Buch »Der Psychopath: Emotionen und das Gehirn«[17] wurde zu einem Bestseller. Blair und Kollegen diskutieren darin ein abnormes Verhältnis von grauer und weißer Substanz (Nervenzellkörper vs. Nervenfasern), Störungen in verschiedenen Neurotrans-mittersystemen und ganz besonders eine Fehlfunktion der *Amygdala* und des *präfrontalen Cortex*.

Personen mit psychopathischen Tendenzen zeigen beispielsweise eine ver-minderte Aktivität in diesen Hirnregionen, wenn ihnen emotional aufgelade-ne Bilder gezeigt werden.[18] Funktionelle Veränderungen im *Stirnhirn* sowie in *temporo-limbischen* Regionen werden bei der Psychopathie als Ergebnis einer neurologischen Entwicklungsstörung angesehen.[19] Mairead Dolan, forensi-sche Psychiaterin an der *Monash University* in Melbourne, fasst den Stand des Wissens wie folgt zusammen: »[...] Die verfügbaren Studien deuten auf subtile strukturelle und funktionelle Defizite in neuronalen Schaltkreisen, die mit Im-pulskontrolle und der Informationsverarbeitung von Gefühlen zu tun haben, zum Beispiel in präfrontalen und temporo-limbischen Hirnregionen. Bis jetzt ist die klinische Bedeutung dieser Befunde aber unklar. Ursächliche Verknüp-fungen zwischen den beobachteten Defiziten und der Entwicklung und Auf-rechterhaltung von psychopathischem und antisozialem Verhalten müssen erst noch hergestellt werden.«[20]

Ulrike Meinhof, Terroristin aus Veranlagung?

Selbst im Gehirn der Terroristin Ulrike Meinhof suchten Pathologen nach An-zeichen einer hirnmorphologischen Veränderung; nach einer natürlichen Er-klärung für ihre »realitätsverlustigen Terrorhandlungen«.[21] Jahrzehntelang hatte das Gehirn der RAF-Gründerin, die sich 1976 im Gefängnis Stuttgart-Stammheim erhängt hatte, in einem Keller der Rechtsmedizin in Tübingen gelagert. Bis es vor ein paar Jahren von Bernhard Bogerts, Direktor der *Univer-sitätsklinik für Psychiatrie, Psychotherapie und Psychosomatische Medizin* in Mag-deburg noch einmal genau untersucht wurde. Bogerts Fazit: »Das Abgleiten in den Terror ist durch die Hirnerkrankung mit zu erklären.«[22] Der Grund seien

---

17 | Blair J, Mitchell D, Blair K (2005) »The Psychopath: Emotion and the Brain«.

18 | Blair RJ (2010) Current psychiatry reports; Davidson RJ, Putnam KM, Larson CL (2000) Science.

19 | Dolan MC (2010) Criminal Behaviour and Mental Health.

20 | Ebd., S. 210.

21 | Frankfurter Allgemeine Zeitung (2002) Ausgabe vom 12.11.; Dahlkamp J (2002) Der Spiegel vom 8.11.

22 | Frankfurter Allgemeine Zeitung (2002) Ausgabe vom 12.11.

Hirnverletzungen und Vernarbungen als Folgen einer 1962 vorgenommenen Tumor-Operation, die bei Meinhof zu Persönlichkeitsveränderungen geführt hätten. »So wie sich der Fall darstellt, ist es in hohem Maße zweifelhaft, ob Frau Meinhof in ihrem Prozess schuldfähig war«, so Bogerts in einem Interview mit dem *Spiegel*.[23]

Ulrike Meinhof, psychisch gestört, gar eine Patientin mit »erworbener Psychopathie«? Ein höchst erstaunliches Fazit, wenn man bedenkt, dass sich gerade Meinhofs Radikalisierung von der linkspolitisch engagierten Journalistin zur gewalttätigen Terroristin gut nachvollziehbar aus ihrer Biografie, dem Zeitgeist und den persönlichen Umständen ableiten lässt.[24] Wie der Historiker Michael Sontheimer in seinem Buch »Natürlich kann geschossen werden«[25] nachvollzieht, war Meinhof eben gerade keine »Verbrecherin aus Veranlagung«. Vielmehr ist sie ganz allmählich und unvorsätzlich in den Terror abgeglitten. Spätestens nach dem ungeplanten Sprung aus dem Lesesaal des *Deutschen Zentralinstituts für soziale Fragen* anlässlich der Baader-Befreiung gab es für Meinhof kein Zurück mehr in ein bürgerliches Leben. Unbestritten hingegen ist, dass die Monate lange Folter der Isolationshaft in Köln-Ossendorf Ulrike Meinhof nah an die Grenze des Wahnsinns gebracht hat: »Das Gefühl, es explodiert einem der Kopf (das Gefühl, die Schädeldecke müsste eigentlich zerreißen, abplatzen) – das Gefühl, es würde einem das Rückenmark ins Gehirn gepresst. [...] Rasende Aggressivität, für die es kein Ventil gibt. Das ist das Schlimmste.«[26]

Mörder im Hirnscanner

Der Vermessung des Bösen hat sich auch Kent Kiehl von der *University of New Mexico* verschrieben. Die beträchtliche Medienpräsenz[27] des amerikanischen Psychologen beruht nicht zuletzt auf dem eigentümlichen Gefährt, mit dem Kiehl seine Bildgebungsstudien durchführt. *Siemens* hat nämlich einen fünfzehn Meter langen Lastwagen zu einem mobilen Magnetresonanztomographen umgebaut. Damit fährt Kiehl und sein Team schon seit Jahren von Gefängnis zu Gefängnis, um die Gehirne von Gewaltverbrechern und Psychopathen zu scan-

---

23 | Dahlkamp J (2002) Der Spiegel vom 8.11.

24 | Das Ende der nationalsozialistischen Diktatur lag gerade einmal so lange zurück wie für uns der Berliner Mauerfall. Noch immer waren Altnazis in leitenden Positionen in Behörden, Konzernen und Gerichten. Zudem wurde Meinhof auch persönlich Opfer von Polizeigewalt.

25 | Sontheimer M (2010) »Natürlich kann geschossen werden«.

26 | »Ein Brief aus dem toten Trakt«. Ulrike Meinhof über ihre Isolationshaft; zitiert in Schmid GB (2000) »Tod durch Vorstellungskraft«, S. 174.

27 | Z.B. Seabrook J (2008) The New Yorker vom 10.11., Thadeusz F (2010) Der Spiegel vom 15.1.

nen. Unter anderem untersucht Kiehl die Hirnreaktion, wenn Probanden gewalttätige und grausame Bilder oder verstörende Aussagen präsentiert werden. Kiehls robustester Befund nach Sichtung von 300 Psychopathen-Gehirnen, herausgefiltert aus der Untersuchung von über 1000 Gefängnisinsassen: Beim Anblick schockierender Bilder regt sich kaum etwas, besonders die Aktivität des *limbischen Systems* ist stark vermindert. Es bleiben also jene Hirnstrukturen stumm, denen Emotionsverarbeitung und Affektregulation zugeschrieben werden. Dies allerdings ist eine wenig überraschende Erkenntnis. Dass der Psychopath schwere emotionale Defizite und Affektverflachung aufweist, macht den Psychopathen ja gerade erst zum Psychopathen. Und dass dieses Defizit hirnbiologisch im *limbischen System* verortet sein muss, ist auch ohne fMRT-Untersuchung einleuchtend. Wo denn sonst, mag man sich fragen.

Ein Phänomen, das für die »neuen Wissenschaften des Gehirns« – von Neuro-Ökonomie bis Neuro-Ästhetik – geradezu symptomatisch ist. Die zweifellos interessanten und relevanten Erkenntnisse dieser Untersuchungen sind dem Wesen nach psychologischer Natur und somit meist alt bekannt. Beispielsweise, dass sich der Mensch nicht im ökonomischen Sinn vernünftig verhält. Dass man gewisse Bildsymmetrien oder Proportionen wie den »goldenen Schnitt« als besonders »schön« empfindet. Oder eben, dass Psychopathen gefühlskalt, mitleidslos und radikal egoistisch sind. Als neu und wichtig, ja geradezu sensationell angepriesen werden aber nicht die Verhaltensdaten, sondern die Lokalisation der beobachteten Phänomene im Gehirn.

Leider sind diese Lokalisationen und Gehirnnetzwerke kaum je überraschend: Der *präfrontale Cortex*, oberste Instanz des Raisonnierens, Abwägens und Entscheidens, kommt immer ins Spiel, wenn's kognitiv anspruchsvoll wird.[28] Beispielsweise beim Lösen eines moralischen Dilemmas oder dem Treffen einer ökonomischen Entscheidung. Und das limbische System ist aktiv, wenn es bei einer Untersuchung primär um das Gefühlserleben des Menschen geht. Äußerst grobe Vereinfachungen, zugegeben. Gerade das limbische System und die höheren kortikalen Zentren sind aufs Engste miteinander verknüpft. Weil es im Gehirn aber weder Entscheidungsknopf noch Moralzentrum oder Liebesnetzwerk gibt, ist spezifischeres Blinken bei fMRT-Untersuchungen zu komplexen Sachverhalten auch gar nicht zu erwarten. Und weil bei allen »lebensweltlichen« fMRT-Paradigmen emotionale und rational-kognitive Prozesse gleichzeitig und parallel ablaufen, sind so gut wie immer auch beide Systeme beteiligt – deren Netzwerke ohnehin schwer voneinander abzugrenzen sind.[29]

---

28 | Besonders der dorsolaterale Präfrontalcortex (DLPFC), der frontomediale Präfrontalcortex (FMPFC) mit dem anterioren Zingulum, sowie ventrolateral präfrontale Hirngebiete (VLPFC).

29 | Siehe Pessoa L (2008) Nature Reviews Neuroscience.

Therapeutisch-nihilistische Behauptungen werden ignoriert

Psychopathie-Forscher Kent Kiehl freilich beurteilt die Relevanz seiner fMRT-Studien ganz anders. Der robuste Befund einer verminderten *Amygdala*-Antwort auf emotionale Reize ist für den Psychologen ein klarer Beweis dafür, dass die Gehirne von Psychopathen »anders« seien und sie deshalb nicht oder nur bedingt für ihre Taten verantwortlich gemacht werden könnten. Eine Sichtweise, die keineswegs von allen Experten geteilt wird: »Psychopathen sind aus juristischer und psychiatrischer Sicht geistig gesund«, befindet beispielsweise Kiehls früherer Doktorvater Robert Hare, ein renommierter Pionier der Psychopathieforschung. »Sie verstehen die Regeln der Gesellschaft und die herkömmliche Bedeutung der Begriffe ›richtig‹ und ›falsch‹. Folglich können sie auch für ihre Taten zur Verantwortung gezogen werden.«[30] Hare macht den bildhaften Vergleich mit einem Farbenblinden an einer roten Ampel. Dieser könne die Farbe zwar nicht erkennen, bleibt aber trotzdem stehen, weil er sieht, dass das oberste Licht an ist. Dazu kommt, dass bei weitem nicht jeder Psychopath auch Straftaten begeht. Gewisse psychopathische Züge wie Rücksichtslosigkeit und kompromisslose Durchsetzung der eigenen Ziele kann einer beruflichen Karriere sogar förderlich sein. Man spricht dann gerne von den »white collar psychopaths«.

Auch die Frage, ob sich neurowissenschaftliche Erkenntnisse zur Psychopathie irgendwann einmal in klinisch relevante Therapie-Verbesserungen übersetzen lassen, wird von Fachleuten unterschiedlich beurteilt. Es dominiert aber Skepsis. Wie die Feldforschung des Medizinsoziologen Martyn Pickersgill ergeben hat, »sehen selbst Spezialisten zu neurologischen Aspekten von Persönlichkeitsstörungen die Neurowissenschaften nicht notwendigerweise als Antwort auf die klinischen, ethischen und politischen Probleme durch antisoziale Persönlichkeitsstörung und Psychopathie.«[31] Einige der Psychopathie-Spezialisten, die Pickersgill in seiner Untersuchung befragt hat, beklagen gar, dass »therapeutisch-nihilistische und reduktionistische Behauptungen einer linear abhängigen Beziehung zwischen Gehirn, Persönlichkeit und Verhalten« für ihre Arbeit alles andere als hilfreich seien. Argumente wie »nun ja, wir können sowieso nichts für sie tun, weil sie ja ihren Frontalcortex nicht nachwachsen lassen können« würden sie deshalb ganz einfach ignorieren.[32]

Würde sich eine vorsorgliche fMRT-Untersuchung von Psychopathieverdächtigen vielleicht zur Verbrechensverhinderung durch Früherkennung eignen? Da Psychopathen häufig intelligent sind und charmant auftreten können, ist es bisweilen schwierig, sie überhaupt als solche zu erkennen. Opfer fallen oft auf sie herein. Selbst in der Befragung durch einen geschulten Psychologen

30 | Zitiert in Thadeusz F (2010) Der Spiegel vom 15.1.

31 | Pickersgill M (2011) Sociology of Health and Illness, S. 456.

32 | Ebd., S. 459.

können Psychopathen unentdeckt bleiben. Eine hohe Zuverlässigkeit des Mess-
verfahrens einmal vorausgesetzt, wäre der Befund einer verminderten Reaktivi-
tät des limbischen Systems auf die Präsentation von emotional aufgeladenen
Bildern sicher ein starker Hinweis darauf, dass mit diesem Menschen etwas
nicht stimmt.

Aber was genau heißt das? Auch viele Individuen ohne auffälliges Gefähr-
dungspotenzial würden den Test nicht bestehen. Autisten möglicherweise. Und
selbst für den unwahrscheinlichen Fall, dass sich eines Tages aus einer bestimmten hirnfunktionellen Abweichung ein bestimmtes normabweichendes Verhalten ableiten ließe, klappt dies allenfalls im statistischen Gruppenvergleich. Auf
der Ebene der Einzelperson ist es völlig unmöglich, vorauszusehen, ob diese
bestimmte Person irgendwann in der Zukunft einmal ein Gewaltverbrechen begehen wird oder nicht. Wie schlecht eine präzise Deliktprognose im Einzelfall
funktioniert, ist aus Jahrzehnten Gerichtspraxis mit forensisch-psychiatrischen
Gutachten bekannt. Zu multifaktoriell und damit kaum prognostizierbar sind
die Gründe und Umstände, die zu einem Verbrechen führen. Ob die moderne
Neuro-Forensik mit ihrem Blick ins potenzielle Tätergehirn daran etwas ändern
kann, ist höchst fraglich. Auch wenn Jonathan Fanton, Präsident der amerikanischen *MacArthur Foundation* der Meinung ist, dass »die Neurowissenschaften
das System der Rechtssprechung so dramatisch verändern könnten wie die Einführung der DNA-Tests.«[33]

95 Prozent Falschdiagnosen

Ein äußerst gewagter Vergleich. Die forensische DNA-Analyse besticht nämlich
durch zwei grundlegende Eigenschaften, von denen alle neurowissenschaftlichen Untersuchungen Lichtjahre entfernt sind. Erstens lässt sich aufgrund
eines Merkmals – des genetischen Profils – auf genau *ein* Individuum (sowie
allenfalls auf dessen eineiige Zwillingsgeschwister) zurückschließen. Und zweitens hat der Test auch noch eine extrem hohe Spezifität. Menschliche Fehler
wie Probenvertauschung, Probenverunreinigung oder falsches Datenübertra-
gen ausgenommen, hat ein DNA-fingerprinting Vergleich zweier Proben eine
Zuverlässigkeit von weit über 99,9 Prozent.[34]

In den Neurowissenschaften sieht die Sache ganz anders aus. Das bislang
wohl beste Ergebnis in der Zuordnung eines hirnbiologischen Befunds zu
einem psychischen Störungsbild berichteten Christos Davatzikos und Kollegen

---

33 | Zitiert in Lynch Z (2009) »The Neuro Revolution«, S. 5.

34 | Zu forensischen Zwecken werden üblicherweise 8 bis 15 DNA-Regionen vergli-
chen. Die Wahrscheinlichkeit, dass zufällig zwei Personen ein identisches Muster aufweisen, liegt im Bereich von eins zu mehreren Milliarden (Cawood AH [1989] Clinical
Chemistry).

von der *University of Pennsylvania*.[35] Mit struktureller MRT untersuchten die Forscher die Gehirne von 69 schizophrenen Patienten und 79 gesunden Kontrollpersonen. Mit einem lernenden Computeralgorithmus, entwickelt aus dem multivariaten Vergleich der Hirndaten, gelang den Forschern im Nachhinein in etwa 80 Prozent der Fälle die richtige Zuordnung der Befunde.

Gar nicht so schlecht, würde man erst einmal denken. Doch das täuscht. Wie unzuverlässig diese morphometrische Schizophrenie-Diagnose in der wahren Welt funktionieren würde, hat ein statistisch versierter *Nature*-Leser in einem Kommentar zu Davatzikos Studie ausgerechnet:[36]

Angenommen, 10.000 Leute würden mit der obigen MRT-Methode auf Schizophrenie diagnostiziert. Die Verbreitung in der Bevölkerung beträgt ein Prozent, also leiden 100 dieser Menschen tatsächlich an Schizophrenie. Von diesen 100 Schizophrenen würden aufgrund der berichteten Methoden-Spezifität und -Sensitivität[37] 74 Personen richtig diagnostiziert werden und 26 fälschlicherweise als gesund durchgehen. Von den 9900 *gesunden* Personen würden 8643 zutreffend als gesund, aber 1367 Menschen (12,7 Prozent) fälschlicherweise als schizophren diagnostiziert werden. Insgesamt wäre eine mit dieser Methode diagnostizierte Schizophrenie also gerade mal in fünf Prozent aller getesteten Fälle richtig (74 von 1441). 95 Prozent der Fälle aber wären falsch positive Diagnosen. Was lernen wir aus dieser Rechnung? Gerade wenn ein verhältnismäßig selten vorkommendes Phänomen wie eine schwere Psychopathie »bewiesen« werden soll, müsste die Testmethode dazu eine Zuverlässigkeit im Bereich von 99,99 Prozent haben. Alles andere wäre eine Irreführung des Gerichts.

Sollte es entgegen allen Erwartungen eines Tages möglich sein, mit neurowissenschaftlichen Methoden eine Neigung für verbrecherisches Verhalten mit hoher Zuverlässigkeit nachzuweisen, würde dies Perspektiven der sozialen Kontrolle eröffnen, die bisher undenkbar waren. Oder wie es der Wissenschaftshistoriker Michael Hagner für die Neurowissenschaften ganz allgemein formuliert hat: »[...] es ist unübersehbar, dass die Hirnforschung am Beginn des 21. Jahrhunderts Instrumente in die Hand gespielt bekommen hat, mit denen der Traum von einer umfassenden Biologie des Geistes zu einem Alptraum menschlicher Selbstfesselung werden könnte.«[38] Wenn das menschliche Verhalten nämlich hirnfunktionell und neurochemisch vorbestimmt ist, »gibt es

35 | Davatzikos C, Shen D, Gur RC et al. (2005) Archives of General Psychiatry.

36 | Kommentar von Erik Strub; www.nature.com/news/2010/100317/full/464340a. html

37 | Die »Spezifität« einer Methode ist ein Maß dafür, wie viele gesunde Personen von einem Test tatsächlich als gesund erkannt werden (hohe Spezifität = wenig falsch Positive). Unter »Sensitivität« versteht man die Fähigkeit eines Tests, kranke Individuen tatsächlich als krank zu identifizieren (hohe Sensitivität = wenig falsch Negative).

38 | Hagner M (2006) »Der Geist bei der Arbeit«, S. 222.

keinen erkennbaren Grund mehr, nicht präventiv gegen jene vorzugehen, die als fest verdrahtete Übeltäter identifiziert wurden. Dieses Vorgehen könnte die Form von Überwachung, Inhaftierung oder Veränderung (durch Medikamente, Operation oder Implantationen) annehmen.«[39] Gar als eine Art pseudo-humanistischen Etikettenschwindel empfindet der Schweizer Strafrechtler Felix Bommer Aussagen der Hirnforscher Gerhard Roth und Wolf Singer, wenn diese von Prävention statt Repression und einem humaneren Umgang mit Straftätern sprechen: »Was hier auf samtweichen Pfoten daherkommt, ist in Tat und Wahrheit eine harte Strategie der Exklusion, die handelnde Subjekte zu Gefahrenquellen degradiert, die es zu bekämpfen gilt.«[40]

Die Geschichte mahnt zur Vorsicht

Man tut wahrscheinlich gut daran, sich mögliche Auswüchse einer radikal auf die Biologie reduzierten Sichtweise von Straftätern vor Augen zu führen. Wozu radikaler biologischer Reduktionismus in Kombination mit einem totalitären Umfeld führen kann, ist spätestens seit den 1930er Jahren klar. Ideologische Monstrositäten wie »Höherzüchtung«, »Rassenhygiene« oder »Ausmerzung unwerten Lebens« waren im damaligen Zeitgeist weitgehend akzeptierte Konzepte – und keineswegs alleinige Nazi-Ideologien. Dies zeigt sich zum Beispiel in einem Artikel der *Kölnischen Illustrierten Zeitung* vom Oktober 1931. Darin erklärt der Hirnforschungspionier Oskar Vogt[41] den Zweck des *Kaiser-Wilhelm-Instituts für Hirnforschung* und stellt gleich auch zukünftige Segnungen der Hirnforschung in Aussicht: »Das spezielle Ziel unseres Instituts ist die Höherzüchtung des geistigen Menschen, die Förderung sozial nützlicher und die Hemmung schädlicher Eigenschaften der einzelnen seelischen Persönlichkeit und im Rahmen dieses Strebens die Verhinderung sonst schicksalsmäßiger Entwicklung zum Geisteskranken und zum Verbrecher. [...] Wirklich wesentliche Umgestaltung einer Persönlichkeit und insbesondere eine Heilung oder Vorbeugung schwerer Geisteskrankheiten erwarten wir für die Zukunft nur von materiellen Einwirkungen auf das Gehirn.«[42] Vogt war aber nicht etwa, wie sich aufgrund der einleitenden Aussage vermuten ließe, ein Nazi, sondern überzeugter Sozialdemokrat. Deshalb wurde er 1937 auch von seinem Posten als

---

39 | Crawford MB (2008) The New Atlantis, S. 76.

40 | Bommer F. Festvortrag 2007 an der Universität Luzern; zitiert in Hardegger J (2009) »Willenssache«, S. 85.

41 | Oskar Vogt ist vor allem durch die Sektion des Gehirns von Lenin berühmt geworden. Er diagnostizierte bei Lenin eine ausgeprägte Dichte von Pyramidenzellen in Rindenschicht III und schloss daraus, der Anführer der russischen Revolution müsse ein »Assoziationsathlet« gewesen sein.

42 | Vogt O (1931) Kölnische Illustrierte Zeitung vom 24.10.

Institutsdirektor enthoben. Nicht zuletzt die als Medizin und Wissenschaft getarnten Verbrechen der Nazizeit haben dazu geführt, dass biologische Ansätze in der Kriminologie nach dem Zweiten Weltkrieg für lange Zeit tabu waren. Stattdessen waren soziologische Deutungen wie beispielsweise die »Labelling Theorie« von abweichendem Verhalten hoch im Kurs.[43]

Böse oder krank?

Sollte sich die heute noch umstrittene Sichtweise durchsetzen, dass nicht Personen Verbrechen begehen, sondern ihre Gehirne, würde uns eine wahrhaft dramatische Verlagerung der Kampfzone bevorstehen. Bislang waren kriminelle Handlungen eigenverantwortlich begangene moralische Verfehlungen. In der Regel verübt aus egoistischen Motiven: Geldgier, Eifersucht, Rache oder Triebbefriedigung. Anerkennt man aber eine angeborene oder erworbene Störung des Gehirns als eigentliche Ursache für eine Straftat, so erfolgt eine Umdeutung vom moralischen Versagen zum medizinischen Problem. Die Tat selbst wird zum pathologischen Verhalten, ein Verbrechen zum Symptom einer Gehirnerkrankung. Wie naheliegend dann eine (Zwangs-)Therapie mit Medikamenten oder auch neurotechnologischen Interventionen wäre, lässt das folgende Beispiel aus einem eng verwandten Gebiet erahnen.

Verlagerung der Kampfzone[44]

In dem von den Amerikanern gleichermaßen leidenschaftlich wie erfolglos geführten Kampf gegen die Drogensucht hat jüngst eine Umetikettierung vom moralischen Versagen zur Krankheit stattgefunden. Ein kurzer Rückblick: Präsident Nixon persönlich war es, der 1971 den Drogen den Krieg erklärte. Damals hatte man noch große Ziele. Nicht weniger als die totale Ausrottung des Drogenübels sollte erkämpft werden. Zum Wohl der nationalen Volksgesundheit wurden drogenfreie Familien, drogenfreie Gemeinden und letztendlich ein drogenfreies Amerika angestrebt. Seit kurzem aber zeichnet sich ein echter Modernisierungsschub im Krieg gegen Drogen ab. Auffälliges äußeres Zeichen der neuen Strategie ist eine Umetikettierung.

---

43 | »Devianz ist nicht die Tat an sich, sondern vielmehr die Konsequenz der Anwendung von Regeln und Sanktionen auf einen »Straftäter«. Der Deviante ist derjenige, auf den das Label erfolgreich übertragen wurde; deviantes Verhalten ist Verhalten, das als solches definiert wurde.« (Becker HS [1963] »Outsiders«).

44 | Der folgende Beitrag zur Entwicklung von Antidrogen-Impfstoffen wurde auszugsweise veröffentlicht in Hasler F (2006) Magazin der Universität Zürich und Hasler F (2006) Standpunkte.

Die amerikanische Regierung, die noch bis vor kurzem allem vermeintlich Bösen reflexartig erst einmal den Krieg erklärt hat – »war on terrorism«, »war on cancer«, »war on pain« – ist von ihrer martialischen Rhetorik abgerückt. An Stelle des Feindes, der besiegt werden muss, tritt die schwere Krankheit, die es auszumerzen gilt. General Barry McCaffrey, Vietnam- und Golfkrieg erprobter ehemaliger Chefdrogenbekämpfer unter Präsident Clinton, hat 1997 die Krankheits-Metapher eingeführt: »Eine angemessenere Analogie für das Drogenproblem ist der Krebs.« Denn »Drogenmissbrauch«, so McCaffrey in einem offiziellen Regierungsbericht, sei ein »heimtückischer Krebs«, der »das Potenzial unserer Bürger zu vollem Wachstum und voller Entwicklung schwächt.«[45] Das amerikanische *Zentrum für kognitive Freiheit und Ethik* vertritt in seiner Analyse »Pharmakotherapie und die Zukunft des Drogenkriegs«[46] hingegen die Ansicht, McCaffrey's Vergleich mit Krebs sei genau kalkuliert. In den Worten der Essayistin Susan Sontag: »Ein Phänomen als Krebs zu beschreiben ist eine Anstiftung zur Gewalt. Der Gebrauch von Krebs im politischen Diskurs fördert den Fatalismus und rechtfertigt schwerwiegende Maßnahmen.«[47]

Krankheiten behandelt man bevorzugt mit Medikamenten. Genau dies soll in Zukunft auch für den »Drogenkrebs« gelten. Anstelle des äußeren Kriegs gegen Rauschgiftmafia und Drogendealer könnten die *drug warriors* der Zukunft ihren Kampf direkt in den Körper des Drogenkonsumenten verlagern. Der Schlüssel dazu sind die neuartigen Antidrogen-Wirkstoffe, die gegenwärtige in einer ganzen Reihe von Pharma-Labors entwickelt werden. Einige Antidrogen-Medikamente für die pharmakologische Schlacht stehen bereits heute zur Verfügung. So können spezifische Hirnrezeptor-Blocker die Drogenwirkung direkt am Zielorgan verhindern. Dieses Prinzip ist nicht neu. Der Opiat-Antagonist *Naloxon* beispielsweise wurde von *Merck DuPont* schon in den 1970er Jahren auf den Markt gebracht. Durchaus innovativ sind allerdings die Bemühungen von *Drug Abuse Sciences*, eine lang wirksame Depotform dieses Medikaments zu entwickeln. Im Erfolgsfall könnte damit die Heroinwirkung über Wochen bis Monate ausgeschaltet werden. Ähnlich wie Depot-Gestagene in der Schwangerschafts-Verhütung soll der »Heroin-Schutz« dann nur noch sporadisch aufgefrischt werden müssen.

Prophylaktische Impfung gegen Drogensucht

Bedeutsamer für die zukünftige Pharmakotherapie der Sucht dürften aber die Drogen-Impfungen sein, die sich zur Zeit noch in der Entwicklung befinden.

---

45 | »Drug Control Strategy: An Overview.« In The National Drug Control Strategy: 1997. The White House. www.ncjrs.org/htm/chapter1.htm#overview
46 | www.cognitiveliberty.org/pdf/Pharmacotherapy%202004.pdf
47 | Sontag S (1990) »Illness as Metaphor and AIDS and Its Metaphors«, S. 83.

Passgenaue Moleküle, so das Konzept, sollen im Blutstrom patroullieren und an die zu neutralisierende Droge binden. Das High bleibt aus, weil die Drogenmoleküle durch das Ankoppeln zu groß geworden sind, um die Blut-Hirnschranke zu überwinden. Wie für die klassische Impfung gegen Krankheitserreger stehen auch hier zwei Strategien zur Verfügung. Antikörper können entweder direkt gespritzt werden, welche dann für vielleicht einen Monat im Körper bleiben, oder bestimmte Präparate können im Körper eine Immunantwort gegen die auszuschaltende Droge erzeugen.

Mit zwölf Millionen Dollar hat die Drogenbehörde *NIDA* bereits die Pharmafirma *Xenova* unterstützt, damit diese ihren Anti-Kokainimpfstoff *TA-CD* in die klinische Prüfung bringt. In entsprechenden Tests an Freiwilligen hat *TA-CD* schon eine mehrere Monate anhaltenden Immunität gegen die Kokainwirkung gezeigt. Die Firma *Nabi Biopharmaceuticals* wollte mit ihrer Anti-Nikotinimpfung *NicVAX* ein großes Geschäft machen. Wirksamkeit und Risikoprofil von *NicVAX* wurden in mehreren klinischen Studien an ausstiegswilligen Rauchern erprobt. Die ersten Ergebnisse waren ermutigend. Bereits im Jahr 2000 wies ein führender *NIDA*-Beamter im offiziellen Mitteilungsblatt darauf hin, dass *NicVAX* nicht nur für Personen hilfreich sei, die das Rauchen aufgeben wollen, sondern sogar prophylaktisch bei Menschen eingesetzt werden könnte, die noch gar nie geraucht haben: »*NicVAX* könnte sich als Impfung gegen Nikotinsucht bewähren, ähnlich wie Impfstoffe, die Kinder vor Tetanus, Masern und Kinderlähmung schützen«, so der *NIDA*-Offizielle.[48] Die Zukunft von *NicVAX* ist allerdings unsicher, seit *Nabi Biopharmaceuticals* im Juli 2011 verlauten ließ, dass die erste ihrer zwei geplanten Phase-III Studien nicht die erhofften Ergebnisse brachten.[49]

Sollten sich Antidrogen-Impfungen eines Tages als machbar und wirksam erweisen, könnten diese sicher einen Beitrag zur Bewältigung des Suchtproblems leisten. Allerdings müsste die Anwendung dieser Impfungen auf freiwilliger Basis gewährleistet werden können. Aber genau das ist äußerst fraglich. Gerade die offizielle Sichtweise des amerikanischen *Office of National Drug Control Policy* (ONDCP) gibt diesbezüglich wenig Anlass zur Hoffnung. Bereits in dessen Strategiepapier von 2003 mit dem Titel »Amerikas Drogenkonsumenten heilen« werden Drogenbenutzer explizit als die »primären Überträger der (Drogen-)Seuche« bezeichnet: »Die Krankheit breitet sich aus, weil die Ansteckungsvektoren nicht die Süchtigen in den Straßen sind, sondern Konsumenten, die noch nicht die Auswirkungen ihrer Drogengewohnheiten zeigen. Im vergangenen Jahr haben etwa 16 Millionen Amerikaner mindestens monatlich illegale Drogen konsumiert, während 6,1 Millionen Amerikaner eine Therapie benötigten. Die anderen, die sich noch in der »Honeymoon«-Phase

48 | Shine B (2000) NIDA Notes.
49 | Nabi Biopharmaceuticals (2011) News release vom 11.7.; www.nabi.com.

ihrer Drogenkarriere befinden, sind Überträger, die andere mit der Krankheit anstecken.«[50]

Mitfühlende Nötigung

In einem anderen Positionspapier der Drogenbeamten aus dem Weißen Haus wird das Konzept des »mitfühlenden Zwangs« erörtert: »Die überwältigende Mehrheit der Konsumenten mit Abhängigkeit oder Missbrauch sieht selbst nicht ein, dass sie eigentlich eine Behandlung bräuchten. [...] Sie verleugnen die Probleme.«[51] Dieser Sachverhalt aber legitimiere auch den Einsatz fürsorgerischer Zwangsmaßnahmen, so der Bericht weiter: »Personen, die eine Drogentherapie brauchen, können sich glücklich schätzen, wenn sie auf die mitfühlende Nötigung aus der Familie, von Freunden, Arbeitgebern oder der Strafjustiz stoßen. Dieser Druck braucht keine Entschuldigung. Die Gesundheit und Sicherheit des süchtigen Individuums sowie der Gesellschaft erfordern dies.«[52]

Besonders gefährdet, in den zweifelhaften Genuss mitfühlender Nötigung zu kommen, dürften die Strafgefangenen sein. Von den 2,4 Millionen Häftlingen in amerikanischen Gefängnissen (Stand 2011) sitzt etwa ein Drittel wegen Drogenvergehen ein. Naheliegend, dass diese Sträflinge unter dem Vorwand der »Rehabilitation« auch gegen ihren Willen zwangsmediziert werden könnten. Auch auf Bewährung ausgesetzte Strafen könnten an die Bedingung geknüpft werden, sich gegen Drogen impfen zu lassen.

Das *Zentrum für kognitive Freiheit und Ethik* zeigt sich auch besorgt darüber, dass Sozialhilfe-Empfänger genötigt werden könnten, sich einer Zwangspharmakotherapie zu unterziehen, wenn sie weiterhin staatliche Unterstützung erhalten wollen. Obwohl eine behördliche Untersuchung zum Schluss gekommen ist, dass Fürsorgebezüger nicht mehr Drogen konsumieren als der amerikanische Durchschnitt, hat sich das Vorurteil drogenkonsumierender Sozialhilfe-Empfänger in den USA bis weit hinauf in den Administrations-Apparat gehalten. Denkbar wäre natürlich auch, von staatlicher Stelle aus zusätzliche finanzielle Anreize zu bieten, wenn Leute dafür bereit sind, sich gegen Drogen impfen zu lassen. Es kann bezweifelt werden, ob ein aus Armut geborener, ökonomisch motivierter Entschluss zur Antidrogentherapie dann noch als wirklich freiwillig gelten kann.

Denkbar wäre auch – die tatsächliche Wirksamkeit der Impfungen vorausgesetzt – dass Neuro-Cops der fernen Zukunft ganze Schulklassen in Problemgegenden prophylaktisch durchimpfen lassen. Drogen hätten dann, wie beabsichtigt, den Status von Infektionskrankheiten. Viele besorgte Eltern würden

---

50 | National Drug Control Strategy: Update (2003) The White House.
51 | National Drug Control Strategy (2002) The White House.
52 | Ebd..

dies sicher begrüßen. So könnte es sein, dass das Kalkül der amerikanischen Drogenkontrollbehörde aufgeht und der unter neuem Namen geführte alte Drogenkrieg doch noch Wirkung zeigt. Schon 2003 gab das amerikanische *Büro für Nationale Drogenkontroll-Strategie* nämlich eine neue Losung mit oberster Priorität heraus:»Drogenkonsum beenden, bevor er anfängt«.[53] Und die neuen Antidrogen-Wirkstoffe könnten die perfekten Werkzeuge sein, um»Drogenkonsum zu beenden, bevor er anfängt«.

Die forensische Neurologie sucht noch

Während Alkohol- und Drogensucht bereits als Erkrankungen des Gehirns verstanden werden, will die ebenfalls angestrebte Medikalisierung von kriminellem Verhalten nicht so recht vorankommen. Dazu fehlt ganz einfach die wissenschaftliche Basis. Die»Tatort-Gehirn« Autoren Markowitsch und Siefer liegen eben falsch, wenn sie sagen,»Neurowissenschaftler [hätten] faszinierende und sehr eindeutige Zusammenhänge darüber zusammengetragen, wie die Schädigung mancher Regionen des Gehirns, Fehlfunktionen des Stoffwechsels oder aus der Balance geratene Botenstoffe zu psychischen Symptomen führen können, die Persönlichkeitsveränderungen bis hin zum Serienmörder begünstigen.«[54]

Diese Zusammenhänge sind alles andere als»sehr eindeutig«. Trotz intensiver Forschungsanstrengungen konnte die forensische Neurologie bis heute keine spezifischen neuronalen Korrelate oder eindeutige genetische Merkmale für kriminelles Verhalten finden. Wahrscheinlich, weil es diese einfach nicht gibt. Dementsprechend fehlen auch die viel diskutierten»Biomarker«, anhand derer sich eine biologisch bedingte kriminelle Neigung erkennen ließe. Auch *University of Cambridge*-Neurowissenschaftler Dean Mobbs und seine Kollegen kamen 2007 in ihrer Übersichtsarbeit»Recht, Verantwortung und das Gehirn« zum Schluss, dass es»[...] noch keine konkreten biologischen Marker – weder genetische noch physiologische – gibt, die solches [antisoziales und psychopathisches] Verhalten vorhersagen können.«[55]

Ob sich überhaupt jemals solche Marker werden finden lassen, ist fraglich. Der bislang robusteste Biomarker mit potenziell strafrechtlicher Relevanz ist das Enzym Monoamino-Oxidase A.[56] Mehrere Studien haben nämlich gezeigt, dass Träger einer bestimmten Genvariante dieses Enzyms zu antisozialem Ver-

---

53 | National Drug Control Strategy (2003) The White House.

54 | Markowitsch HJ, Siefer W (2009)»Tatort Gehirn«, S. 11.

55 | Mobbs D, Lau HC et al. (2007) Public Library of Science Biology.

56 | Das Enzym MAO-A ist unter anderem für den Abbau der Neurotransmittoren Dopamin, Serotonin und Noradrenalin zuständig.

halten neigen.[57] Allerdings nur dann, und das ist das Interessante, wenn sich biografisch Gewalt- oder Missbrauchserfahrungen in der Kindheit finden lassen. Verläuft die kindliche Entwicklung normal, scheinen die MAO-A-Genvarianten für das Verhalten im Erwachsenenalter keine Relevanz zu haben.

Ein Modellbeispiel für eine Gen-Umwelt-Interaktion. Weder die Anlage noch die Umwelt bestimmen den Menschen, sondern ihr Zusammenspiel. Biologie ist eben nicht Schicksal und eine bestimmte Genvariante für sich allein sagt noch gar nichts aus. Zudem öffnet sich hier der Raum für soziale Interventionen. Die (probabilistisch) ungünstigere Genvariante lässt sich nicht ändern, vielleicht aber lassen sich weitere traumatisierende Erfahrungen in einer missbräuchlichen Familie abwenden. Und mit gutem Grund beschäftigt sich der Psychologiezweig der Resilienzforschung mit der Frage, wieso einige Menschen, die in der »Lotterie der Natur«[58] eine lausige Karte gezogen haben, später trotzdem ein erfülltes Leben führen, während andere unter den gleichen Umständen psychisch krank oder kriminell werden.

Einen wirklich robusten und nicht zu widerlegenden Zusammenhang zwischen genetischer Ausstattung und der Wahrscheinlichkeit, eine Gewalttat zu begehen, gibt es allerdings. Zweifelsfrei überführt: Das Y-Chromosom. Schließlich begehen Männer 90 Prozent aller schweren Gewaltverbrechen und über 99 Prozent aller Vergewaltigungen. Sämtliche Männer dieser Welt zur Verbrechensprävention in lebenslanger Sicherheitsverwahrung unterzubringen wäre zwar ein hoch effektive, aber irgendwie trotzdem nicht überzeugende Lösung.

»Gehirne töten keine Menschen. Menschen töten Menschen«[59]

Wie trostlos die Biographien von Gewalttätern in der Realität aussehen, hat Dorothy Lewis von der *Yale University* eindrücklich in einer Untersuchung bei 18 Jugendlichen aufgezeigt, die in Texas wegen Mordes auf ihre Hinrichtung warten.[60] Bis auf einen kamen alle jugendlichen Todeskandidaten aus »extrem gewalttätigen und/oder missbräuchlichen Familien, in denen psychische Störungen seit mehreren Generationen weit verbreitet waren.«[61] 83 Prozent dieser Männer, die noch vor Erreichen des 18. Lebensjahrs einen Menschen ermordet hatten, zeigten Anzeichen und Symptome einer bipolaren Störung, einer schizoaffektiven Erkrankung oder einer Hypomanie. Viele haben schon im Kindes-

---

57 | Caspi A, McClay J, Moffitt TE et al. (2002) Science; Frazzetto G, Di Lorenzo G, Carola V et al. (2007) Public Library of Science One.

58 | Rawls J (1971) »A Theory of Justice«.

59 | Morse SJ; zitiert in Hughes V (2010) Nature, S. 342.

60 | Lewis DO, Yeager CA, Blake P et al. (2004) Journal of the American Academy of Psychiatry and the Law.

61 | Ebd., S. 408.

alter Alkohol und Drogen genommen, teilweise verabreicht von den eigenen Eltern. Und bei allen neuropsychologisch und neurologisch untersuchten Gewalttätern fanden Lewis und Kollegen Anzeichen einer Störung der Funktion des *präfrontalen Cortex*. Das desillusionierende Ergebnis ihrer Untersuchung fasst die Psychiaterin so zusammen: »Wir fanden uns [...] in der Gesellschaft einer jämmerlichen Gruppe intellektuell beschränkter, gestörter, halb verrückter, gelegentlich explosiver Verlierer. Lange bevor diese Männer in der Todeszelle gelandet waren, hatten ihre ähnlich eingeschränkten, primitiven und impulsiven Eltern sie auf die einzige Weise erzogen, die sie kannten. Diese rohen Eltern hatten die Bühne bereitet, auf der unsere verurteilten Subjekte jetzt ihren letzten Akt spielten. Es war ein Drama, das seit Generationen geschrieben wurde.«[62] Am wenigsten Schuld an den Morden dieser Jugendlichen, so scheint es, hatte die Biologie ihrer Gehirne.

Das Hirnüberschätzungs-Syndrom

Wohl nicht ganz unbegründet diagnostiziert Stephen Morse von der *University of Pennsylvania Law School* das gegenwärtig epidemische Umsichgreifen eines »Hirnüberschätzung-Syndroms«, das »diejenigen trifft, die von den faszinierenden neuen Entdeckungen der Neurowissenschaften angesteckt sind«[63] (siehe Eingangszitat). Gemäß dem Rechtswissenschaftler und Psychologen in Personalunion sind Neuroimaging-Studien »die wichtigsten Pathogene« zur Verursachung des »Hirnüberschätzungs-Syndroms«, das im Endstadium dazu führt, dass »Aussagen über das Verhältnis von Gehirn und Verantwortung gemacht werden, die weder logisch noch empirisch haltbar sind.«[64] Für Morse ist die Sache klar: »Es gibt nichts Neues an den neurowissenschaftlichen Vorstellungen von Verantwortlichkeit. Nur eine weitere materialistische, kausale Erklärung des menschlichen Verhaltens. Wie unterscheidet sich diese von der Chicagoer Schule der Soziologie, die versuchte, menschliches Verhalten im Hinblick auf Umwelt und soziale Strukturen zu erklären? Wie unterscheidet es sich von genetischen oder psychologischen Erklärungen? Bei der Neurowissenschaft ist einzig anders, dass wir hübschere Bilder haben und es wissenschaftlicher aussieht.«[65]

---

62 | Zitiert in Markowitsch HJ, Siefer W (2009) »Tatort Gehirn«, S. 168.

63 | Morse SJ (2006) Ohio State Journal of Criminal Law, S. 397.

64 | Ebd., S. 406.

65 | Morse SJ; zitiert in Rosen J (2007) New York Times vom 11. 3.

9. Neuro-Recht.
Hirn-Scanner im Gerichtssaal

Die größte Bedrohung für die individuelle Freiheit könnte nicht von der Eignung von Scannern ausgehen, versteckte Gedanken zu offenbaren, sondern vom falschen Glauben daran, dass die Ergebnisse von Hirn-Scans zuverlässig sind.[1]

Was hat man nicht schon alles versucht, um Gehirnen verstecktes Wissen zu entlocken. Die Folter als Methode zur Erpressung von Geständnissen oder dem Preisgeben von geheim gehaltenem Wissen ist natürlich ein Klassiker durch alle Zeiten und Kulturen. Unter Qualen und Todesangst »extrahierte« Informationen sind allerdings meist nicht viel wert. Auch Verhördrogen und »Wahrheitsseren« – von Alkohol über Scopolamin und Thiopental bis zu Meskalin und LSD – bewährten sich in der Praxis nicht. Hier wurde es nämlich schwierig, zwischen Phantasie, Delirium, toxischem Wahn und einer tatsächlich preisgegebenen Information zu unterscheiden. Bis heute gibt es kein zuverlässiges Verfahren – ethisch vertretbar oder nicht – um einem unkooperativen Gehirn gezielt verborgenes Wissen zu entlocken.

Mit der Erfindung des Lügendetektors vor knapp hundert Jahren schien es immerhin möglich, nachzuweisen, ob jemand bei der Beantwortung von Fragen die Wahrheit sagt oder nicht. Das Prinzip des Polygraphen besteht aus der Aufzeichnung physiologischer Parameter, die durch Nervosität während einer Befragung verändert werden. Typischerweise sind dies Blutdruck, Puls, Atemfrequenz und die elektrische Leitfähigkeit der Haut. Das Messprinzip beruht auf der Annahme, dass Lügen Stress verursacht und dieser Stresszustand nachgewiesen werden kann.

In dieser durchaus plausiblen Grundannahme liegt allerdings auch das Problem des Verfahrens. Im Ernstfall verursacht schon die Untersuchung selbst einen enormen Stress – bei schuldigen Verbrechern genauso wie bei unschuldig Verdächtigten. Ein Umstand, der in konsequenzlosen Laboruntersu-

---

1 | Olson S (2005) Science, S. 1550.

chungen kaum simuliert werden kann. Umgekehrt kann man auch trainieren, einen Polygraphentest zu bestehen. Zu Zeiten des kalten Krieges hatte es jeder nur halbwegs brauchbare Geheimagent drauf, einen Lügendetektortest zu bestehen. Und gerade ein schwer emotionsgestörter und angstloser Psychopath hat schon von Natur aus kaum Probleme mit einer Polygraphenuntersuchung.

Weil der Test nur unspezifische Erregung und Nervosität misst, nicht aber spezifisches Lügen, wird dem Verfahren mangelnde Wissenschaftlichkeit vorgeworfen. Bereits 1923 beschloss daher der *Oberste amerikanische Gerichtshof*, dass der Polygraph vor Gericht nicht zulässig sei. Es gäbe keinen wissenschaftlichen Beleg für die Richtigkeit und Zuverlässigkeit der Messungen. 1954 verbietet auch der *Deutsche Bundesgerichtshof* den Einsatz von Lügendetektoren. Und zwar im Strafprozess selbst, wie auch bei den Vorermittlungen.[2]

Mit Neurowissenschaft gegen Eheprobleme

Heute, im Zeitalter des Neuroimagings, soll der wissenschaftsbasierten Lügenerkennung doch noch der Durchbruch gelingen. Bereits seit einigen Jahren bieten US-Firmen wie *Cephos* und *No Lie MRI* zahlungskräftigen Kunden an, mittels funktioneller Magnetresonanztomographie »Täuschungen und andere im Gehirn gespeicherte Informationen nachzuweisen.«[3] *No Lie MRI* wirbt auf ihrer Internetseite damit, ihre Technologie sei »die erste und einzige direkte Methode zur Wahrheitsprüfung und Lügendetektion in der Geschichte der Menschheit.«[4] Mit über 90 Prozent veranschlagt *No Lie MRI* die gegenwärtige Richtigkeit ihrer Methode. Und stellt sogar 99 Prozent Trefferquote in Aussicht, wenn die Methodenentwicklung einmal abgeschlossen sei. Freilich, ohne weder die eine noch die andere Zahl irgendwie belegen zu können. Die Firma von CEO Joel Huizenga empfiehlt sich nicht nur für juristische Belange, sondern auch zur »Risikoreduktion bei der Partnerwahl« und ganz allgemein bei »Vertrauensangelegenheiten in zwischenmenschlichen Beziehungen.«[5] Mit neurowissenschaftlichen Methoden, so die Botschaft von *No Lie MRI*, lässt sich sogar der lästige Vorwurf sexueller Untreue aus dem Ehebett schaffen. Vorausgesetzt natürlich, man kann es sich leisten. Mindestens zweitausend Dollar muss man gegenwärtig für eine Untersuchung inklusive Testauswertung auslegen.

---

2 | BGH Urteil vom 16. 2. 1954, Az. 1 StR 578/53, BGHSt 5, 332, 335.
3 | http://noliemri.com
4 | Ebd.
5 | Ebd.

Kunstvoll Lügen ist anstrengend

Die Lügendetektion per Hirn-Scan basiert auf der Annahme, dass lügen kognitiv anstrengender und somit für das Gehirn aufwändiger ist, als einfach die Wahrheit zu sagen. Auch subjektiv gefühlt ist dies sicher so. Wer es schon einmal versucht hat, wird dem zustimmen. Gerade bei kunstvoll elaborierten Lügen muss man furchtbar aufpassen, was man gerade sagt und zudem immer auf dem Schirm haben, was man bereits erzählt hat. Und dabei auch noch möglichst unverdächtig und entspannt wirken. Die größere kognitive Gesamtanstrengung beim Lügen, so die Theorie, äußert sich in einer stärkeren kortikalen Hirnaktivierung und in einem größeren zerebralen Energieverbrauch. Und diese anstrengungsbedingte Energie- bzw. Aktivierungsdifferenz ist mit der fMRT-Technologie im Prinzip quantifizierbar.

In der Praxis ist die Lage allerdings sehr viel komplizierter. Dies gleich aus mehreren Gründen. Da Lügen eben eine hochkomplexe kognitive Leistung ist, werden verschiedenste Areale des Gehirns und weit verteilte Netzwerke beansprucht. Ein spezifisches Lügenareal oder ein spezialisiertes Unwahrheiten-Netzwerk gibt es nicht, dessen Aktivierung sich zur Überführung heranziehen ließe. Bleibt also nur die allgemein vergrößerte zerebrale Aktivierung. Ohne Referenzwerte sagt eine globale Erhöhung des zerebralen Blutflusses beziehungsweise des Blutsauerstoffgehalts (was die fMRT faktisch misst) aber gar nichts aus. Genau wie früher beim Polygraphentest wird der Befragte auch im Scanner ziemlich sicher nervös und gestresst sein. Zumindest wenn im Ernstfall das Ergebnis der Testung darüber mitentscheidet, ob man freigesprochen oder verurteilt wird. Zudem ist die hirnphysiologische Variabilität zwischen den Menschen derart groß, dass man keine allgemein gültigen Normwerte definieren kann. Es gibt eben keine standardisierten Referenz-Aktivierungskarten für Lüge und Wahrheit, mit denen man einen einzelnen Befund vergleichen könnte. Deshalb bedient man sich der Methode der individuellen Kalibrierung. Der Versuchsperson im Scanner werden verschiedene Fragen gestellt, die sie gemäß Vorgabe des Untersuchers wahrheitsgetreu beziehungsweise unwahr beantworten soll.

Wobei »beantworten« schon viel gesagt ist. Der natürliche Sprechakt würde die fMRT-Aufnahme stören. Weshalb in der Praxis während der Messung nur per Knopfdruck Ja/Nein-Antworten auf Fragen gegeben werden, die auf einem Monitor eingeblendet sind.[6] Aus den aus vielen Durchläufen gemittelten Aktivierungswerten soll dann eine individuelle fMRT-Signatur des lügenden Ge-

---

6 | Erschwerend kommt hinzu, dass aus technischen Gründen der Signalkumulation die Fragen mehrfach wiederholt werden müssen. Die Lüge wird so zu einem repetitiven Mantra ohne den kognitiven Aufwand und die emotionale Beteiligung, die man eigentlich messen will; vgl. Goetz U (2007) Neue Zürcher Zeitung am Sonntag vom 9.9.

hirns erkennbar sein. Dann werden die tatsächlich interessierenden Fragen gestellt und die gemessene Hirnaktivität mit den persönlichen Kalibrationsdaten verglichen. Bei der Kalibrierungsmethode ist die Kooperation des Probanden zwingend erforderlich. Wie aber kann ein Untersucher sicherstellen, dass sich der Getestete an seine Vorgaben hält und stabil und zuverlässig lügt, beziehungsweise die Wahrheit sagt? Und sind erbetene, konsequenzlose Testlügen nicht auch hirnphysiologisch etwas völlig anderes als die nachgerade existenzielle Frage »Haben Sie Herrn G getötet?«

Problemzonen der Lügendetektion

Die meisten Neurowissenschaftler sind sich einig, dass es heute gerade einmal unter idealen Laborbedingungen möglich ist, aus Gehirnaktivierungsmustern halbwegs zuverlässig Lüge und Wahrheit zu unterscheiden. Aber selbst unter den normierten Bedingungen einer wissenschaftlichen Studie im Neuroimaging-Labor tun sich die Lügenforscher schwer, ihre eigenen Untersuchungsergebnisse in weiteren Studien zu replizieren.[7] Wie unlängst die *Harvard*-Wissenschaftler Joshua Greene und Joseph Paxton gezeigt haben, macht es bezüglich fMRT-Aktivierungsmuster nämlich gar keinen Unterschied, ob jemand lügt oder nur erwägt zu lügen und dann doch die Wahrheit sagt.[8]

Auch Lutz Jäncke, Psychologe an der *Universität Zürich*, äußert sich in einem Interview mit der *Neuen Zürcher Zeitung am Sonntag* skeptisch zur fMRT-Lügendetektion: »Es ist schon gar nicht so einfach, zu definieren, was eine Lüge ist. Ein verbrecherischer Soziopath ohne Unrechtsgefühl kann auch mittels fMRI nicht überführt werden, ebenso wenig wie ein Terrorist, der ja in der Regel von

---

7 | Sean Spence; zitiert in Narayan A (2009) Time Magazine vom 20.7.

8 | Greene JD, Paxton JM (2009) Proceedings of the National Academy of Sciences of the USA. In dieser Studie konnten sich Probanden im Scanner Geld erschummeln, indem sie im Nachhinein behaupteten, sie hätten den Ausgang von computergenerierten Münzwürfen richtig vorausgesehen. Traten unwahrscheinlich häufig »richtige« Antworten auf, ordneten die Forscher eine Versuchsperson der (großen) Gruppe der Unehrlichen zu. Aufschlussreich war dann der Vergleich der Hirnaktivitäten der beiden Gruppen von Versuchspersonen. Die durchwegs ehrlichen Probanden zeigten keine Unterschiede in der Hirnaktivierung zwischen Versuchsbedingungen, bei denen die Möglichkeit zur Lüge bestand und einer Kontrollbedingung, wo Lügen gar nicht möglich war. Im Gegensatz dazu war in der Gruppe der unehrlichen Probanden die gemittelte Gehirnaktivität in den Kontrollregionen des Stirnhirns gleich ausgeprägt bei Münzwürfen, die im Nachhinein als »richtig vorausgesehen« (also möglicherweise gelogen) oder »falsch vorausgesehen« (und somit wahrheitsgetreu) angegeben wurden. Schon gar nicht war es möglich, im Einzelfall aus der Hirnaktivierung abzuleiten, ob ein Münzwurf tatsächlich (zufällig) richtig oder nur durch Lügen »richtig« vorausgesehen wurde.

seinen Anstiftern einer Gehirnwäsche unterzogen wurde. Und selbst wenn bei Leuten, die mit schlechtem Gewissen lügen, gewisse Hirnareale aktiviert sind, so heißt dies noch gar nichts. Denn dieselben Hirnareale leuchten bei einer ganzen Reihe anderer Tätigkeiten ebenfalls auf. Da wird es beinahe unmöglich sein, eine Lüge herauszufischen.«[9] Auch Hank Greely, Co-Direktor des *MacArthur Foundation Law and Neuroscience Project* und die Medizinethikerin Judy Illes kommen in einer Übersichtsarbeit zum Schluss, dass der Einsatz von neurowissenschaftlichen Techniken zum Zweck der Lügendetektion außerhalb der Forschung verfrüht sei.[10]

Nach Durchsicht der wissenschaftlichen Literatur zur fMRT-Lügendetektion erkennen die Autoren mindestens sechs gravierende Problemzonen, die erst einmal saniert werden müssten, bevor an einen Einsatz außerhalb des Forschungslabors zu denken ist: »die kleine Anzahl der durchgeführten Studien, der Mangel an Replikationsstudien, die kleinen und zu homogenen Probandengruppen, die fehlende Übereinstimmung der aktivierten Hirnregionen, die Künstlichkeit der Lügenexperimente und die fehlende Prüfung der Wirksamkeit von Gegenmaßnahmen.«[11]

Aus ganz ähnlichen Gründen wie der alte Polygraph ist auch die neue fMRT-Technologie zur Lügendetektion nicht als Beweismittel vor Gericht zugelassen. Weder irgendwo in Europa, noch in den USA. Dabei gab es bereits eine ganze Reihe von Vorstößen in diese Richtung. Der bislang letzte Versuch, eine richterliche Zulassung für die Verwendung von fMRT-Lügendetektion zu bekommen, entstammt einem zivilrechtlichen Verfahren aus dem Jahr 2010.[12] Anwalt David Zevin klagte vor einem New Yorker Gericht, dass seine Mandantin Cynette Wilson von ihrem Zeitarbeits-Vermittlungsbüro keine Arbeit mehr zugeteilt bekommen hätte, nachdem sie sich über sexuelle Belästigung beklagt hatte. Der Hauptzeuge der Anklage sagte aus, sein Vorgesetzter bei der Zeitarbeitsfirma hätte ihm untersagt, Wilson weitere Arbeitseinsätze zu vermitteln. Die Personalagentur wies die Anschuldigung zurück.

Um zu beweisen, dass sein Zeuge die Wahrheit sagt, kontaktierte Anwalt Zevin die Firma *Cephos*, den Konkurrenten von *No Lie MRI*, der seine Lügendetektionstechnologie seit 2008 kommerziell anbietet.[13] Sicher nicht ohne Eigeninteresse war die Firma bereit, den fMRT-Lügendetektortest kostenlos durchzuführen. Gemäß *Cephos* bestand der Zeuge die Befragung im Scanner und sagt somit die Wahrheit. Als Beweismittel vor Gericht wurde das *Cephos*-Gutachten aber nicht zugelassen. Das Gericht folgte der Ansicht der Verteidigung, dass Ge-

9 | Goetz U (2007) Neue Zürcher Zeitung am Sonntag vom 9.9.

10 | Greely HT, Illes J (2007) American Journal of Law and Medicine.

11 | Ebd., S. 402.

12 | Madrigal M (2010) www.wired.com

13 | No Lie MRI ist bereits seit 2006 auf dem Markt.

schworene und nicht Maschinen für die Einschätzung der Glaubwürdigkeit von Zeugen zuständig seien. Auf eine wissenschaftliche Debatte über die grundsätzliche Zuverlässigkeit und Aussagekraft von Hirn-Scans wollte sich das Gericht gar nicht erst einlassen.

Richter Pham spricht ein Machtwort

Wenig später kam es mit einem juristischen Grundsatzentscheid für *Cephos* und Co. noch härter. Vom Bundesgericht des Staates Tennessee wurde im Rahmen eines Gerichtsverfahrens wegen Betrugs eine offizielle »Daubert Anhörung«[14] einberufen. Man wollte klären, ob fMRT-Lügendetektion in einem Verfahren als wissenschaftlicher Beweis gelten kann.[15] Nach Anhörung der Experten (*Cephos*-Direktor Steve Laken pro, die Neurowissenschaftler Marcus Raichle und Biostatistiker Peter Imrey contra) war es für Richter Tu M. Pham eine klare Sache. Sein Urteil: Nicht zulässig! Der Richter ließ verlauten, dass selbst eine oberflächliche Sichtung der wissenschaftlichen Literatur zeigt, dass der Antragsteller nicht nachweisen kann, dass die Verwendung von fMRT zur Bestimmung von Wahrheit oder Täuschung in der Fachwelt als zuverlässig akzeptiert ist. Auch seien bei Anwendung des Verfahrens außerhalb des Labors keine Fehlerraten bekannt.

Richter Pham zeigte sich zudem irritiert, dass einer der beiden Hirn-Scans, den die Verteidigung bei *Cephos* in Auftrag gegeben hatte, wiederholt werden musste. Dieser hatte nämlich zuerst nicht das gewünschte Ergebnis gezeigt.[16] Die Testauswertung durch *Cephos*-Chef Laken höchst persönlich legte nämlich nahe, dass der Untersuchte in einem der beiden Anklagepunkte gelogen hatte. Mit der Begründung, der Getestete sei »müde gewesen«, wurde die Untersuchung später wiederholt. Und siehe da, beim zweiten Mal wurde das von der Verteidigung erwünschte Resultat gefunden. Nach Richter Phams negativem Entscheid, detailliert dargelegt in einem 39-seitigen Bericht, dürfte die Sache vorerst vom Tisch sein. Aber nur, bis *Cephos* oder *No Lie MRI* in einem anderen Bundesstaat einen neuen Vorstoß wagt, um ihrem umstrittenen Verfahren doch noch das Vertrauenssiegel der Gerichtstauglichkeit zu verschaffen. Span-

---

14 | Gerichtsfall *United States vs. Semrau*. Der amerikanische Daubert Standard ist eine 1993 eingeführte Kriteriensammlung, die erfüllt sein muss, um eine Methode vor Gericht als wissenschaftlich zu akzeptieren. Die einzelnen Daubert-Kriterien sind: 1. Empirische Überprüfbarkeit: Lässt sich die Methode verifizieren oder falsifizieren? 2. Wurde die Methode in einer Fachzeitschrift mit peer review veröffentlicht? 3. Lässt sich die Zuverlässigkeit der Methode beziffern, zum Beispiel mit einer Fehlerrate? 4. Ist die Methode in der Fachwelt allgemein anerkannt?
15 | Lowenberg K (2010) Blog, Stanford Law School.
16 | Shen FX, Jones OD (2011) Mercer Law Review.

nend wäre auf jeden Fall, die Verantwortlichen von *Cephos* und *No Lie MRI* in ihren eigenen Scannern danach zu befragen, ob sie überhaupt selbst an die Sinnhaftigkeit ihrer Methoden glauben. Oder ob alles nur Lüge und kommerzielles Kalkül ist.

Lieber nicht zu lange hinsehen

Schon die gute alte Computertomographie hatte ihre großen Auftritte vor Gericht. In einer *Science*-Buchbesprechung präsentiert die *Yale*-Wissenschaftshistorikerin Bettyann Holtzmann Kevles ein prominentes Beispiel: »Nach John Hinckleys Mordversuch an Präsident Reagan im Jahr 1981 halfen CT-Scans den Neurochirurgen, sich der Verwüstung anzunehmen, die Hinckleys Kugeln anrichteten, als sie im Kopf des Pressesprechers James Brady zerplatzten. Im Jahr darauf benutzten Hinckleys Anwälte einen CT-Scan mit der Absicht, ein Schwurgericht in Washington D.C. davon zu überzeugen, dass Hinckley schizophren sein könnte, weil ein struktureller Defekt in seinem Gehirn mit CT-Bildern von Schizophrenen statistisch korreliert.«[17]

Dass die Verteidigung die CT-Bilder von Hinckleys Gehirn als Beweismittel für seine Unzurechnungsfähigkeit einbringen durfte, war aber sehr umstritten. Erst nach langwierigen Verhandlungen ließ Richter Barrington Parker die Präsentation von zwei ausgewählten CT-Scans im Gerichtssaal zu. Zudem erlaubte er die Diaprojektion der Bilder nur auf eine kleine Leinwand und untersagte, das Saallicht zu dimmen.[18] Auch Wissenschaftsanthropologe Joseph Dumit ist der Meinung, der Richter habe befürchtet, die Geschworenen könnten durch die Suggestivkraft der Bilder übermäßig beeinflusst werden: »Die Maßnahmen des Richters, gleichbedeutend mit ›Ihr dürft einen Blick erhaschen, aber nicht schauen‹ zeigen einen starken Glauben an die visuelle und wissenschaftliche Überzeugungskraft.«[19] Am 21. Juni 1982 wurde im Gerichtssaal das Urteil über Hinckley verlesen: Nicht schuldig wegen Unzurechnungsfähigkeit. Da die CT-Bilder lediglich Teil eines umfangreichen forensischen Gutachtens waren, ist schwer abzuschätzen, welchen Anteil diese Bilder am Erfolg der »insanity defense« der Verteidigung hatten.

Immerhin können die Neurowissenschaften als Ganzes für sich reklamieren, dazu beigetragen zu haben, dass der *Oberste Amerikanische Gerichtshof* im Jahr 2005 die Todesstrafe für Jugendliche unter 18 Jahren abgeschafft hat.[20] Im Verfahren *Roper vs. Simmons* haben Befürworter der Abschaffung der Todesstrafe bei jugendlichen Gewalttätern argumentiert, die Hirnforschung habe

---

17 | Holtzmann Kevles B (2004) Science, S. 1451.
18 | Dumit J (1999) Science in Context.
19 | Ebd., S. 175.
20 | Singh I, Rose N (2009) Nature.

gezeigt, dass die Myelinisierung der Neuronen im adoleszenten Gehirn noch nicht abgeschlossen und das Gehirn deshalb noch nicht ausgereift sei. Deshalb seien unter Achtzehnjährige nicht in ausreichendem Maß verantwortlich, um bei einem Kapitalverbrechen die Todesstrafe zu verdienen.

Dass die Todesstrafe bei Jugendlichen als besonders barbarischer und unzivilisierter Akt abgeschafft gehört, wird hierzulande kaum jemand bestreiten. Allerdings lässt sich einwenden, dass es überhaupt keine Neurowissenschaft gebraucht hätte, um zur Erkenntnis zu kommen, dass Jugendliche unreif und impulsiv sind und die Konsequenzen ihrer Handlungen ungenügend abschätzen können. Sämtliche Entwicklungspsychologen der Welt und alle Eltern von pubertierenden Teenagern werden dem voll zustimmen. In den meisten Ländern traut man es Jugendlichen ja auch nicht zu, verantwortungsvoll Auto zu fahren und setzt deshalb das Mindestalter für den Erwerb des Führerscheins bei 18 Jahren an. Mit ein wenig Spitzfindigkeit mag man sich zudem fragen, ob denn der Myelinisierungsgrad der Neuronen eines achtzehnjährigen Gehirns so viel anders ist als der eines Siebzehnjährigen, dass nun plötzlich von ausreichender Schuldfähigkeit ausgegangen werden kann.

Der Christbaum-Effekt

Im Jahr 2009 hatte auch die fMRT ihren ersten Gerichtstermin.[21] Eine Weltpremiere. Auch hier plädierte die Verteidigung auf Unzurechnungsfähigkeit. Der Angeklagte: Brian Dugan, mehrfacher Vergewaltiger und Mörder, seit Jahrzehnten im Gefängnis. Ein Psychopath erster Güte. Auf der »Hare-Psychopathie-Checkliste« – dem für solche Zwecke gebräuchlichen Diagnoseinstrument – kommt Dugan auf 38 von möglichen 40 Punkten. 99,5 Prozent seiner Mitgefangenen haben tiefere Werte. Um Dugan vor der Todesstrafe zu bewahren, wandte sich die Verteidigung an den Psychopathie-Spezialisten Kent Kiehl (siehe auch Kapitel 8). Die fMRT-Aufnahmen, die der Neuroimaging-Experte daraufhin von Dugans Gehirn machte, während ihm emotional belastende Bilder gezeigt wurden, deuteten erwartungsgemäß auf ein schweres Defizit in den emotionsverarbeitenden Arealen hin.

Aber auch in diesem Strafrechtsfall untersagte der Richter die unverfremdete Präsentation der Bildgebungsdaten vor den Geschworenen. Im Gerichtssaal durfte Gutachter Kiehl lediglich eine *PowerPoint*-Präsentation mit erklärenden Zeichnungen und Diagrammen verwenden. Dies wurde in einer Anhörung im Vorfeld der Verhandlung verfügt, weil Hauptankläger Joseph Birkett moniert hatte, die leuchtenden Farben und statistischen Begriffe könnte die Geschwore-

---

21 | Hughes V (2010) Nature.

nen – allesamt Nichtwissenschaftler – zu stark beeindrucken.[22] Ein Phänomen, das man in Fachkreisen gerne als »Christbaum Effekt« bezeichnet.[23]

Genützt hat Kiehls sechsstündiger Vortrag zu Gunsten des Angeklagten nichts. Die Geschworenen haben Serienmörder Dugan (»der letzte Mensch, für den man ein gutes Wort einlegen wollte«[24]) einstimmig zum Tod verurteilt. Vielleicht liegt dies auch daran, dass die Anklage am Tag nach Kiehls Aussagen mit dem *New York University*-Psychiater Jonathan Brodie einen überzeugenden Gegengutachter aufbieten konnte. Brodie hat mindestens zwei überzeugende Argumente vorgelegt, wieso Kiehls fMRT-Untersuchungen nichts beweisen.[25] Erstens die Timingfrage. Dugans Gehirn wurde erst 26 Jahre nach seinem ersten Mord untersucht. Ein aktueller neurologischer Befund lasse keinen Rückschluss darüber zu, was mit dem Gehirn des Angeklagten zum Tatzeitpunkt los gewesen sei. Zweitens seien Kiehls fMRT-Befunde über das Psychopathengehirn nur im statistischen Gruppenvergleich signifikant. Über ein einzelnes Individuum könne gar keine zuverlässige Aussage gemacht werden. An einem Beispiel erklärt Brodie den Geschworenen, was er meint: »Wenn Sie sich professionelle Basketballspieler anschauen, sind die meisten von ihnen groß. Aber nicht jeder über 1,98 ist Basketball-Profi.«[26]

---

22 | Ebd.

23 | Wie eine Studie neulich gezeigt hat, dürfte der tatsächliche Einfluss der bunten Hirnbilder auf die Geschworenen aber kleiner sein, als bislang angenommen (Schweitzer NJ, Saks MJ [2011] Behavioral Sciences and the Law).

24 | Thadeusz F (2010) Der Spiegel vom 19.1.

25 | Hughes V (2010) Nature.

26 | Ebd., S. 342.

10. Neuro-Skepsis statt Neuro-Spekulation

Wenn in unserer Zeit eine Reihe von prominenten und erfolgreichen Neurowissen-schaftlern den Eindruck erwecken, als wollten sie mit ihrem Ansatz alle Belange des Menschen in ein Korsett von Transmittern, Synapsen, Impulsen und neuronalen Ver-schaltungen stopfen [...], so bleibt festzuhalten, dass der fröhliche Optimismus zur Zeit die Tugend der skeptischen Bescheidenheit im Klammergriff hat. Und irgendwann wird es auch einmal wieder umgekehrt sein.[1]

Eine beachtliche Hellsichtigkeit zeigte der Neurologe Christoph Michel in einem Interview mit dem *Schweizer Fernsehen* vor nunmehr 20 Jahren: »Zu be-haupten, wir könnten Gedanken lesen, wir könnten die Seele erfassen – das sind Dinge, die nichts zu tun haben mit dem, was wir machen können und machen wollen. Und ich denke, dass dort ein wissenschaftlicher Missbrauch möglich ist, auch eine gewisse Arroganz und sogar eine Art wissenschaftlicher Betrug denkbar ist, wenn man solche Dinge behaupten würde.«[2] Was 1993 noch eine diffuse Befürchtung war, ist längst eingetreten. Die Hirnforschung ist zur Letztbegründungsinstanz geworden und erklärt nicht bloß ihren eigentlichen Untersuchungsgegenstand, sondern gleich auch noch die ganze Welt. Dies tut sie nicht selten mit einer Selbstsicherheit hart an der Grenze zur Arroganz. Besonders, wenn Hirnforscher aus ihren vermeintlichen Einsichten normative Schlussfolgerungen ziehen (»Strafrecht reformieren!«) oder einen Sachverhalt umfassend und abschließend erklären wollen.

Für solches Gebaren besteht aber herzlich wenig Veranlassung. Ganz be-sonders können es nicht die experimentellen Daten der »neuen Wissenschaften des Gehirns« sein, die ein solches Auftreten legitimieren würden. Allzu groß ist die Diskrepanz zwischen den proklamierten Erfolgen beziehungsweise der lebensweltlichen Relevanz und der Belastbarkeit der empirischen Daten. Wenn überhaupt einmal explizite experimentelle Hirnforschungsbefunde in den öf-fentlichen Diskurs eingeführt werden – und nicht bloß Behauptungen aufge-

1 | Hagner M (2006) »Der Geist bei der Arbeit«, S. 260.
2 | Schweizer Fernsehen (1993) »Neue Techniken in der Hirnforschung«.

stellt – erweisen sich diese Befunde meist als erstaunlich banal. Oder schon kurze Zeit später als erstaunlich falsch.

Seit 50 Jahren auf der Schwelle zum Durchbruch

Allzu oft bleibt nach der Lektüre eines neurowissenschaftlichen Fachartikels wenig mehr als die ernüchternde »Na und?«-Frage. Typischerweise enden viele dieser Publikationen mit ähnlichen, stets auf die Zukunft verweisenden Äußerungen. Beliebt ist die Standardfloskel, dass es zwar »noch großer Forschungsanstrengungen bedarf, um das Phänomen XY zu verstehen«, die sicher bald einmal gewonnenen »Einsichten in die zugrunde liegenden biologischen Prozesse« letztlich aber zur Entwicklung ganz neuer Anwendungen beziehungsweise Therapien führen werden. Gerne wird zur Rechtfertigung des Grabens zwischen Erklärungsanspruch und Datenlage auf Zeit gespielt. Noch stecke man zwar in den Anfängen, so die Erklärung, aber schon bald seien fundamentale Durchbrüche im Verständnis von Gehirn und Geist zu erwarten. Für die Wissenschaftshistoriker Michael Hagner und Cornelius Borck ist es geradezu »typisch für das Feld, dass ›bahnbrechende Resultate‹ unter Verweis auf die zwar bereits sehr fortschrittliche, aber noch nicht voll ausgereifte Technologie stets für eine nicht mehr ganz so ferne Zukunft in Aussicht gestellt werden.«[3]

Die Neurowissenschaften seien eine noch junge Disziplin, man solle doch einfach Geduld haben, lautet eine oft vernommene Botschaft. Trotz häufiger Äußerungen ein nur schwer nachvollziehbares Argument. Mir zumindest ist nicht klar, was denn die Hirnforschung von anderen medizinischen Forschungsrichtungen unterscheiden soll. Schließlich wurde das Gehirn auch nicht später entdeckt als die Leber oder das Herz. Und niemand würde behaupten, Hepatologie oder Kardiologie seien halt noch »junge Disziplinen«, man müsse ihnen deshalb noch Zeit einräumen, um ihren Untersuchungsgegenstand besser zu verstehen.

Rhetorisch stehen wir in der Hirnforschung schon seit 50 Jahren ganz kurz vor dem großen Durchbruch: »Wir stehen gerade an der Schwelle. Wohin wir gehen werden? Ich weiß es nicht. Aber es wird so schnell und so weit gehen, dass unsere wildesten Fantasien dagegen wohl erzkonservativ sind«, so die Prognose des ehemaligen *National Institute of Mental Health* Direktors Robert H. Felix in einer Reportage des *Life Magazine*.[4] Erscheinungsdatum des Interviews: März 1963. Nach nunmehr Jahrzehnten vergeblichen Wartens auf die doch unmittelbar bevorstehende Neuro-Revolution verlieren viele die Geduld. Allein

---

3 | Slaby J (2011) Deutsche Zeitschrift für Philosophie, S. 378 unter Verweis auf Hagner M, Borck C (1999) Neue Rundschau.
4 | Coughlan R (1963) Life Magazine; zitiert in Stadler M (2012) »The neuromance of cerebral history«, S. 135.

schon die Fülle der in diesem Buch zitierten Fachbeiträge dürfte klar gemacht haben, dass ich wirklich nicht der erste bin, dem grundsätzliche Zweifel an der tieferen Sinnhaftigkeit der Neuro-Unternehmung gekommen sind.

Ganz im Gegenteil. Die Neuro-Kritik ist gerade im Begriff, zu einer breiten Bewegung zu werden.[5] »Die Stimme der Neuro-Kritik ist heute lauter denn je«,[6] konstatiert auch der Neurowissenschaftler und Philosoph Henrik Walter, der die Entwicklungen auf seinem Feld schon lange im Blick hat. Allein in Berlin wurden in den letzten Jahren ein halbes Dutzend »neuro-skeptische« Symposien abgehalten.[7] Explizit hirnforschungsskeptische Internetblogs treten in Erscheinung,[8] Bücher werden publiziert[9] und auch in den Medien wird zunehmend Kritik geäußert.[10] Im Interview äußert Psychiater Walter die Vermutung, die gegenwärtige Kritikwelle sei nicht zuletzt die Folge der überzogenen Darstellung neurowissenschaftlicher Erkenntnismöglichkeit in den Medien: »Die Neurowissenschaft bekommt nun die Quittung dafür, was Einzelne in der Öffentlichkeit behauptet haben. Gerade in Deutschland gibt es ein paar Protagonisten, die förmlich zur Kritik einladen. Diese Wissenschaftler stehen oftmals stellvertretend für die ganze Neurowissenschaft und haben sie bisweilen diskreditiert. Schon vor Jahren war abzusehen: die machen jetzt die Versprechungen, die nachher bei uns eingeklagt werden.«[11]

Das stimmt – und stimmt auch nicht. Sicher bieten die Aussagen einiger Hirnforscherautoritäten aufgrund ihrer plakativen Überzogenheit viel Angriffsfläche für Kritik. Wahrscheinlich würden einige Vertreter dieser nun weitläufig als überambitioniert wahrgenommenen Hirnforschung viel dafür geben, vor ein paar Jahren bestimmte Aussagen *nicht* gemacht oder wenigstens vorsichtiger formuliert zu haben. Es wäre aber zu einfach, einigen übereifrigen Vertretern der eigenen Forschungsrichtung die alleinige Schuld am zunehmenden Neuro-Skeptizismus zu geben.

---

5 | Rachul C, Zarzeczny A (2012) International Journal of Law and Psychiatry.

6 | Henrik Walter in einem Vortrag an der Veranstaltung »Normative Issues in Neuroimaging« am 20. 7. 2011 in Berlin.

7 | Z.B. »Neurocultures« Workshop (2009) am Max-Planck-Institut für Wissenschaftsgeschichte; »Talking Brains – Problems and Perspectives in Neuroscience« (2011) am Einstein Forum in Potsdam; »Situating Mental Illness« (2011) am Institute for Cultural Inquiry; »Normative Issues in Neuroimaging« (2011) an der Charité Berlin; »Neuro-Reality Check« (2011) am Max-Planck-Institut für Wissenschaftsgeschichte.

8 | zB. http://neuroskeptic.blogspot.com/; http://neurocritic.blogspot.com

9 | zB. Ortega F, Vidal F (2011) »Neurocultures«

10 | zB. Jäncke L (2009) Neue Zürcher Zeitung vom 13.5.; Hackenbroch V (2011) Der Spiegel vom 2.5.; Hasler F (2009) Das Magazin vom 24.10.

11 | Interview mit Henrik Walter, geführt am 24. 2. 2012 an der Charité Berlin.

Vielmehr scheint die mittlerweile dramatisch überdehnte Neuro-Unternehmung als Ganzes mit einer Vielzahl grundlegender, womöglich sogar prinzipiell unlösbarer Probleme zu kämpfen. Man wird den Verdacht nicht los, dass immer größere Zukunftsversprechungen und ein immer lauteres Überverkaufen der Forschungsergebnisse von gravierenden systemimmanenten Problemen ablenken sollen.

Nicht auszuschliessen, dass die Neurowissenschaften letzten Endes ähnlich grandios scheitern werden wie die Gentherapieforschung. Trotz Jahrzehnten intensiver Forschung und Multimilliarden-Investitionen hat die biologische Psychiatrie kaum ätiopathogenetisch relevante Erkenntnisse gewonnen, geschweige denn zu besseren Behandlungsmethoden psychischer Störungen geführt. Ganz im Gegenteil: Im Zeitalter der biologischen und molekularen Psychiatrie scheint es psychisch belasteten Menschen immer schlechter und nicht besser zu gehen. Noch immer zeigt sich keine auch nur halbwegs überzeugende Theorie am Wissenschaftshorizont, die dem konzeptionellen Chaos in der Bewusstseinsforschung per neurowissenschaftlich-empirischer Beweisführung ein Ende machen könnte. Aus neurowissenschaftlichen Erkenntnissen sind auch keinerlei Handlungsanweisungen entstanden, wie der Mensch besser lernen, arbeiten, entspannen oder lieben könnte. Und auch die individuelle Voraussage von menschlichem Verhalten aufgrund hirnmorphologischer oder neurofunktioneller Befunde klappt heute nicht zuverlässiger als bei den Phrenologen vor 200 Jahren. Stattdessen will man nun für eine Milliarde Euro ein menschliches Gehirn im Computer nachbauen, mit immer leistungsfähigeren und immer teureren Hirn-Scannern noch tiefer ins Gehirn schauen und hofft darauf, mit immer komplexeren maschinenbasierten fMRT-Auswertungsalgorithmen doch noch Bewusstseinsphänomene auf neuronaler Ebene entschlüsseln zu können. Das schon 200 Jahre alte »Enträtsele-das-Gehirn«-Spiel geht gerade wieder einmal auf ein höheres Level.

Ob es denn sinnvoll ist, das Tempo weiter zu erhöhen, wenn man noch nicht einmal weiß, wohin man überhaupt rennt, fragt sich die größer werdende Neuro-Skeptiker-Gemeinde. Eine besonders gewichtige Stimme im Ensemble der Kritik ist das Netzwerk der »Kritischen Neurowissenschaften«, das von der Biologin und Wissenschaftshistorikerin Suparna Choudhury, dem Philosophen Jan Slaby und Kollegen initiiert wurde.[12]

Philosoph Slaby hält es für notwendig, die Anliegen pointiert und mit der gebotenen Lautstärke vorzubringen: »Ein übersteigertes akademisch-redliches Streben nach Differenziertheit träte nicht zum ersten Mal als Feind der kritischen Einsicht und des nötigen Veränderungsdrucks auf. Eine Verschärfung des Tons und ein Rückgriff auf Stilisierungen und rhetorische Elemente könn-

---

12 | Choudhury S, Nagel S et al. (2009) BioSocieties; Slaby J (2011) Deutsche Zeitschrift für Philosophie.

ten in Zeiten zügelloser Verwissenschaftlichungen und Professionalisierungen und angesichts der verbreiteten Inthronisierung von geschlossenen Expertenzirkeln die richtige Medizin sein.«[13]

Während die Disziplin der Neuro-Ethik noch an ihrem Glauben an fundamentale Umwälzungen durch die Hirnforschung festhält und mögliche gesellschaftliche Auswirkungen der bevorstehenden »Neuro-Revolution« voraus denkt und kritisch kommentiert, nehmen die »kritischen Neurowissenschaften« eine grundsätzlich skeptische Position ein, was diese proklamierten Wandlungen angeht. Gemeinsam ist den verschiedenartigen Ansätzen innerhalb der »kritischen Neurowissenschaften«, dass sie die verbreitete Wissenschaftspraxis ablehnen, Menschen als isolierte zerebrale Subjekte in einem sozialen Vakuum zu behandeln. »Ziel ist es, auf eine ganzheitliche Betrachtungsweise des Verhaltens hinzuarbeiten, die Gehirn und Kognition im Körper, dem sozialen Milieu und der politischen Welt situiert«, heißt es in der Einleitung zu einer unlängst erschienenen Aufsatzsammlung über »Kritische Neurowissenschaften«.[14] Zudem wird ganz grundsätzlich die Vorzugsstellung der Hirnforschung zur Erklärung des Menschen und seiner Lebenswelt in Frage gestellt.

Man muss sicher nicht soweit gehen wie der Soziologe Steve Fuller, der auf der Konferenz »Neuro-Reality Check« am *Max-Planck-Institut für Wissenschaftsgeschichte* in Berlin gefordert hat, man sollte das Verhältnis von Neurowissenschaftlern und Geisteswissenschaftlern ähnlich gestalten wie bei einer Filmproduktion. Die Neurowissenschaftler – das seien die Schauspieler. Diese seien in der Regel durchaus talentiert und am Ende ja auch die unbestrittenen Stars. Die Soziologen, Historiker und Philosophen hingegen sollten in Fullers Metapher die Regisseure sein, die den Schauspielern sagen, was sie zu tun haben. Ein reichlich absonderliche Vorstellung, dass die Neurowissenschaften, die von Selbstvertrauen doch nur so strotzen, bei den Geisteswissenschaften um Handlungsanweisungen nachfragen.[15]

Trotzdem wären die Hirnforscher gut beraten, wenn sie bisweilen den »Beobachtern zweiter Ordnung« zuhören würden. Also beispielsweise den Wissenschaftsanthropologen, die den Hirnforschern in ihren Labors beim Beobachten des Gehirns zuschauen. Denn zu deren Geschäft gehört es auch, die institutionellen, politischen, kulturellen und wissenschaftsparadigmatischen Rahmenbe-

---

13 | Slaby J (2011) Deutsche Zeitschrift für Philosophie, S. 387.

14 | Choudhury S, Slaby J (2012) »Critical Neuroscience: A Handbook of the Social and Cultural Contexts of Neuroscience«, S. 3.

15 | Und auch ganz grundsätzlich eine absurde Idee. Früher war man in den Geisteswissenschaften noch bescheidener. Zumindest John Locke. Der Philosoph riet seiner Zunft, der Philosoph solle »ein Hilfsarbeiter sein, der ein wenig den Boden frei macht und etwas vom Abfall wegräumt, der auf dem Weg zum Wissen liegt«; zitiert in Critchley S (2009) »The book of dead philosophers«, S. 132.

dingungen auszuleuchten, innerhalb derer eine bestimmte Forschungstätigkeit stattfindet. Denn gerade diese Bedingungen sind es, die eine ganz bestimmte – und eben keine andere – Art von Forschung vorgeben und die auch die Deutung und Wertung der Ergebnisse beeinflussen. Der politische und ökonomische Kontext, in dem sich Wissenschaft abspielt, wird von den naturwissenschaftlich Forschenden in der Regel aber kaum beachtet.

Dass nur die kritische Reflexion der eigenen Wissenschaftspraxis durch die Hirnforscher selbst zur notwendigen Reform führen kann, ist ein Kerngedanke der kritischen Neurowissenschaften: »Die reflektierende Praxis innerhalb der Neurowissenschaften beinhaltet soziale und historische Kontextualisierung und den interkulturellen Vergleich von Verhaltensphänomenen. Die Untersuchung dieser Bedingtheiten wird alternative Erkenntnismöglichkeiten in den Neurowissenschaften hervorbringen. Diese können einerseits interessante empirische Fragestellungen für Neurowissenschaftler eröffnen und fungieren gleichzeitig als eine Form der Kritik von innen.«[16] Entscheidend ist, dass die Neurowissenschaftler selbst ihre Wissenschaftspraxis kritisch hinterfragen sollten und dabei berücksichtigen, in welchem Kontext sie ihre Arbeit tun. Natürlich täten auch all die neurophilen Wirtschafts- und Sozialwissenschaftler, die nun ebenfalls Hirnforschung machen wollen, gut daran, sich zu überlegen, ob eine fMRT-Untersuchung für ihre Fragestellung wirklich sinnvoll ist. »In der Zwischenzeit ist es ja bereits so, dass die Neurowissenschaftler den Sozialwissenschaftlern wieder ausreden müssen, was sie alles gerne mit Neuroimaging machen möchten. Das sind leider manchmal die naivsten Leute, die man sich vorstellen kann«, kommentiert Hirnforscher Henrik Walter die Situation.[17]

Mehr Hollywood als Forscheralltag

Dringender Handlungsbedarf besteht aber auch in der medialen Darstellung der neurowissenschaftlichen Forschung. Diesbezügliche Übertreibungen sind noch immer die Regel und nicht die Ausnahme. Die Motivation dazu ist offensichtlich, denn kurzfristig haben alle Beteiligten etwas davon. Wissenschaftler bekommen die nötige Aufmerksamkeit und dürfen, da ihre Forschung als wichtig taxiert wird, auf weitere Fördermittel hoffen. Auf die Institutionen, bei denen die Forscher angestellt sind, färbt Kollateralruhm ab. Studiensponsoren können ihr finanzielles Engagement für den eingeschlagenen Forschungskurs legitimieren. Journalisten bekommen eine tolle Geschichte zu erzählen, und am Ende freut sich der Leser, wenn er in der Zeitung wieder einmal von der kurz bevorstehenden Enträtselung des »Wunders Mensch« erfährt.

---

16 | Choudhury S, Slaby J (2012) »Critical Neuroscience«, S. 42-43.
17 | Interview mit Henrik Walter, geführt am 24. 2. 2012 an der Charité Berlin.

Zur ikonenhaften Stilisierung neurowissenschaftlicher Forschung hat auch beigetragen, dass sich TV-Wissenschaftsdokumentationen in den letzten Jahren immer mehr zu Hollywood-ähnlichen Inszenierungen gewandelt haben. Lange ist es her, dass Fernsehjournalisten mit wackeliger Handkamera Wissenschaftlern bei ihrer alltäglichen Arbeit im Labor über die Schultern geschaut und die Bilder später mit einer kommentierenden Tonspur unterlegt haben. Hoffnungslos altbacken würde dem Zuschauer so ein Format heute erscheinen. Kommen dieser Tage *BBC* oder *National Geographics* zu Besuch in ein Hirnforschungszentrum, werden Tomographen mit blauem Licht ausgeleuchtet und die »Reportage« dramaturgisch inszeniert, spektakuläre Kamerafahrten inklusive.

Als Forscher vor Ort wird man gebeten, »zur besseren Orientierung der Zuschauer« doch bitte die weißen Medizinerkittel zu tragen – auch wenn kein Mensch sich so anziehen würde, um am Computer Hirn-Scans auszuwerten. Und stets laufen während Interviews im Hintergrund auf allen verfügbaren Monitoren animierte Filme mit bunten 3D-Hirnaktivierungskarten und fotorealistischen Gehirn-Visualisierungen. Ob die dort zu sehenden Bilder überhaupt irgendetwas mit dem Reportagethema zu tun haben, ist hingegen ziemlich egal. Hauptsache, es sieht nach spektakulärer Hightech-Forschung aus – schließlich würde der Zuschauer ja »ohnehin nicht verstehen«, was auf einem fMRT-Scan zu sehen ist. Autorität und Ruf der Neurowissenschaften gründen eben viel mehr auf ihren glamourösen Medienauftritten als auf ihren wissenschaftlichen Inhalten – auch wenn dies von den Forschern selbst vielleicht gar nicht so beabsichtigt war.

Wird der notorische Überverkauf der Neurowissenschaften allerdings allzu offensichtlich, drohen Rückschläge. Eine zukünftig realistischere Darstellung neurowissenschaftlicher Daten ist daher nicht nur eine Frage wissenschaftsethischer Verantwortung, sondern auch von vitalem Interesse für die Neurowissenschaften selbst. Längerfristig steht nämlich nicht weniger als die eigene Glaubwürdigkeit auf dem Spiel. Eine Glaubwürdigkeit, die bereits schwer angeschlagen ist: »Wenn unsere Fortschritte wiederholt übertrieben dargestellt oder überverkauft werden und das öffentliche Misstrauen in die Neurowissenschaften zunimmt, müssen wir uns selbst die Schuld geben«, appelliert beispielsweise der Neurologe Guy McKhann in einer Mitteilung an die Hirnforschergemeinde.[18] Ähnlich sehen dies französische Forscher in einem Artikel über die verzerrte Darstellung neurowissenschaftlicher Daten: »Die Verzerrung neurowissenschaftlicher Forschungsergebnisse öffnet die Türen für eine argwöhnische Haltung der Öffentlichkeit gegenüber der Hirnforschung. Dies könnte zu einem Abbau der Ressourcen führen, die die Gesellschaft zukünftig noch bereit ist, für die Forschung zur Verfügung zu stellen. Es liegt in der Verantwortung

---

18 | McKhann G (2007) Dana Foundation.

der Neuroscience Community und in ihrem langfristigen Interesse, dies so schnell wie möglich zu korrigieren.«[19]

Silberstreifen am Horizont

Mit etwas Optimismus lassen sich bereits erste Zeichen einer Veränderung erkennen. So wird beispielsweise seit ein paar Jahren der Versuch unternommen, den Einflussbereich der Pharmaindustrie wenigstens etwas zurückzudrängen. Vorbildfunktion hat hierbei sicher die MEZIS (»Mein-Essen-zahl-ich-selbst«)-Initiative einiger deutscher Mediziner. Die 2007 von Christiane Fischer, Axel Munte, Bruno Müller-Oerlinghausen, Klaus Lieb und weiteren Ärzten gegründete Organisation hat einen ganzen Katalog von Maßnahmen gegen die omnipräsente Manipulation durch die pharmazeutische Industrie beschlossen. Wie in der Satzung der MEZIS-Organisation nachzulesen ist, werden keine Besuche von Pharmavertretern mehr akzeptiert, keine Medikamentenmuster und Geschenke angenommen, Pharma-gesponserte Praxissoftware abgeschafft und nur herstellerunabhängige Fortbildungsveranstaltungen besucht. Und an diesen – wie der Name sagt – das Essen auch selbst bezahlt.[20]

Außerdem veranstaltet die Organisation standespolitisch relevante Tagungen, beispielsweise zum Thema Korruption im Gesundheitswesen. Ähnliche »no free lunch«-Kampagnen gibt es auch in anderen Ländern, so dass sich langsam ein ganzes Netzwerk unabhängiger und pharmakritischer Ärzte formiert. Auch die amerikanische Gesundheitsbehörde *National Institute of Health* hat endlich reagiert und den Mitarbeitern bei Kongressbesuchen und Fortbildungsveranstaltungen die Annahme von Industriegeldern verboten.[21] Auch gegen die Publikationsverzerrung in Fachzeitschriften wurden in der Zwischenzeit Maßnahmen ergriffen. So gibt es in verschiedenen Ländern Studienregister, in der alle klinischen Studien erfasst werden müssen, seit 2008 auch in Deutschland. Damit lassen sich in Zukunft auch negative Studienresultate besser identifizieren und beispielsweise in eine Metaanalyse oder eine systematische Übersichtsarbeit aufnehmen.[22] Und an vielen Universitäten sind forschende Studenten und Doktoranden mittlerweile verpflichtet, Kurse in „Guter wissenschaftlicher Praxis" zu belegen.

Anlass zur Hoffnung gibt nicht zuletzt die Tatsache, dass es in der jüngeren Generation eine ganze Reihe von Wissenschaftlern gibt, die begeisterte Hirnforscher sind, der eigenen Fachrichtung aber auch kritisch gegenüberstehen. Man denke bloß an die Autoren des »Lachs-des-Zweifels«-Posters oder der

---

19 | Gonon F, Bezard E et al. (2011) Public Library of Science One.

20 | www.mezis.de/uber-mezis/satzung.html

21 | Ganser A (2010) MEZIS Nachrichten.

22 | Lieb K (2008) MEZIS Nachrichten.

»Voodoo-Studie« (siehe Kapitel 2). Sollte sich die Fachrichtung von innen her reformieren, werden die entscheidenden Impulse wohl von dieser neuen Generation von Neurowissenschaftlern ausgehen. Dem Atlantischen Lachs sei Dank, scheint sich die Korrektur für multiple Vergleiche in der Zwischenzeit bei den meisten Bildgebungsstudien durchgesetzt zu haben.

Auch Edward Vul und Hal Pashler, die Autoren der »Voodoo-Studie«, haben in einem Folgeartikel festgehalten, dass der von ihnen kritisierte Zirkularitätsfehler in fMRT-Publikationen deutlich zurückgegangen ist.[23] Dass ihre harsche »Voodoo-Kritik« einen wesentlichen Beitrag zu dieser Entwicklung geleistet hat, ist kaum zu bestreiten. Zwei Beispiele, dass deutlich hörbar vorgetragene Kritik durchaus Wirkung zeigen kann, vor allem, wenn diese konstruktiv ist und von der notwendigen Fachkompetenz gestützt wird. Für den gleichermaßen enthusiastischen wie kritischen Neurowissenschaftler Daniel Margulies ist »kreative Verspieltheit« die erfolgversprechendste Form der Kritik.[24] »Experimentelle Ironie« (Margulies) kann womöglich mehr bewirken als allzu lautstarker denunziatorischer Furor. Schließlich hat Margulies' Kollege Henrik Walter sicher Recht, dass »kein Wissenschaftler gerne irgendwohin geht, um sich von 80 Prozent der Leute beschimpfen zu lassen«,[25] wie dies jüngst an neurokritischen Symposien bereits vorgekommen sein soll.

Vom Tal der Enttäuschungen auf den Pfad der Erkenntnis

In nächster Zeit wird es interessant sein mitzuverfolgen, ob die zunehmende Kritik an den Neurowissenschaften auch von den Adressaten selbst wahrgenommen wird und zu Veränderungen in der Wissenschaftspraxis führt. Ganz besonders im Bereich der bildgebenden Verfahren, die ja im Zentrum der Kritik stehen. Werden in den renommierten Fachzeitschriften schon bald keine Aufsätze mehr zu den alles erklärenden neuronalen Korrelaten von Ästhetik, Liebe und verbrecherischen Impulsen veröffentlicht? Dies ist zwar nicht anzunehmen. Und auch nicht, dass einige der neuen Neuro-X-Hybriddisziplinen schon bald die einvernehmliche Selbstauflösung bekannt geben.

Vieles spricht allerdings dafür, dass die Neurowissenschaften ganz einfach Opfer eines klassischen Gartner-Hype-Zyklus geworden sind.[26] Nach dem

---

23 | Vul E, Pashler H (2012) Neuroimage. Die Autoren beklagen allerdings, dass die kritisierten Studiendaten bis auf einen einzigen Fall nicht wie vorgeschlagen mit geeigneten statistischen Methoden neu analysiert wurden. Offenbar wollte man keine nachträgliche Korrektur der eigenen Forschungsergebnisse riskieren.

24 | Choudhury S, Slaby J (2012) »Critical Neuroscience«, S. 20.

25 | Interview mit Henrik Walter, geführt am 24. 2. 2012 an der Charité Berlin.

26 | Vgl. dazu auch Caufield T, Rachul C et al. (2010) Scripted; zum »hype cycle« vgl. www.gartner.com/technology/research/methodologies/hype-cycle.jsp.

Überschreiten des »Gipfels der überzogenen Erwartungen« so um das Jahr 2006 sind die »neuen Wissenschaften des Gehirns« gegenwärtig auf dem Abstieg ins »Tal der Enttäuschungen«. Gerade deshalb besteht aber Hoffnung für die Zukunft. Nach dem schmerzlichen Durchschreiten dieses »Tals der Enttäuschungen« wäre gemäß Hype-Theorie nämlich ein vernünftig redimensioniertes Einschwenken auf den »Pfad der Erkenntnis« zu erwarten. Und daraus könnte dann eine Phase echter Produktivität entstehen. Und das wäre den Neurowissenschaften – und uns allen – wirklich zu wünschen.

Nachbemerkung

Das vorliegende Buch entstand zwischen Juli 2010 und Juli 2012 am Berliner *Max-Planck-Institut für Wissenschaftsgeschichte* und an der *Berlin School of Mind and Brain* der *Humboldt-Universität*. Diese Institutionen haben mir nicht nur einen hochprofessionellen Rahmen geboten, sondern mir auch jede erdenkliche akademische Freiheit gewährt. Dafür bin ich außerordentlich dankbar.

Alex Gamma, Norbert Hasler, Stefanie Klamm, Nicolas Langlitz, Ruth Mosimann, Jan Slaby und Marcel Zemp haben das Manuskript zu verschiedenen Zeitpunkten gelesen und kritisch kommentiert. Verbleibende Fehler, Inkonsistenzen und Unterlassungen sind meiner Sturheit geschuldet und nicht der Unaufmerksamkeit meiner geschätzten Reviewer. Marcel Zemp danke ich zudem dafür, vor einiger Zeit bei einer Pizza und Rotwein die Idee zu diesem Buchprojekt inspiriert zu haben.

Eine zweimalige Förderung durch die *Dr. Margrit Egnér Stiftung* sowie ein Postdoc-Stipendium der *Berlin School of Mind and Brain* haben den finanziellen Rahmen geschaffen, ohne den das *Neuromythologie*-Projekt nicht zustande gekommen wäre. Auch dieser großzügigen Unterstützung gilt mein herzlichster Dank.

Für die anregenden Diskussionen, ganz besonders die kontroversen, bedanke ich mich bei meinen Arbeitskollegen, von denen viele zu Freunden geworden sind: Oliver Bosch, Isolde Eckle, Daniel Hell, Boris Quednow, Erich Studerus, Franz Vollenweider und Hans-Martin Zöllner von der *Psychiatrischen Universitätsklinik Zürich*; Pius August Schubiger und Gerrit Westera von der *Klinik für Nuklearmedizin* des *Universitätsspitals Zürich*; Suparna Choudhury, Skúli Sigurdsson und Fernando Vidal vom *Max-Planck-Institut für Wissenschaftsgeschichte*; Isabelle Bareither, Shereen Chaudhry, Saskia Köhler, Daniel Margulies, Smadar Ovadia, Michael Pauen, Christiane Rohr, Anna Strasser, Arno Villringer, Henrik Walter, Corinde Wiers und Annette Winkelmann von der *Berlin School of Mind and Brain* sowie meinem alten Weggefährten Nenad Brcic vom *Neuroculturelab*.

Berlin im Juli 2012

Literatur- und Quellenverzeichnis

Abbott A (2010) Schizophrenia: »The drug deadlock«. Nature 468, S. 158-159

Abi-Rached JM (2008) »The implications of the new brain sciences«. EMBO Reports 9, S. 1158-1162

Abi-Rached JM, Rose N (2010) »The birth of the neuromolecular gaze«. History of the Human Sciences 23, S. 11-36

Allder M (2004) »Selling sickness«. Newsworld Reportage »The Nature of Things«. CBC

Allman JM, Hakeem A, Erwin JM, Nimchinsky E, Hof P (2001) »The anterior cingulate cortex. The evolution of an interface between emotion and cognition«. Annals of the New York Academy of Sciences 935, S. 107-117

Amen DG (2010) »Das glückliche Gehirn«. München: Goldmann

Andersen SL (2005) »Stimulants and the developing brain«. Trends in Pharmacological Sciences 26, S. 237-243

Andreasen N (1984) »The broken brain«. New York: Harper & Row

Andreasen NC, Flashman L, Flaum M, Arndt S, Swayze V et al. (1994) »Regional brain abnormalities in schizophrenia measured with magnetic resonance imaging«. Journal of the American Medical Association 272, S. 1763-1769

Angell M (2000) »Is academic medicine for sale?« New England Journal of Medicine 342, S. 1516-1518

Angell M (2009) »Drug companies and doctors: A story of corruption«. The New York Review of Books vom 15. Januar

Angell M (2011a) »The epidemic of mental illness: why?« The New York Review of Books vom 23. Juni

Angell M (2011b) »The illusions of psychiatry«. The New York Review of Books vom 14. Juli

Anwar H, Riachi I, Hill S, Schürmann F, Markram H (2009) »An approach to capturing neuron morphological diversity«. In De Schutter E (Hg.) Computational Modeling Methods for Neuroscientists. Cambridge: MIT Press

Aron A, Badre D, Brett M, Cacioppo J, Chambers C et al. (2007) »Politics and the brain«. New York Times vom 14. November

Ball T, Derix J et al. (2009) »Anatomical specificity of functional amygdala imaging of responses to stimuli with positive and negative emotional valence«. Journal of Neuroscience Methods 180, S. 57-70

Ban TA (2006) »The role of serendipity in drug discovery«. Dialogues in Clinical Neuroscience 8, S. 335-344

Barbaresi WJ, Katusic SK, Colligan RC, Weaver AL, Jacobsen SJ (2007) »Modifiers of long-term school outcomes for children with attention-deficit/hyperactivity disorder: does treatment with stimulant medication make a difference? Results from a population-based study«. Journal of Developmental & Behavioral Pediatrics 28, S. 274-87

Baron-Cohen S (2003) »The essential difference. Male and female brains and the truth about autism«. New York: Basic Books

Barondes SH (1994) »Thinking about Prozac«. Science 263, S. 1102-1103

Bartels A, Zeki S (2000) »The neural basis of romantic love«. NeuroReport 11, S. 3829-3834

Bass A (1999) »Drug companies enrich Brown professor«. Boston Globe vom 4. Oktober

Baumeister AA, Francis JL (2002) »Historical development of the dopamine hypothesis of schizophrenia«. Journal of the History of the Neurosciences 11, S. 265-277

Beck CA, Patten SB, Williams JV, Wang JL, Currie SR et al. (2005) »Antidepressant utilization in Canada«. Social Psychiatry and Psychiatric Epidemiology 40, S. 799-807

Becker HS (1963) »Outsiders: Studies in the Sociology of Deviance«. New York: The Free Press

Beckermann A (2008) »Gehirn, Ich, Freiheit. Neurowissenschaften und Menschenbild«. Paderborn: Mentis

Beddington J, Cooper CL, Field J, Goswami U, Huppert FA et al. (2008) »The mental wealth of nations«. Nature 455, S. 1057-1060

Beddoe R (2009) »Dying for a cure«. London: Hammersmith Press

Bennett CM, Baird AA, Miller MB, Wolford GL (2010) »Neural correlates of interspecies perspective taking in the post-mortem Atlantic Salmon: an argument for proper multiple comparisons correction«. Journal of Serendipitous and Unexpected Results 1, S. 1-5

Bennett CM, Miller MB, Wolford GL (2009) »Neural correlates of interspecies perspective taking in the post-mortem Atlantic Salmon: an argument for multiple comparisons correction«. NeuroImage 47, S. S125. Poster einsehbar unter http://prefrontal.org/files/posters/Bennett-Salmon-2009.pdf

Bennett CM, Miller MB (2010) »How reliable are the results from functional magnetic resonance imaging?« Annals of the New York Academy of Sciences 1191, S. 133-155

Berger H (1929) »Über das menschliche Elektroenkephalogramm«. Archiv für Psychiatrie 87, S. 527-570

Bermejo PE, Dorado R, Zea-Sevilla MA, Sanchez Menendez V (2011) »Neuroanatomy of financial decisions«. Neurologia 26, S. 173-181

Besnier N, Cassé-Perrot C, Jouve E, Nguyen N, Lancon C et al. (2010) »Effects of paroxetine on emotional functioning and treatment awareness: a 4-week randomized placebo-controlled study in healthy clinicians«. Psychopharmacology 207, S. 619-629

Biederman J, Faraone SV (2005) »Attention-deficit hyperactivity disorder«. The Lancet 366, S. 237-248

Biederman J, Mick E, Hammerness P, Harpold T, Aleardi M, Dougherty M, Wozniak J (2005) »Open-label, 8-week trial of olanzapine and risperidone for the treatment of bipolar disorder in preschool-age children«. Biological Psychiatry 58, S. 589-594

Bierbaumer N (2004) »Hirnforscher als Psychoanalytiker«. In C. Geyer (Hg.) »Hirnforschung und Willensfreiheit«. Frankfurt a.M.: Suhrkamp, S. 27-29

Bieri P (2005) »Der Wille ist frei«. Der Spiegel vom 10. Januar

Blair J, Mitchell D, Blair K (2005) »The Psychopath: Emotion and the Brain«. Oxford: Wiley-Blackwell

Blair RJ (2010) »Neuroimaging of psychopathy and antisocial behavior: a targeted review«. Current Psychiatry Reports 12, S. 76-82

Blakemore C (2000) »Achievements and challenges of the Decade of the Brain«. EuroBrain 2, S. 4

Blakemore SJ, Wolpert D, Frith C (2000) »Why can't you tickle yourself?« Neuroreport 11, S.R11-16

Block AE (2007) »Costs and benefits of direct-to-consumser advertising: the case of depression«. Pharmacoeconomics 25, S. 511-521

Bloom FE (1997) »Francis O. Schmitt«. Proceedings of the American Philosophical Society 141, S. 505-508

Blumenthal J, Babyak M, Moore K, Craighead W, Herman S et al. (1999) »Effects of exercise training on older patients with major depression«. Archives of Internal Medicine 159, S. 2349-2356

Bond ED, Rivers TD (1942) »Further follow-up results in insulin-shock therapy«. American Journal of Psychiatry 99, S. 201-202

Borgstein J, Grootendorst C (2002) »Half a brain«. The Lancet 359, S. 473

Bredekamp H, Werner G (2003) »Bildwelten des Wissens. Kunsthistorisches Jahrbuch für Bildkritik«. Interview mit Michael Hagner, Berlin: Akademie Verlag, Band 1.1

Breggin P (1972) »Lobotomies: an alert«. American Journal of Psychiatry 129, S. 97-98

Breggin PR (1995) »Talking back to Prozac«. New York: St. Martin's Press

Breggin PR (2008) »Brain-disabling treatments in psychiatry«. New York: Springer

Bremner JD (1984) »Fluoxetine in depressed patients: a comparison with imipramine«. Journal of Clinical Psychiatry 45, S. 414-419

Brenner H (2010) »Liebe geht durchs Gehirn«. [W] wie Wissen. ARD, Erstausstrahlung am 21. März

Bromet E, Andrade LH, Hwang I, Sampson NA, Alonso J et al. (2011) »Crossnational epidemiology of DSM-IV major depressive episode«. BMC Medical, doi: 10.1186/1741-7015-9-90

Burkert H (2011) »Können Neuronen lügen?« Du Magazin, Oktober-Ausgabe

Burns JM, Swerdlow RH (2003) »Right orbitofrontal tumor with pedophilia symptom and constructional apraxia sign«. Archives of Neurology 60, S. 437-440

Bush G (1990) Presidential Proclamation No. 6158 (Library of Congress) vom 17. Juli (www.loc.gov/loc/brain/proclaim.html)

Butler MJR, Senior C (2007) »Towards an organizational cognitive neuroscience«. The Annals of the New York Academy of Sciences 1118, S. 1-17

Casey BJ, Getz S, Galvan A (2008) »The adolescent brain«. Developmental Review 28, S. 62-77

Caspi A, McClay J, Moffitt TE, Mill J, Martin J et al. (2002) »Role of genotype in the cycle of violence in maltreated children«. Science 297, S. 851-854

Catafau AM, Perez V, Plaza P, Pascual JC, Bullich S et al. (2006) »Serotonin transporter occupancy induced by paroxetine in patients with major depression disorder: a ^{123}I-ADAM SPECT study«. Psychopharmacology 189, S. 145-153

Caufield T, Rachul C, Zarzeczny A, Walter H (2010) »Mapping the coverage of neuroimaging research«. Scripted 7:3, S. 421-428

Cawood AH (1989) »DNA fingerprinting«. Clinical Chemistry 35, S. 1832-1837

Cechura S (2008) »Kognitive Hirnforschung. Mythos einer naturwissenschaftlichen Theorie menschlichen Verhaltens«. Hamburg: VSA Verlag

Choudhury S, Nagel S, Slaby J (2009) »Critical neuroscience: Linking neuroscience and society through critical practice«. BioSocieties 4, S. 61-77

Choudhury S, Slaby J (Hg., 2012) »Critical Neuroscience: A Handbook of the Social and Cultural Contexts of Neuroscience«. Chichester: Wiley-Blackwell

Chouinard G (1985) »A double-blind controlled clinical trial of fluoxetine and amitriptyline in the treatment of outpatients with major depressive disorder«. Journal of Clinical Psychiatry 46, S. 32-37

Churchland PM (1995) »The Engine of Reason, the Seat of the Soul«. Cambridge: MIT Press

Cohn S (2011) »Disrupting images. Neuroscientific representations in the lives of psychiatric patients«. In S Choudhury & J Slaby (Hg.) »Critical Neuroscience: A Handbook of the Social and Cultural Contexts of Neuroscience«. Chichester: Wiley-Blackwell

Cole J (1964) »Therapeutic efficacy of antidepressant drugs«. Journal of the American Medical Association 190, S. 448-455

Cornwell J (1996) »The power to harm: mind, murder and drugs on trial«. New York: Penguin

Cosgrove L, Krimsky S, Vijayaraghavan M, Schneider L (2006) »Financial ties between DSM-IV panel members and the pharmaceutical industry«. Psychotherapy and Psychosomatics 75, S. 154-160

Coughlan R (1963) »Control of the brain, part I«. Life Magazine vom 8. März

Crawford MB (2008) »The limits of neuro-talk«. The New Atlantis, Winter, S. 65-78

Cressey D (2011) »Psychopharmacology in crisis«. Nature News, published online am 14. Juni

Critchley S (2009) »The book of dead philosophers«. London: Granta

Dahlkamp J (2002) »Das Gehirn des Terrors«. Der Spiegel vom 8. November

DAK (2009) Gesundheitsreport. »Schwerpunktthema Doping am Arbeitsplatz«. Hamburg: Deutsche Angestellten Krankenkasse

Daley A (2008) »Exercise and depression: a review of reviews«. Journal of Clinical Psychology in Medical Settings 15, S. 140-147

Das Manifest (2004) »Elf führende Neurowissenschaftler über Gegenwart und Zukunft der Hirnforschung«. Gehirn & Geist 6, S. 30-37

Davatzikos C, Shen D, Gur RC, Wu X, Liu D et al. (2005) »Whole-brain morphometric study of schizophrenia revealing a spatially complex set of focal abnormalities«. Archives of General Psychiatry 62, S. 1218-1227

Davidson RJ, Putnam KM, Larson CL (2000) »Dysfunction in the neural circuitry of emotion regulation – a possible prelude to violence«. Science 289, S. 591-594

Delgado PL (2006) »Monoamine depletion studies: implications for antidepressant discontinuation syndrome«. Journal of Clinical Psychiatry 67 Suppl.4, S. 22-26

Delgado PL, Charney DS, Price LH, Aghajanian GK, Landis H et al. (1990) »Serotonin function and the mechanism of antidepressant action. Reversal of antidepressant-induced remission by rapid depletion of plasma tryptophan«. Archives of General Psychiatry 47, S. 411-418

Delgado JM, Mark V, Sweet W, Ervin F, Weiss G et al. (1968) »Intracerebral radio stimulation and recording in completely free patients«. Journal of Nervous and Mental Disease 147, S. 329-340

Dennett D (1994) »Consciousness explained«. Boston: Little, Brown & Co

Dettmer M, Shafy S, Tietz J (2011) »Volk der Erschöpften«. Der Spiegel vom 24. Januar, S. 114-122

Devor A, Hillman EM, Tian P, Waeber C, Teng IC et al. (2008) »Stimulus-induced changes in blood flow and 2-deoxyglucose uptake dissociate in ipsilateral somatosensory cortex«. Journal of Neuroscience 28, S. 14347-14357

Dinas PC, Koutedakis Y, Flouris AD (2011) »Effects of exercise and physical activity on depression«. Irish Journal of Medical Science 180, S. 319-325

Dingfelder SF (2008) »Do psychologists have ›neuron envy‹?« (Interview mit Vilayanur Ramachandran). Monitor on Psychology 39, S. 26

Dittrich A (1998) »The standardized psychometric assessment of altered states of consciousness (ASCs) in humans«. Pharmacopsychiatry 31, S. 80-84

Dobbs D (2005) »Fact or phrenology?« Scientific American Mind 16, S. 24-31

Dobson KS (1989) »A meta-analysis of the efficiency of cognitive therapy for depression«. Journal of Consulting and Clinical Psychology 57, S. 414-419

Dörner K (1972) »Was ist Sozialpsychiatrie?« In A Finzen & U Hoffmann-Richter (Hg.) »Was ist Sozialpsychiatrie?« (1995) Bonn: Psychiatrie-Verlag

Dolan MC (2010) »What imaging tells us about violence in anti-social men«. Criminal Behaviour and Mental Health 20, S. 199-214

Dreifus C (2008) »Using imaging to look at changes in the brain. A conversation with Nancy C. Andreasen«. New York Times vom 16. September

Dreyer G, Schuler D (2010) »Psychiatrische Diagnosen und Psychopharmaka in Arztpraxen der Schweiz«. Bulletin des Schweizerischen Gesundheitsobservatoriums (Obsan-Bulletin) 1, S. 1-4

Dumit J (1999) »Objective brains, prejudical images«. Science in Context 12, S. 173-201

Dumit J (2003) »Is it me or my brain? Depression and neuroscientific facts«. Journal of Medical Humanities 24, S. 35-47

Düweke P (2001) »Eine kleine Geschichte der Hirnforschung«. München: Beck

Eccles JC (1994) »Die Evolution des Gehirns – die Erschaffung des Selbst«. München: Piper

Edelman GM, Tononi G (2000) »A Universe of Consciousness«. New York: Basic Books

Editorial (2000) »A debate over fMRI data sharing«. Nature Neuroscience 3, S. 845-846

Editorial (2004) »Depressing research«. Lancet 363, S. 1335

Ehrenberg A (1998) »La Fatigue d'être soi«. Paris: Editions Odile Jacob

Eisenberg L, Guttmacher LB (2010) »Were we all asleep at the switch? A personal reminiscence of psychiatry from 1940 to 2010«. Acta Psychiatrica Scandinavica, 122, S. 89-102

Elger CE (2008) »Neuroleadership: Erkenntnisse der Hirnforschung für die Führung von Mitarbeitern«. Freiburg i.Br.: Haufe-Lexware

Ellenbogen JM, Hurford MO, Liebeskind DS, Neimark GB, Weiss D (2005) »Ventromedial frontal lobe trauma«. Neurology 64, S. 757

El-Mallakh RS, Karippot A (2002) »Use of antidepressants to treat depression in bipolar disorder«. Psychiatric Services 53, S. 580-584

El-Mallakh RS, Waltrip C, Peters C (1999) »Can long-term antidepressant use be depressogenic?« Journal of Clinical Psychiatry 59, S. 279-288

Eyding D, Leigemann M, Grouven U, Härter M, Kromp M et al. (2010) »Reboxetine for acute treatment of major depression: systematic review and meta-analysis of published and unpublished placebo and selective serotonin reuptake inhibitor controlled trials«. British Medical Journal 341:c4737

Faedda GL, Baldessarini RJ, Glovinsky IP, Austin NB (2004) »Pediatric bipolar disorder: phenomenology and course of illness«. Bipolar Disorders 6, S. 305-313

Faedda GL, Baldessarini RJ, Glovinsky IP, Austin NB (2004) »Treatment-emergent mania in pediatric bipolar disorder: a retrospective case review«. Journal of Affective Disorders 82, S. 149-158

Farah MJ (2009) »A picture is worth a thousand dollars«. Journal of Cognitive Neuroscience 21, S. 623-624

Fava GA (1995) »Holding on: Depression, sensitization by antidepressant drugs, and the prodigal experts«. Psychotherapy and Psychosomatics 64, S. 57-61

Fava GA (1999) »Potential sensitising effects of antidepressant drugs on depression«. CNS Drugs 12, S. 247-256

Fava GA (2003) »Can long-term treatment with antidepressant drugs worsen the course of depression?« Journal of Clinical Psychiatry 64, S. 123-133

Feighner JP (1985) »A comparative trial of fluoxetine and amitriptyline in patients with major depressive disorder«. Journal of Clinical Psychiatry 46, S. 369-372

Feinberg DA, Möller S, Smith SM, Auerbach E, Ramanna S et al. (2010) »Multiplexed Echo Planar Imaging for Sub-Second Whole Brain FMRI and Fast Diffusion Imaging«. PLoS ONE 5(12): e15710

Fields RD (2009) »The other brain«. New York: Simon and Schuster

Filippi M, Riccitelli G, Falini A, Di Salle F, Vuilleumier P et al. (2010) »The brain functional networks associated to human and animal suffering differ among omnivores, vegetarians and vegans«. PLoS ONE 5(5): e10847

Fine C (2010) »Delusions of Gender. How our minds, society, and neurosexism create difference«. New York: W.W. Norton

Flourens P (1842) »Examen de la Phrénologie«. Paris: L. Hachette

Frances A (2009) »A warning sign on the road to DSM-V: Beware of its unintended consequences«. Psychiatric Times, Ausgabe vom 26. Juni

Frances A (2010) »The first draft of DSM-V«. British Medical Journal 340, S. 492

Frances A (2010a) »Normal grief vs. depression in DSM5«. Psychology Today vom 16. März

Frances A (2010b) »Opening Pandora's Box: The 19 Worst Suggestions For DSM5«. Psychology Today vom 11. Februar

Franke AG, Lieb K (2010) »Pharmakologisches Neuroenhancement und ›Hirndoping‹«. Bundesgesundheitsblatt 51, S. 853-860

Frankfurter Allgemeine Zeitung (2002) »RAF-Terroristin Ulrike Meinhof litt unter Hirnschädigung«. Ausgabe vom 12.11.

Frazzetto G, Anker S (2009) »Neuroculture«. Nature Reviews Neuroscience 10, S. 815-821

Frazzetto G, Di Lorenzo G, Carola V, Proietti L, Sokolowska E et al. (2007) »Early trauma and increased risk for physical aggression during adulthood: the moderating role of MAOA genotype«. PLoS One 2(5): e486

Fricke L, Choudhury S (2011) »Neuropolitik und plastische Gehirne. Eine Fallstudie des adoleszenten Gehirns«. Deutsche Zeitschrift für Philosophie 59, S. 391-402

Friedman L, Stern H, Brown GG, Mathalon DH, Turner J et al. (2008) »Test-retest and between-site reliability in a multicenter fMRI study«. Human Brain Mapping 29, S. 958-972

Galert T, Bublitz C, Heuser I, Merkel R, Repantis D et al. (2009) »Das optimierte Gehirn. Memorandum Neuro-Enhancement«. Gehirn und Geist 11, S. 1-12

Ganser A (2010) »Umgang mit der Pharma-Industrie«. MEZIS Nachrichten 2, S. 4-5

Gearhardt AN, Yokum S, Orr PT, Stice E, Corbin WR et al. (2011) »Neural Correlates of Food Addiction«. Archives of General Psychiatry 68, 808-816

Geddes JR, Carney SM, Davies C, Furukawa TA, Kupfer DJ et al. (2003) »Relapse prevention with antidepressant drug treatment in depressive disorders: A systematic review«. The Lancet 361, S. 653-661

Gehring P (2004) »Es blinkt, es denkt«. Philosophische Rundschau 51, S. 273-295

Gelperin K, Phelan K (2006) »Psychiatric adverse events associated with drug treatment of ADHD: Review of postmarketing safety data«. Food and Drug Administration, Pediatric Advisory Committee

Glenmullen J (2000) »Prozac backlash«. New York: Simon & Schuster Paperbacks

Gloaguen V, Cottraux J, Cucherat M, Blackburn IM (1998) »A meta-analysis of cognitive therapy in depressed patients«. Journal of Affective Disorders 49, S. 59-72

Goetz U (2007) »Wahrheit aus der Röhre«. Neue Zürcher Zeitung am Sonntag vom 9. September

Gold I, Olin L (2009) »From Descartes to Desipramin. Psychopharmacology and the self«. Transcultural Psychiatry 46, S. 38-59

Gold M (1987) »The good news about depression«. New York: Villard books

Goldberg D, Privett M, Ustun B, Simon G, Linden M (1998) »The effects of detection and treatment on the outcome of major depression in primary care: a naturalistic study in 15 cities«. British Journal of General Practice 48, S. 1840-1844

Gonon F, Bezard E, Boraud T (2011) »Misrepresentation of neuroscience data might give rise to misleading conclusions in the media: The case of attention deficit hyperactivity disorder«. PLoS ONE 6(1): e14618

Goswami U (2008) »State-of-Science Review: SR-E1 Neuroscience in Education«. Foresight Mental Capital and Wellbeing Project. The Government Office for Science, London, S. 7

Greely HT, Illes J (2007) »Neuroscience-based lie detection: the urgent need for regulation«. American Journal of Law and Medicine 33, S. 377-431

Green EK, Grozeva D, Jones I, Jones L, Kirov G et al. (2010) »The bipolar disorder risk allele at CACNA1C also confers risk of recurrent major depression and of schizophrenia«. Molecular Psychiatry 15, S. 1016-1022

Greene JD, Paxton JM (2009) »Patterns of neural activity associated with honest and dishonest moral decisions«. Proceedings of the National Academy of Sciences of the United States of America 106, S. 12506-12511

Grill M (2009) Spiegel Online vom 10. Juni, www.spiegel.de/wissenschaft/mensch/0,1518,629632,00.html

Guo T, Liu H, Misra M, Kroll JF (2011) »Local and global inhibition in bilingual word production: fMRI evidence from Chinese-English bilinguals«. Neuroimage 56, 2300-2309

Günther K (2009) »Die naturalistische Herausforderung des Schuldstrafrechts«. In S Schleim, TM Spranger & H Walter (Hg.) »Von der Neuroethik zum Neurorecht?« Göttingen: Vandenhoeck & Ruprecht

Habermas J (1968) »Erkenntnis und Interesse«. Frankfurt a.M.: Suhrkamp

Habermas J (2004) »Die Freiheit, die wir meinen«. Der Tagesspiegel vom 14. November

Hackenbroch V (2011) »Großhirn-Voodoo«. Der Spiegel vom 2. Mai

Hacking I (2007) »Kinds of People: Moving Targets«. Proceedings of the British Academy 151, S. 285-318

Haggard P, Eimer M (1999) »On the relation between brain potentials and the awareness of voluntary movements«. Experimental Brain Research 126, S. 128-133

Hagner M (2004) »Homo cerebralis? Der Mensch als Sklave seines Gehirns«. Frankfurter Allgemeine Zeitung vom 22. März, S. 69

Hagner M (2006) »Der Geist bei der Arbeit«. Göttingen: Wallstein

Hagner M (2008) »Homo cerebralis. Der Wandel vom Seelenorgan zum Gehirn«. Frankfurt a.M.: Suhrkamp

Hagner M, Borck C (1999) »Brave Neuro-Worlds« Neue Rundschau 110, S. 70-86

Hagner M, Borck C (2001) »Mindful practises: On the neurosciences in the twentieth century«. Science in Context 14, S. 507-510

Haier RJ (2003) »A universe of consciousness: How matter becomes imagination«. Contemporary Psychology 48, S. 92-96

Hall M (1999) »You have to get help: Frightening experience now a tool to help others«. USA Today vom 7. Mai

Hamilton JP, Siemer M, Gotlib IH (2008) »Amygdala volume in major depressive disorder: a meta-analysis of magnetic resonance imaging studies«. Molecular Psychiatry 13, S. 993-1000

Hanson R, Mendius R (2010) »Das Gehirn eines Buddha. Die angewandte Neurowissenschaft von Glück, Liebe und Weisheit«. Freiburg: Arbor

Hardcastle VG, Stewart CM (2002) »What do brain data really show?« Philosophy of Science 69, S. 72-82

Hardegger J (2009) »Willenssache. Die Infragestellung der Willensfreiheit durch moderne Hirnforschung als Herausforderung für Theologie und Ethik«. Zürich: Lit Verlag

Hargrave-Thomas E, Yu B, Reynisson J (2012) »Serendipity in anticancer drug discovery«. World Journal of Clinical Oncology 3, S.1-6

Harmon A (2005) »Young, assured and playing pharmacist to friends«. New York Times vom 16. November

Harris G (2004) »Student, 19, in trial of new antidepressant commits suicide«. The New York Times vom 12. Februar

Harris G, Carey B (2008) »Researchers fail to reveal full drug pay«. The New York Times vom 8. Juni

Harris G (2009) »Drug maker told studies would aid it, papers say«. The New York Times vom 20. März

Hasler F (2004) »Acute psychological and physiological effects of psilocybin in healthy humans: a double-blind, placebo-controlled dose-effect study«. Psychopharmacology 172, S. 145-156

Hasler F (2006) »Wenn das High ausbleibt«. Magazin der Universität Zürich 4, S. 50-51

Hasler F (2006) »Drogenkonsum beenden, bevor er anfängt«. Standpunkte (Zeitschrift der SFA-ISPA) 5, S. 10-11

Hasler F (2007) »Was will, wenn wir wollen?« Neue Zürcher Zeitung am Sonntag vom 17. Juli, S. 59

Hasler F (2009) »Stoppt den Neurowahn!« Das Magazin vom 24.10.

Hasler F (2010) »Kann gründlich daneben gehen«. Tageszeitung-Magazin Der Freitag vom 9. Juli, S. 7

Hasler F (2011) »Wem helfen Pillen gegen Depressionen?« Der Beobachter 19, S. 28-34

Healy D (1997) »The Antidepressant Era«. Cambridge: Harvard University Press

Healy D (2002) »The creation of psychopharmacology«. Cambridge: Harvard University Press

Healy D (2004) »Let them eat Prozac. The unhealthy relationship between the pharmaceutical industry and depression«. New York and London: New York University Press

Healy D (2006) »The latest mania: Selling bipolar disorder«. PLoS Medicine 3 (4): e185

Healy D, Michael P, Harris M, Savage M, Hirst D et al. (2001) »The burden of psychiatric morbidity«. Psychological Medicine 31, S. 779-790

Hecht JM (2003) »The end of the soul. Scientific modernity, atheism, and anthropology in France«. New York: Columbia University Press

Hegel GWF (2009) »Phänomenologie des Geistes«. München: Grin Verlag

Herbert W (2010) »›Delusions of Gender‹ argues that faulty science is furthering sexism«. Washington Post vom 12. September

Herrmann N, Chau SA, Kircanski I, Lanctot KL (2011) »Current and emerging drug treatment options for Alzheimer's disease: a systematic review«. Drugs 71, S. 2031-2065

Hess E, Jokeit H (2009) »Neurokapitalismus«. Eurozine (www.eurozine.com/articles/2009-06-09-jokeit-de.html)

Ho BC, Andreasen NC, Nopoulos P, Arndt S, Magnotta V et al. (2003) »Progressive structural brain abnormalities and their relationship to clinical outcome: a longitudinal magnetic resonance imaging study early in schizophrenia«. Archives of General Psychiatry 60, S. 585-594

Ho BC, Andreasen NC, Ziebell S, Pierson R, Magnotta V (2011) »Long-term antipsychotic treatment« and brain volumes: a longitudinal study of first-episode schizophrenia«. Archives of General Psychiatry 68, S. 128-137

Holtzheimer PE, Mayberg HS (2011) »Stuck in a rut: rethinking depression and its treatment«. Trends in Neurosciences 34, S. 1-9

Holtzmann Kevles B (2004) »PET pictures«. Science 304, S. 1451

Hopper K, Harrison G, Janka A, Sartorius N (2007) »Recovery from Schizophrenia: An international perspective«. Oxford: University Press

Horgan J (2000) »The undiscovered mind«. New York: Touchstone

Huber G (2005) »Psychiatrie. Lehrbuch für Studium und Weiterbildung«. Stuttgart: Schattauer

Hüther G, Michels I (2009) »Gehirnforschung für Kinder – Felix und Feline entdecken das Gehirn«. München: Random House

Hughes V (2010) »Science in court: head case«. Nature 464, S. 340-342

Hyman SE (1996) »Initiation and adaptation: A paradigm for understanding psychotropic drug action«. American Journal of Psychiatry 153, S. 151-161

Iacoboni M, Freedman J, Kaplan J, Hall Jamieson K, Freedman T et al. (2007) »This is your brain on politics«. New York Times vom 11. November

Insel, TR, Quirion R (2005) »Psychiatry as a clinical neuroscience discipline«. Journal of the American Medical Association 294, S. 2221-2224

Insel TR (2010) »Understanding mental disorders as circuit disorders«. Cerebrum, Online-Ausgabe vom 19. Februar

Ioannidis J (2008) »Effectiveness of antidepressants«. Philosophy, Ethics, and Humanities in Medicine 3, S. 14

Jaarsma P, Welin S (2012) »Autism as a natural human variation: Reflections on the claims of the neurodiversity movement«. Health Care Analysis 20, S. 20-30

Jacobs B (1991) »Serotonin and behaviour«. Journal of Clinical Psychiatry 52, Suppl., S. 151-162

Jäncke L (2009) »Jeder will auf den Neuro-Zug aufspringen«. Neue Zürcher Zeitung vom 13. Mai

Jain U, Birmaher B, Garcia M, Al-Shabbout M, Ryan N (1992) »Fluoxetine in children and adolescents with mood disorders; a chart review of efficacy and adverse effects«. Journal of Child and Adolescent Psychopharmacology 2, S. 259-265

James O (1998) »Britain on the couch – treating a low serotonin society«. London: Arrow Books

Jamison KR (1995) »An unquiet mind«. New York: Random House

Joyce K (2005) »Appealing images: Magnetic resonance imaging and the production of authoritative knowledge«. Social Studies of Science 35, S. 437-462

Joyce K (2008) »Magnetic Appeal: MRI and the myth of transparency«. Ithaca: Cornell University Press

Jureidini JN, McHenry LB, Mansfield PR (2008) »Clinical trials and drug promotion: Selective reporting of study 329«. International Journal of Risk and Safety in Medicine 20, S. 73-81

Kaiser S (2011) »Die Jagd nach dem Hirn«. Du Magazin, Oktober-Ausgabe

Kanai R, Feilden T, Firth C, Rees G (2011) »Political orientations are correlated with brain structure in young adults«. Current Biology 21, S. 677-680

Karlsson H, Hirvonen J, Salminen JK, Hietala J (2011) »No association between serotonin 5-HT(1A) receptors and spirituality among patients with major depressive disorders or healthy volunteers«. Molecular Psychiatry 16, S. 282-285

Keller MB, Ryan ND, Strober M, Klein RG, Kutcher SP et al. (2001) »Efficacy of paroxetine in the treatment of adolescent major depression: A randomized, controlled trial«. Journal of the American Academy of Child and Adolescent Psychiatry 40, S. 762-772

Keller MB, McCullough JP, Klein DN, Arnow B, Dunner DL et al. (2000) »A comparison of nefazodone, the cognitive behavioral-analysis system of psychotherapy, and their combination for the treatment of chronic depression«. New England Journal of Medicine 343, S. 1041-1043

Kennedy D, Norman C (2005) »What don't we know?« Science 309, S. 75

Kessler RC, McGonagle KA, Zhao S, Nelson CB, Hughes M et al. (1994) »Lifetime and 12-month prevalence of DSM-III-R psychiatric disorders in the United States. Results from the National Comorbidity Survey«. Archives of General Psychiatry 51, S. 8-19

Kessler RC, Berglund P, Demler O, Jin R, Merikangas KR et al. (2005) »Lifetime prevalence and age-of-onset distributions of DSM-IV disorders in the National Comorbidity Survey Replication«. Archives of General Psychiatry 62, S. 593-602

Kirk S (1992) »The selling of DSM«. New York: Aldine de Gruyter

Kirsch I (2003) »St John's wort, conventional medication, and placebo: an egregious double standard«. Complementary Therapies in Medicine 11, S. 193-195

Kirsch I (2009) »The emperor's new drugs. Exploding the antidepressant myth«. London: The Bodley Head

Kirsch I, Deacon BJ, Huedo-Medina TB, Scoboria A, Moore TJ, Johnson BT (2008) »Initial severity and antidepressant benefits: A meta-analysis of data submitted to the Food and Drug Administration«. Public Library of Science Medicine 5 (2): e45. doi:10.1371/journal.pmed.0050045

Kirsch I, Moore TJ, Scoboria A, Nicholls SS (2002) »The emperor's new drugs: An analysis of antidepressant medication data submitted to the U.S. Food and Drug Administration«. Prevention and Treatment 5, Article 23 (posted July 15)

Kirsch I, Scoboria A, Moore TJ (2002) »Antidepressants and placebo: Secrets, revelations, and unanswered questions«. Prevention and Treatment 5, Article 33 (posted July 15)

Kitaichi Y, Inoue T, Nakagawa S, Boku S, Kakuta A et al. (2010) »Sertraline increases extracellular levels not only of serotonin, but also of dopamine in the nucleus accumbens and striatum of rats«. European Journal of Pharmacology 647, S. 90-96

Klein DF (1994) »Editorial sparks debate on effects of psychoactive drugs«. Psychiatric News vom 20. Mai

Kline N (1964) »The practical management of depression«. Journal of the American Medical Association 190, S. 122-130

Koch C, Hepp K (2006) »Quantum mechanics in the brain«. Nature 440, S. 611-612

Könneker C (2002) »Ein Frontalangriff auf unser Selbstverständnis und unsere Menschenwürde«. Interview mit Wolf Singer und Thomas Metzinger. Gehirn und Geist 4, S. 32-35

Koerner B (2002) »First you market the disease, then you push the pills to treat it«. The Guardian vom 30. Juli

Kondro W, Sibbald B (2004) »Drug company experts advised staff to withhold data about SSRI use in children«. Canadian Medical Association Journal 170, S. 783

Koolschijn PC, Van Haren NE, Lensvelt-Mulders GJ, Hulshoff Pol HE, Kahn RS (2009) »Brain volume abnormalities in major depressive disorder: a meta-analysis of magnetic resonance imaging studies«. Human Brain Mapping 30, S. 3719-3735

Kosslyn SM (1999) »If neuroimaging is the answer, what is the question?« Philosophical Transactions of the Royal Society B 354, S. 1283-1294

Koukopoulos A, Sani G, Koukopoulos AE, Minnai GP, Girardi P et al. (2003) »Duration and stability of the rapid-cycling course: a long-term personal follow-up of 109 patients«. Journal of Affective Disorders 73, S. 75-85

Kramer P (1997) »Listening to Prozac«. New York: Penguin Books

Kramer P (2011) »In defense of antidepressants«. New York Times vom 9. Juli

Krstinic S (2010) »Neuro-Ernährung. Essen für die Emotionen«. Oberstdorf: Windpferd Verlag

Küchenhoff J (2010) »Zum Verhältnis von Psychopharmakologie und Psychoanalyse – am Beispiel der Depressionsbehandlung«. Psyche 9/10, S. 890-916

Kukley M, Capetillo-Zarate E, Dietrich D (2007) »Vesicular glutamate release from axons in white matter«. Nature Neuroscience 10, 311-320

Kupfer DJ, Regier DA (2010) »Why All of Medicine Should Care About DSM-5«. Journal of the American Medical Association 303, S. 1974-1975

Lacasse JR und Leo J (2005) »Serotonin and depression: A disconnect between the advertisements and the scientific literature«. Public Library of Science 2, S. 1211-1216

Langlitz N (2010) »Das Gehirn ist kein Muskel«. Frankfurter Allgemeine Sonntagszeitung vom 3. Januar

Lau HC, Roger RD, Passingham RE (2006) »On measuring the perceived onsets of spontaneous actions«. Journal of Neuroscience 26, S. 7265-7271

Legrenzi P, Umiltà C (2011) »Neuromania. On the Limits of Brain Science«. Oxford: University Press

Le Ker H (2011) »Wie bei einer Wahrsagerin« (Interview mit Urban Wiesing) Spiegel Online vom 12. Dezember. www.spiegel.de/wissenschaft/medizin/0,1518,800789,00.html

Lenzer J (2004) »Bush plans to screen whole US population for mental illness«. British Medical Journal 328, S. 1458

Leo J, Lacasse JR (2008) »The media and the chemical imbalance theory of depression«. Society 45, S. 35-45

Lewin R (1980) »Is your brain really necessary?« Science 210, S. 1232-1234

Lewis DO, Yeager CA, Blake P, Bard B, Strenziok M (2004) »Ethics questions raised by the neuropsychiatric, neuropsychological, educational, developmental, and family characteristics of 18 juveniles awaiting execution in Texas«. Journal of the American Academy of Psychiatry and the Law 32, S. 408-429

Libet B (1985) »Unconscious cerebral initiative and the role of conscious will in voluntary action«. Behavioral and Brain Sciences 8, S. 529-566

Libet B, Gleason CA, Wright EW, Pearl DK (1983) »Time of conscious intention to act in relation to onset of cerebral activity (readiness-potential)«. Brain 106, S. 623-642

Lieb K (2008) »Auf was ist eigentlich noch Verlass?« MEZIS Nachrichten 1, S. 6-7

Logothetis NK, Pauls J, Augath M, Trinath T et al. (2001) »Neurophysiological investigation of the basis of the fMRI signal«. Nature 412, S. 150-157

Loomer HP, Saunders JC, Kline Nathan S (1957) »A clinical and pharmacodynamic evaluation of iproniazid as a psychic energizer«. Psychiatric Research Report of the American Psychiatric Association 8, S. 129-144

Lowenberg K (2010) »fMRI-based lie detection excluded after daubert hearing«. http://blogs.law.stanford.edu/lawandbiosciences/2010/06/01

Lüderssen K (2003) »Wir können nicht anders«. Frankfurter Allgemeine Zeitung vom 4. November

Lynch Z (2009) »The neuro revolution. How brain science is changing our world«. New York: St. Martin's Press

Madrigal M (2010) »Jury reaches decision in brain-scan test case«. www.wired.com/wiredscience/2010/05/jury-finds-against-plaintiff

Maher B (2008) »Poll results: look who's doping«. Nature 452, S. 674-675

Malabou C (2008) »What should we do with our brain?« New York: Fordham University Press

Margulis D (2012) »The Salmon of Doubt: Six Months of Methodological Controversy within Social Neuroscience«. In S Choudhury & J Slaby (Hg.) »Critical Neuroscience: A Handbook of the Social and Cultural Contexts of Neuroscience«. Chichester: Wiley-Blackwell

Markowitsch HJ, Siefer W (2009) »Tatort Gehirn. Auf der Suche nach dem Ursprung des Verbrechens«. München: Piper

Markram H (2008) »Fixing the location and dimensions of functional neocortical columns«. Human Frontier Science Program Journal 2, S. 132-135

Martin A, Young C, Leckman JF, Mukonoweshuro C, Rosenheck R et al. (2004) »Age effects on antidepressant-induced manic conversion«. Archives of Pediatrics and Adolescent Medicine 158, S. 773-780

Martin E (2006) »The pharmaceutical person«. BioSocieties 1, S. 273-287

Martin E (2007) »Bipolar Expeditions. Mania and Depression in American Culture«. Princeton: University Press

Maso I (2003) »Argumenten voor een inclusieve wetenschap«. Präsentation an der Konferenz »Wetenschap, wereldbeeld en wij«, Brüssel, 10. Juni 2003

Mayhew JEW (2003) »A measured look at neuronal oxygen consumption«. Science 299, S. 1023-1024

McCabe DP, Castel AD (2008) »Seeing is believing: The effect of brain images on judgments of scientific reasoning«. Cognition 107, S. 343-352

McGinn C (1989) »Can we solve the mind-body problem?« Mind 98, S. 349-366

McHenry LB, Jureidini JN (2008) »Industry-sponsored ghostwriting in clinical trial reporting: A case study«. Accountability in Research 15, S. 152-167

McKhann G (2007) »Research must pass an ethical ›smell test‹«. Dana Foundation, www.dana.org/news/braininthenews/detail.aspx?id=9928

Mead GE, Morley W, Campbell P, Greig CA, McMurdo et al. (2009) »Exercise for depression«. Cochrane Database of Systematic Reviews, CD004366 (posted July 8)

Medawar D, Hardon A (2004) »Medicines Out of Control? Antidepressants and the Conspiracy of Goodwill«. Amsterdam: Aksant Academic Publishers

Meduna LJ (1938) »Die Konvulsionsbehandlung der Schizophrenie«. Halle a.S.: Carl Marhold Verlagsbuchhandlung

Merril CR, Geier MR, Petricciani JC (1971) »Bacterial virus gene expression in human cells«. Nature 233, S. 398-400

Metzinger T (2005) »Bewusstsein. Beiträge aus der Gegenwartsphilosophie«. Paderborn: Schöningh

Meyer R (2008) »Liebe und Hass in der Kernspintomografie«. Deutsches Ärzteblatt, Online-Ausgabe vom 29. Oktober, www.aerzteblatt.de/v4/news/news.asp?id=34201

Miller G (2008) »Growing pains for fMRI«. Science 320, S. 1412-1414

Miller G (2010) »Is pharma running out of brainy ideas?« Science 329, S. 502-504

Mintz M (1965) »The therapeutic nightmare«. Boston: Houghton Mifflin

Mintzes B (2002) »For and against: Direct to consumer advertising is medicalising normal human experience«. British Medical Journal 324, S. 908-909

Mobbs D, Lau HC, Jones OD, Frith CD (2007) »Law, responsibility, and the brain«. PLoS Biology 5: e103

Moncrieff J, Pomerleau J (2000) »Trends in sickness benefits in Great Britain and the contribution of mental disorders«. Journal of Public Health Medicine 22, S. 59-67

Moore P, Gillin C, Bhatti T, DeModena A, Seifritz E et al. (1998) »Rapid tryptophan depletion, sleep electroencephalogram, and mood in men with remitted depression on serotonin reuptake inhibitors«. Archives of General Psychiatry 55, S. 534-539

Morse SJ (2006) »Brain overclaim syndrome and criminal responsibility. A diagnostic note«. Ohio State Journal of Criminal Law 3, S. 397-412

Mosher L (1998) Letter of resignation from the American Psychiatric Association. www.moshersoteria.com/articles/resignation-from-apa/

Mössner R, Mikova O, Koutsilieri E, Saoud M, Ehlis A et al. (2007) »Consensus paper of the WFSBP task force on biological markers: Biological markers in depression«. World Journal of Biological Psychiatry 8, S. 141-147

Moreno C, Laje G, Blanco C, Jiang H, Schmidt AB et al. (2007) »National trends in the outpatient diagnosis and treatment of bipolar disorder in youth«. Archives of General Psychiatry 64, S. 1032-1039

Müller-Lissner A (2011) »Linksliberale haben mehr Gefühl«. Der Tagesspiegel vom 15. April, S. 32

Müller-Wille S, Rheinberger HJ (2009) »Das Gen im Zeitalter der Postgenomik«. Frankfurt a.M.: Suhrkamp

Nagel T (1974) »What is it like to be a bat?« The Philosophical Review 83, S. 435-450

Najib A, Lorberbaum JP, Kose S, Bohning DE, George MS (2004) »Regional brain activity in women grieving a romantic relationship breakup«. American Journal of Psychiatry 161, S. 2245-2256

Narayan A (2009) »The fMRI brain scan: A better lie detector?« Time Magazine vom 20. Juli

National Drug Control Strategy (2002) »National priorities II: healing America's drug users«. The White House; www.whitehouse.gov/ondcp

National Drug Control Strategy: Update (2003) »Healing America's drug users: getting treatment resources where they are needed«. The White House; www.whitehouse.gov/ondcp

Nature Editorial (2007) »Mind games: how not to mix politics and science«. Nature 450, S. 457

Neumann NU, Frasch K (2006) »Meditation aus neurobiologischer Sicht – Untersuchungsergebnisse bildgebender Verfahren«. Psychotherapie, Psychosomatik, medizinische Psychologie 56, S. 488-492

New York Times (1937) »Mind is mapped in cure of insane«. Ausgabe vom 15. Mai

New York Times (1937) »Surgery used on the soul-sick«. Ausgabe vom 7. Juni

New York Times (1957) »TB drug is tried in mental cases«. Ausgabe vom 7. April

New York Times (1994) »Jury rules out drug as factor in killings«. Ausgabe vom 13. Dezember

Noë A (2010) »Du bist nicht dein Gehirn. Eine radikale Philosophie des Bewusstseins«. München: Piper

Nutt D, Goodwin G (2011) »ECNP summit on the future of CNS drug research in Europe 2011«. European Neuropsychopharmacology 21, S. 495-499

Office of Science and Technology (2005) »Drug futures 2025?« Executive Summary and Overview

Ogloff JR (2006) »Psychopathy/antisocial personality disorder conundrum«. Australian and New Zealand Journal of Psychiatry 40, S. 519-528

Olson S (2005) »Brain scans raise privacy concerns«. Science 307, S. 1548-1550

Ortega F (2009) »The cerebral subject and the challenge of neurodiversity«. Biosciences 4, S. 425-445

Ortega F, Vidal F (2007) »Mapping the cerebral subject in contemporary culture«. Revista Eletronica de Comunicaçao, Informaçao e Inovaçao em Saude 2, S. 255-259

Ortega F, Vidal F (Hg., 2011) »Neurocultures: Glimpses into an Expanding Universe«. Frankfurt a.M.: Peter Lang

Ossewaarde L, Van Wingen GA Rijpkema M, Bäckström T, Hermans EJ et al. (2011) »Menstrual cycle-related changes in amygdala morphology are associated with changes in stress sensitivity« Human Brain Mapping, published online (doi: 10.1002/hbm.21502)

Papolos D, Papolos J (2000) »The bipolar child«. Portland: Broadway books

Parry V (2003) »The art of branding a condition«. Medical Marketing and Media 38, S. 43-39

Patten SB (2004) »The impact of antidepressant treatment on population health: synthesis of data from two national data sources in Canada«. Population Health Metrics 2, S. 9

Pauen M (2006) »Freier Wille und Bestimmung«. NZZ Folio 12, S. 66-72

Pauen M (2008) »Illusion Freiheit? Mögliche und unmögliche Konsequenzen der Hirnforschung«. Frankfurt a.M.: Fischer

Pessoa L (2008) »On the relationship between emotion and cognition«. Nature Reviews Neuroscience 9, S. 148-158

Pickersgill M (2011) »›Promising‹ therapies: neuroscience, clinical practice, and the treatment of psychopathy«. Sociology of Health and Illness 33, S. 448-464

Pinker S (1997) »How the mind works«. New York: W.W. Norton

Popper K, Eccles JC (1982) »Das Ich und sein Gehirn«. München: Piper

Posternak MA, Solomon DA, Leon AC, Mueller TI, Shea MT, Endicott J, Keller MB (2006) »The naturalistic course of unipolar major depression in the absence of somatic therapy«. Journal of Nervous and Mental Disease 194, S. 324-329

Pribram K (1969) »The neurophysiology of remembering«. Scientific American 220, S. 75

Prinz W (2003) »Freiheit oder Wissenschaft? Zum Problem der Willensfreiheit«. In JC Schmid & L Schuster (Hg.) »Der entthronte Mensch? Anfragen der Neurowissenschaften an unser Menschenbild«. Paderborn: Mentis, S. 261-279

Quednow BB (2010) »Ethics of neuroenhancement: a phantom debate«. BioSocieties 5, S. 153-156

Quednow BB (2010) »Neurophysiologie des Neuro-Enhancements: Möglichkeiten und Grenzen«. Suchtmagazin 2, S. 19-26

Quednow BB, Treyer V, Hasler F, Dörig N, Wyss MT et al. (2012) »Assessment of serotonin release capacity in the living human brain using dexfenfluramine challenge and [¹⁸F]altanserin positron emission tomography«. Neuroimage 59, S. 3922-3932

Quirin M, Loktyushin A, Arndt J, Küstermann E, Lo YY, Kuhl J, Eggert L (2012) »Existential neuroscience: a functional magnetic resonance imaging investigation of neural responses to reminders of one's mortality«. Social Cognitive and Affective Neuroscience 7, S. 193-198

Rachul C, Zarzeczny A (2012) »The rise of neuroskepticism«. International Journal of Law and Psychiatry 35, S. 77-81

Racine E, Bar-Ilan O, Iles J (2005) »fMRI in the public eye«. Nature Reviews Neuroscience 6, S. 159-164

Raichle ME (2010) »The brain's dark energy«. Scientific American vom 17. Februar

Rawls J (1971) »A Theory of Justice«. Cambridge: Harvard University Press

Reinberg S (2007) »ADHD Drugs Help Boost Children's Grades«. Washington Post vom 21. September

Repantis D, Laisney O, Heuser I (2010) »Acetylcholinesterase inhibitors and memantine for neuroenhancement in healthy individuals: a systematic review«. Pharmacological Research 61, S. 473-481

Repantis D, Schlattmann P, Laisney O, Heuser I (2009) »Antidepressants for neuroenhancement in healthy individuals: a systematic review«. Poiesis & Praxis 6, S. 139-174

Roggenbach J, Müller-Örlinghausen B, Franke L (2002) »Suicidality, impulsivity, and aggression – Is there a link to 5HIAA concentration in the cerebrospinal fluid?« Psychiatry Research 113, S. 193-206

Rose N (2003) »Neurochemical selves«. Society 6, S. 46-59

Rose N (2010) »Screen and intervene. Governing risky brains«. History of the Human Sciences 23, S. 79-105

Rosen J (2007) »The brain on the stand«. New York Times vom 11. März

Ross CA, Pam A (1995) »Pseudoscience in Biological Psychiatry«. New York: John Wiley & Sons

Ross JR, Malzberg B (1939) »A review of the results of the pharmacological shock therapy and the metrazol convulsive therapy in New York state«. American Journal of Psychiatry 96, S. 297-316

Roth G (2000) »Es geht ans Eingemachte«. Spektrum der Wissenschaft 10, S. 72

Roth G (2001) »Fühlen, Denken, Handeln«. Frankfurt a.M.: Suhrkamp

Roth G (2004) »Das Problem der Willensfreiheit. Die empirischen Befunde«. Information Philosophie 5, S. 14-21

Rupp HA, James TW, Ketterson ED, Sengelaub DR, Janssen E, Heiman JR (2008) »The role of the anterior cingulate cortex in women's sexual decision making«. Neuroscience Letters 449, S. 42-47

Sacks O (1995) »An anthropologist on Mars«. New York: Vintage Books

Sanchez C, Hyttel J (1999) »Comparison of the effects of antidepressants and their metabolites on reuptake of biogenic amines and on receptor binding«. Cellular and Molecular Neurobiology 19, S. 467-489

Sandell R, Blomberg J, Lazar A (1997) »When reality doesn't fit the blueprint: Doing research on psychoanalysis and longterm psychotherapy in a public health service program«. Psychotherapy Research 7, S. 333-344

Sandell R, Blomberg J, Lazar A et al. (2001) »Unterschiedliche Langzeitergebnisse von Psychoanalysen und Psychotherapien. Aus der Forschung des Stockholmer Projekt«. Psyche 55, S. 277-310

Saver J, Rabin J (1997) »The neural substrates of religious experience«. Journal of Neuropsychiatry and Clinical Neurosciences 9, S. 498-510

Schleim S (2011) »Die Neurogesellschaft. Wie die Hirnforschung Recht und Moral herausfordert«. Hannover: Heise

Schmid B (2009) »10 Milligramm Arbeitswut«. Das Magazin vom 17. August

Schmid GB (2000) »Tod durch Vorstellungskraft«. Heidelberg: Springer Verlag

Schramm M (2011) »Neurohype – Warum die Hirnforschung überschätzt wird«. (Interviews mit Gerhard Roth, Peter Bieri, Karl Zilles, Nicole Becker und Felix Hasler) IQ-Wissenschaft und Forschung, Bayerischer Rundfunk, Erstausstrahlung am 13.April

Schuler D, Ruesch P, Weiss C (2007) »Psychische Gesundheit in der Schweiz«. Schweizerisches Gesundheitsobservatorium, Arbeitsdokument 24 (CH-Bundesamt für Statistik)

Schulz A (2004) »Hirnforschern aufs Maul geschaut. Interview mit Peter Hacker«. Gehirn und Geist 5, S. 43-45

Schuyler D (1974) »The depressive spectrum«. New York: Jason Aronson

Schwabe U, Paffrath D (2009) »Arzneiverordnungs-Report 2009«. Heidelberg: Springer Medizin Verlag

Schweizer Fernsehen (1993) »Neue Techniken in der Hirnforschung«. Ein Beitrag in der Sendereihe »Menschen, Technik, Wissenschaft«, Erstausstrahlung am 21. Januar

Schweizer Fernsehen (2010) »Verbrechen, Schuld und Strafe« (Interview mit Reinhard Merkel). Ein Beitrag in der Sendereihe »Sternstunde Philosophie«, Erstausstrahlung am 7. November

Schweitzer NJ, Saks MJ (2011) »Neuroimage evidence and the insanity defense«. Behavioral Sciences and the Law 29, S. 592-607

Scientology.org (2010) »Why is Scientology opposed to psychiatric abuses?« www.scientology.org/faq/scientology-in-society/why-is-scientology-opposed-to-psychiatric-abuses.html

Seabrook J (2008) »Suffering souls. The search for the roots of psychopathy«. The New Yorker vom 10. November

Sharot T, Riccardi AM, Raio CM, Phelps EA (2007) »Neural mechanisms mediating optimism bias«. Nature 450, S. 102-105

Shedler J (2010) »The efficacy of psychodynamic psychotherapy«. The American Psychologist 65, S. 98-109

Shen FX, Jones OD (2011) »Brain scans as evidence: Truths, proofs, lies, and lessons«. Mercer Law Review 62, S. 861-883

Shine B (2000) »Nicotine vaccine moves toward clinical trials«. NIDA Notes 15 (5); http://165.112.78.61/NIDA_Notes/NNVol15N5/Vaccine.html

Siegrist J (2009) »Gratifikationskrisen als psychosoziale Herausforderungen«. Arbeitsmedizin Sozialmedizin Umweltmedizin 11, S. 574-579

Sing I, Rose N (2009) »Biomarkers in psychiatry«. Nature 460, S. 202-207

Singer W (2001) »Vom Gehirn zum Bewusstsein«. In N Elsner & G Lüer (Hg.) »Das Gehirn und sein Geist«. Göttingen: Wallstein

Singer W (2004) »Verschaltungen legen uns fest: Wir sollten aufhören, von Freiheit zu sprechen«. In C Geyer (Hg.) »Hirnforschung und Willensfreiheit«. Frankfurt a.m.: Suhrkamp

Singer W (2006) »Vom Gehirn zum Bewusstsein«. Frankfurt a.M.: Suhrkamp

Skottowe I (1955) »Drugs in the treatment of depression«. The Lancet 6874, S. 1129

Slaby J (2010) »Steps towards a Critical Neuroscience«. Phenomenology and the Cognitive Sciences 9, S. 397-416

Slaby J (2011) »Perspektiven einer kritischen Philosophie der Neurowissenschaften«. Deutsche Zeitschrift für Philosophie 59, S. 375-390

Slingsby BT (2002) »The Prozac boom and its placebogenic counterpart – a culturally fashioned phenomenon«. Medical Science Monitor 5, S. 389-393

Smith DF, Jakobsen S (2009) »Molecular tools for assessing human depression by positron emission tomography«. European Neuropsychopharmacology 19, S. 611-628

Sontag S (1990) »Illness as Metaphor and AIDS and Its Metaphors«. New York: Anchor Books

Sontheimer M (2010) »Natürlich kann geschossen werden – Eine kurze Geschichte der Roten Armee Fraktion«. München: Spiegel Verlag

Spitzer M (2007) »Kinder lernen besser ohne Computer«. Der Tagesspiegel vom 22. Juni

Spoletini I, Piras F, Fagioli S, Rubino IA, Martinotti G et al. (2011) »Suicidal attempts and increased right amygdala volume in schizophrenia«. Schizophrenie Research 125, S. 30-40

Stadler M (2012) »The neuromance of cerebral history«. In S. Choudhury & J. Slaby (Hg.) »Critical Neuroscience. A Handbook of the Social and Cultural Context of Neuroscience«. Chichester: Wiley-Blackwell, S. 135-158

Stassen H, Angst J, Hell D, Scharfetter C, Szegedi A (2007) »Is there a common resilience mechanism underlying antidepressant drug response? Evidence from 2848 patients«. Journal of Clinical Psychiatry 68, S. 1195-1205

Studerus E, Gamma A, Vollenweider FX (2010) »Psychometric Evaluation of the Altered States of Consciousness Rating Scale (OAV)«. PLoS One 5(8): e12412

Stutz B (2007) »Self-Nonmedication«. New York Times vom 6. Mai

Sussman S, Pentz MA, Spruijt-Metz D, Miller T (2006) »Misuse of ›study drugs‹: prevalence, consequences, and implications for policy«. Substance Abuse Treatment, Prevention and Policy 1: 15

Swazey J (1974) »Chlorpromazine in psychiatry. A study of therapeutic innovation«. Cambridge: MIT Press

Thadeusz F (2010) »Programmiert auf Unheil«. Der Spiegel vom 19. Januar

Teicher M (1991) Transcript of the Food and Drug Administration, Psychopharmacological Drugs Advisory Committee, September 20, S. 285. Department of Health and Human Services, Public Health Service, Food and Drug Administration, Rockville, Maryland. Zugriff über den »Freedom of Information Act«

Thimm K, Traufetter G (2004) »Das Hirn trickst das Ich aus«. Streitgespräch mit Gerhard Roth und Eberhard Schockenhoff. Der Spiegel vom 20. Dezember

Time Magazine (2004) »Secrets of the Teenage Brain«. Ausgabe vom 10. Mai

Timimi S (2008) »Child psychiatry and its relationship with the pharmaceutical industry: theoretical and practical issues«. Advances in Psychiatric Treatment 14, S. 3-9

Timimi S (2010) »The McDonaldization of childhood: Children's mental health in neo-liberal market cultures«. Transcultural Psychiatry 47, S. 686-706

Tone A (2009) »The Age of Anxiety«. New York: Basic Books

Tononi G (2004) »An information integration theory of consciousness«. BMC Neuroscience 5, S. 42, doi:10.1186/1471-2202-5-42

Tononi G (2008) »Consciousness as integrated information: a provisional manifesto«. Biological Bulletin 215, S. 216-242

Traufetter G (2012) »Gefühlskälte als Schutzschild«. Spiegel online vom 20. April

Trevena J, Miller J (2010) »Brain preparation before a voluntary action: Evidence against unconscious movement initiation«. Consciousness and Cognition 19, S. 447-456

Turner EH, Matthews AM, Linardatos E, Tell RA, Rosenthal R (2008) »Selective publication of antidepressant trials and its influence on apparent efficacy«. New England Journal of Medicine 358, S. 252-260

Uebelacker LA, Epstein-Lubow G, Gaudiano BA, Tremont G, Battle CL et al. (2010) »Hatha yoga for depression: critical review of the evidence for efficacy, plausible mechanisms of action, and directions for future research«. Journal of Psychiatric Practice 16, S. 22-33

Urbaniok F, Hardegger J, Rossegger A, Endrass J (2006) »Neurobiologischer Determinismus. Fragwürdige Schlussfolgerungen über menschliche Entscheidungsmöglichkeiten und forensische Schuldfähigkeit«. In M Senn & D Puskas (Hg.) »Gehirnforschung und rechtliche Verantwortung«. Stuttgart: Archiv für Rechts- und Sozialphilosophie, Beiheft Nr. 111

Uttal W (2001) »The New Phrenology: The Limits of Localizing Cognitive Processes in the Brain«. Cambridge: MIT Press

Valenstein ES (1998) »Blaming the brain: The truth about drugs and mental health«. New York: Free Press

Van Gerven J, Cohen A (2011) »Vanishing clinical psychopharmacology«. British Journal of Clinical Psychopharmacology 72, S. 1-5

Van Lommel P (2009) »Endloses Bewusstsein«. Düsseldorf: Patmos Verlag

Van Weel-Baumgarten EM, Van den Bosch WJ, Hekster YA, Van den Hoogen HJ, Zitman FG (2000) »Treatment of depression related to recurrence: 10-year follow-up in general practice«. Journal of Clinical Pharmacy and Therapeutics 25, S. 61-66

Vasile RG, Bruce SE, Goisman RM, Pagano M, Keller MB (2005) »Results of a naturalistic longitudinal study of benzodiazepine and SSRI use in the treatment of generalized anxiety disorder and social phobia«. Depression and Anxiety 22, S. 59-67

Vidal F (2009) »Brainhood, anthropological figure of modernity«. History of the Human Sciences 22, S. 5-36

Viguera AC, Baldessarini RJ, Friedberg J (1998) »Discontinuing antidepressant treatment in major depression«. Harvard Review of Psychiatry 5, S. 293-306

Vogt O (1931) »Der sezierte Verstand«. Kölnische Illustrierte Zeitung vom 24. Oktober

Vul E, Harris C, Winkielman P, Pashler H (2009) »Puzzlingly high correlations in fMRI studies of emotion, personality, and social cognition«. Perspectives on Psychological Science 4, S. 274-290

Vul E, Pashler H (2012) »Voodoo and circularity errors« Neuroimage 62, S. 945-948

Wamsley J (1987) »Receptor alterations associated with serotonergic agents«. Journal of Clinical Psychiatry 48, Suppl., S. 19-25

Watters E (2010) »Crazy like us – The globalization of the american psyche«. New York: Free Press

Weissman MM, Bland RC, Canino GJ, Faravelli C, Greenwald S et al. (1996) »Cross-national epidemiology of major depression and bipolar disorder«. Journal of the American Medical Association 276, S. 293-299

Weissman MM, Myers JK (1980) »Psychiatric disorders in a U.S. community. The application of research diagnostic criteria to a resurveyed community sample«. Acta Psychiatrica Scandinavica 62, S. 99-111

Widya RL, De Roos A, Trompet S, De Craen AJ, Westendorp RG et al. (2011) »Increased amygdalar and hippocampal volumes in elderly obese individuals with or at risk of cardiovascular disease«. American Journal of Clinical Nutrition 93, S. 1190-1195

Whitaker R (2010) »Anatomy of an epidemic. Magic bullets, psychiatric drugs, and the astonishing rise of mental illness in America«. New York: Crown Publishers

WHO World Health Report (2001) »Mental Health: New Understanding, New Hope«. S. 28

Wollmer MA, De Boer C, Kalak N, Beck J, Götz T et al. (2012) »Facing depression with botulinum toxin: A randomized controlled trial«. Journal of Psychiatric Research 46, S. 574-581

Wong D (1981) »Subsensitivity of serotonin receptors after lont-term treatment of rats with fluoxetine«. Research Communications in Chemical Pathology and Pharmacology 32, S. 41-51

Worden FG, Swazey JP, Adelman G (1975) »The Neurosciences: Paths of Discovery«. Cambridge: MIT Press

Zarate CA, Tohen M, Land M, Cavanagh S (2000) »Functional impairment and cognition in bipolar disorder«. Psychiatric Quaterly 71, S. 309-329

Zeki S (2002) »Neural concept formation and art: Dante, Michelangelo, Wagner«. Journal of Consciousness Studies 9, S. 53-76

Zeki S, Romaya JP (2008) »Neural correlates of hate«. PLoS ONE 3(10): e3556

Zimmer C (2010) »Sizing up consciousness by its bits«. New York Times vom 20. September

Zorc JJ, Larson DB, Lyons JS, Beardsley RS (1991) »Expenditures for psychotropic medications in the United States in 1985«. American Journal of Psychiatry 148, S. 644-647

X-Texte zu Kultur und Gesellschaft

PETER GROSS
Jenseits der Erlösung
Die Wiederkehr der Religion
und die Zukunft des Christentums
(2. Auflage)

2008, 198 Seiten, kart., 20,80 €,
ISBN 978-3-89942-902-2

MATTHIAS KAMANN
Todeskämpfe
Die Politik des Jenseits
und der Streit um Sterbehilfe

2009, 158 Seiten, kart., 17,80 €,
ISBN 978-3-8376-1265-3

STEPHAN LESSENICH
Die Neuerfindung des Sozialen
Der Sozialstaat im flexiblen Kapitalismus
(2., unveränderte Auflage 2009)

2008, 172 Seiten, kart., 18,80 €,
ISBN 978-3-89942-746-2

Leseproben, weitere Informationen und Bestellmöglichkeiten
finden Sie unter www.transcript-verlag.de

X-Texte zu Kultur und Gesellschaft

Peter Mörtenböck, Helge Mooshammer
Occupy
Räume des Protests

September 2012, 200 Seiten, kart., 18,80 €,
ISBN 978-3-8376-2163-1

Werner Schiffauer
Parallelgesellschaften
Wie viel Wertekonsens
braucht unsere Gesellschaft?
Für eine kluge Politik der Differenz
(2., unveränderte Auflage 2011)

2008, 152 Seiten, kart., 16,80 €,
ISBN 978-3-89942-643-4

Franz Walter
Gelb oder Grün?
Kleine Parteiengeschichte der
besserverdienenden Mitte in Deutschland

2010, 148 Seiten, kart., 14,80 €,
ISBN 978-3-8376-1505-0

Leseproben, weitere Informationen und Bestellmöglichkeiten
finden Sie unter www.transcript-verlag.de

X-Texte zu Kultur und Gesellschaft

CHRISTOPH BIEBER,
CLAUS LEGGEWIE (HG.)
Unter Piraten
Erkundungen in einer
neuen politischen Arena
Juni 2012, 248 Seiten, kart., 19,80 €,
ISBN 978-3-8376-2071-9

SEBASTIAN DULLIEN, HANSJÖRG HERR,
CHRISTIAN KELLERMANN
Der gute Kapitalismus
... und was sich dafür nach der Krise
ändern müsste
(mit einem Vorwort
von Gesine Schwan)
2009, 248 Seiten, kart., 19,80 €,
ISBN 978-3-8376-1346-9

KAI HAFEZ
Heiliger Krieg und Demokratie
Radikalität und politischer Wandel
im islamisch-westlichen Vergleich
2009, 282 Seiten, kart., 25,80 €,
ISBN 978-3-8376-1256-1

THOMAS HECKEN
Das Versagen der Intellektuellen
Eine Verteidigung des Konsums
gegen seine deutschen Verächter
2010, 250 Seiten, kart., 21,80 €,
ISBN 978-3-8376-1495-4

THOMAS HECKEN
1968
Von Texten und Theorien
aus einer Zeit euphorischer Kritik
2008, 182 Seiten, kart., 18,80 €,
ISBN 978-3-89942-741-7

HARALD LEMKE
Politik des Essens
Wovon die Welt von morgen lebt
September 2012, 344 Seiten, kart., 27,80 €,
ISBN 978-3-8376-1845-7

GEERT LOVINK
Das halbwegs Soziale
Eine Kritik der Vernetzungskultur
(übersetzt aus dem Englischen von
Andreas Kallfelz)
September 2012, 240 Seiten, kart., 22,80 €,
ISBN 978-3-8376-1957-7

WERNER RÜGEMER
»Heuschrecken«
im öffentlichen Raum
Public Private Partnership – Anatomie
eines globalen Finanzinstruments
(2., aktualisierte
und erweiterte Auflage)
2011, 204 Seiten, kart., 18,80 €,
ISBN 978-3-8376-1741-2

WERNER RÜGEMER
Rating-Agenturen
Einblicke in die Kapitalmacht
der Gegenwart
April 2012, 200 Seiten, kart., 18,80 €,
ISBN 978-3-8376-1977-5

OLIVER SCHEYTT
Kulturstaat Deutschland
Plädoyer für eine
aktivierende Kulturpolitik
2008, 310 Seiten, kart., 27,80 €,
ISBN 978-3-89942-400-3

NATAN SZNAIDER
Gedächtnisraum Europa
Die Visionen
des europäischen Kosmopolitismus.
Eine jüdische Perspektive
2008, 156 Seiten, kart., 16,80 €,
ISBN 978-3-89942-692-2

Leseproben, weitere Informationen und Bestellmöglichkeiten
finden Sie unter www.transcript-verlag.de